国家林业和草原局普通高等教育"十四五"规划教材
高等农林院校森林康养专业系列教材

森林康养企业运营管理

宋维明　主编

中国林业出版社

图书在版编目(CIP)数据

森林康养企业运营管理 / 宋维明主编. —北京：中国林业出版社, 2021.11

国家林业和草原局普通高等教育"十四五"规划教材　高等农林院校森林康养专业系列教材

ISBN 978-7-5219-1432-0

Ⅰ.①森… Ⅱ.①宋… Ⅲ.①森林生态系统-医疗保健-服务业-运营管理-高等学校-教材　Ⅳ.①F719.9

中国版本图书馆 CIP 数据核字(2021)第 242919 号

中国林业出版社教育分社

策划编辑： 杨长峰　何　鹏　　　　**责任编辑：** 肖基浒　曹漾文
电话： (010)83143555　　　　　　**传真：** (010)83143516

出版发行	中国林业出版社(100009　北京市西城区刘海胡同 7 号)
	E-mail：jiaocaipublic@163.com　电话：(010)83143120
	网址：http://www.forestry.gov.cn/lycb.html
经　　销	新华书店
印　　刷	北京中科印刷有限公司
版　　次	2021 年 11 月第 1 版
印　　次	2021 年 11 月第 1 次印刷
开　　本	787mm×1092mm　1/16
印　　张	13
字　　数	324 千字
定　　价	40.00 元

未经许可，不得以任何方式复制或抄袭本书之部分或全部内容。

版权所有　侵权必究

《森林康养企业运营管理》
编写人员

主　编：

宋维明（北京林业大学经济管理学院）

副主编：

刘　霞（北京林业大学马克思主义学院）

杨　超（北京林业大学经济管理学院）

温景荣（福建元康控股集团）

参编人员：

王　浩（北京林业大学经济管理学院）

高　磊（燕山大学经济管理学院）

宋林书（北京林业大学经济管理学院）

裴韬武（中国农业大学经济管理学院）

刘　茜（北京林业大学经济管理学院）

前　言

森林康养，是在我国全面推进生态文明建设的大背景下，人们追求人与自然和谐共生的发展方式，践行"绿水青山就是金山银山"理念，提升林业产业内涵与质量层次，探索并推进的体现现代林业发展与大健康战略要求紧密结合的、新型的产业业态。2019年国家林业和草原局、民政部、国家卫生健康委员会、国家中医药管理局联合发布的《关于促进森林康养产业发展的意见》中，首次从政府的角度对森林康养的概念作出了概括，明确指出："森林康养是以森林生态环境为基础，以促进大众健康为目的，利用森林生态资源、景观资源、食药资源和文化资源并与医学、养生学有机融合，开展保健养生、康复疗养、健康养老的服务活动。"这个概念体现了三个层次的含义和特征：首先，森林与人都是森林康养业态服务的目标主体，人与森林共存共生。森林康养与以往传统的林业各类业态不同，传统林业业态往往都是具有单一的服务目标主体，业态服务的目的或是以满足人们的需要，也就是让人们享受舒适的服务为根本出发点，即以"人"为服务目标主体；或是以实现资源价值的保护和利用的最大化为最终目标，即以"自然资源"为服务主体。而森林康养的概念，则决定了这个业态具有两个服务主体，即"人与森林"，是以追求人的健康和自然的健康为共同服务目标的业态。因此，这个业态在本质上体现了"人与自然和谐共生"的我国现代化目标的要求。其次，森林康养业态突破了单一行业组织生产、经营、服务以及管理活动的传统模式，是"一业为主，多业融合"为组织和运行模式的的业态，也就是以林业为主体，医疗、旅游、体育、文化、教育、养老等多业融合的生产与服务等行业的集群。第三，由于森林康养的多主体和多业融合性质，决定了业态管理体制和经营模式的多样性。森林生态环境、资源环境和文化环境的差异，决定了服务与森林健康与人的健康的业态，在管理体制与经营模式上必然是各具特色，多种多样的，如在管理体制上可以是"政府主导，多方参与"或者是"企业主导，个人参与"；在经营方式可以是"国有民营合作"或者是"国有独营""民营独营"等。

一个新兴业态的产生有其内在的必然性，森林康养也不例外。森林康养业态的兴起，是社会经济不断进步人们的需求层次发生变化的必然结果，符合经济发展的内在逻辑。森林康养的性质和特征，反映了这个业态有其发展的内在必然性。森林康养在中国大地上雨后春笋般发展的态势，充分反映了作为林业产业的一个新型业态应运而生的必然性和必要性。特别是森林康养对生态文明建设与政治、文化、社会等文明协调发展所具有的特殊意义，使得其发展前景一片辉煌。但是，森林康养毕竟是一个新事物，其产业定位和商业模式都还需要实践摸索和总结。因此，按照国家对森林康养产业的发展要求，确定好发展的路径，对森林康养产业的高质量发展乃至整个林业产业的高质量发展都有重要的理论和现实意义。任何业态的发展都需要理论的指导，要保证森林康养业态能够健康有效的发展，相关理论的研究和建设同样也是不可或缺的。

前言

目前关于森林康养的相关理论的研究和建设尚处于初步探索阶段，缺乏针对森林康养这个新兴业态的理论化、系统化论述。尤其是基于企业层面的森林康养经营管理的理念原则、类型模式和方法手段等的论述、介绍更是处于空白状态。正是在此背景下，《森林康养企业运营管理》编撰团队组织了森林康养领域内有关学者、行业主管和部分企业家，在全面梳理和研究了国内外有关森林康养的理论与实践的基础上，集各家之智慧，撰写了这本读物，希望能够为森林康养专业的学生、森林康养企业经营管理者、行业政策研究与制定者以及愿意了解森林康养经营管理问题的各界人士，提供一本既有理论又有实践指导意义的教科书和指南。因此，将企业经营管理一般原理与森林康养实践活动有机融合，既遵循企业组织经营管理的一般规律，又充分体现森林康养经营管理活动的特殊性质，是形成本书框架与内容的基本原则。基于此原则，在叙述方法上力求内容阐述简明扼要，通俗易懂。

本书尊重所有引用和参考资料、案例的提供者和作者，尽可能在参考文献目录中标明所引用理论、观点和案例的出处，并衷心感谢这些为我们成书提供了背后支持的学者和实践者。但是由于整理、引用资料和编写水平有限，难免会在他引资料的标注与说明等方面出现挂一漏万的失误等，恳请谅解。同时，鉴于编撰者在学术水平及实践经验方面的局限性，书中难免存在疏漏或不严谨之处，也敬请广大读者批评、指正。

编　者

2021.01

目 录

前 言

第一章 绪 论 (1)
第一节 森林康养的产生与发展 (1)
第二节 中国森林康养业态的发展 (6)
思考题 (16)
参考文献 (16)

第二章 森林康养企业 (18)
第一节 森林康养企业内涵及特征 (18)
第二节 森林康养企业的内涵和功能 (19)
思考题 (21)
参考文献 (21)

第三章 森林康养企业经营环境 (22)
第一节 企业经营环境内涵及特征 (22)
第二节 企业经营环境类型 (23)
思考题 (25)
参考文献 (25)

第四章 森林康养企业经营战略 (26)
第一节 经营战略定位及类型 (26)
第二节 经营战略管理分析方法 (29)
第三节 森林康养企业竞争力培育 (40)
思考题 (43)
参考文献 (43)

第五章 森林康养基地规划与建设 (44)
第一节 基地概念及类型 (44)
第二节 森林康养基地规划与设计 (45)
第三节 森林康养基地工程建设管理 (51)
思考题 (63)
参考文献 (63)

第六章 森林康养基地启动管理 (64)
第一节 森林康养基地开业准备 (64)

第二节　森林康养基地运营保障管理 …………………………………（71）
　　第三节　运营管理信息化建设 …………………………………………（78）
　　思考题 ……………………………………………………………………（82）
　　参考文献 …………………………………………………………………（82）

第七章　森林康养企业产品开发管理 ……………………………………（83）
　　第一节　森林康养产品和服务 …………………………………………（83）
　　第二节　森林康养产品的设计 …………………………………………（86）
　　第三节　森林康养产品的质量管理 ……………………………………（90）
　　第四节　森林康养产品品牌建设 ………………………………………（96）
　　思考题 ……………………………………………………………………（103）
　　参考文献 …………………………………………………………………（103）

第八章　森林康养的市场需求与消费者行为 ……………………………（105）
　　第一节　森林康养市场和市场调查 ……………………………………（105）
　　第二节　消费者行为 ……………………………………………………（109）
　　思考题 ……………………………………………………………………（113）
　　参考文献 …………………………………………………………………（114）

第九章　森林康养企业的市场营销 ………………………………………（115）
　　第一节　森林康养市场需求 ……………………………………………（115）
　　第二节　森林康养企业的市场营销 ……………………………………（118）
　　思考题 ……………………………………………………………………（127）
　　参考文献 …………………………………………………………………（127）

第十章　森林康养企业的人力资源管理 …………………………………（128）
　　第一节　人力资源构成与规划 …………………………………………（128）
　　第二节　员工选聘、激励考核 …………………………………………（132）
　　第三节　员工培训与开发 ………………………………………………（139）
　　第四节　员工劳动关系管理 ……………………………………………（143）
　　思考题 ……………………………………………………………………（148）
　　参考文献 …………………………………………………………………（148）

第十一章　森林康养企业财务管理 ………………………………………（149）
　　第一节　企业财务报表概述 ……………………………………………（149）
　　第二节　企业财务报表分析 ……………………………………………（157）
　　第三节　企业财务管理 …………………………………………………（167）
　　思考题 ……………………………………………………………………（175）
　　参考文献 …………………………………………………………………（175）

第十二章　森林康养企业文化建设 ………………………………………（176）
　　第一节　森林康养企业文化概述 ………………………………………（176）

第二节　森林康养企业文化建设与企业发展 …………………………………（181）
第三节　森林康养企业文化建设 ……………………………………………（184）
思考题 …………………………………………………………………………（196）
参考文献 ………………………………………………………………………（196）

第一章 绪 论

第一节 森林康养的产生与发展

"森林康养"在中国还是一个新兴事物，但是，这一概念早在19世纪的德国就已经出现了。当时，伴随着工业革命的推进，林业资源遭遇严重的破坏，生态环境逐步恶化。在高强度的工作压力和逐渐恶化的生态环境双重困扰下，很多人患上了以精神与肉体因城市生活而出现不健康问题为特征的"城市文明病"。这一问题的出现迫使人们开始思考现代生活造成的人与自然矛盾的问题，于是现代性理论应运而生，这也是森林康养产业生成的重要理论背景。现代性理论的基本精神强调人们可以理性地认识世界、改造世界，人的理性代替神的力量成为衡量万物的尺度，并同时能够对人自身进行反思。这种本质上是人类中心主义体现的思想，进一步促使了人类对改造世界信心的不断膨胀，从而带来了一系列自然生态危机的出现。恩格斯曾经说过："我们不要过分陶醉于我们人类对自然界的胜利。对于每一次这样的胜利，自然界都对我们进行了报复。"西方社会对现代性的危机迅速做出回应，人们开始重新审视自然与社会的关系，并尝试在依托自然、尊重和利用自然的基础上展开产业创新。

同时，在森林的生态价值被发掘以前，人们对于森林的认识仅限于提供木材等产品及保持水土、涵养水源等经济和生态价值领域。然而，随着社会的发展变化，人类逐渐发现，作为人类文明的摇篮，森林还有很多价值尚未被我们了解和发掘。在今天人口老龄化和亚健康化背景下，森林的康养价值逐渐显现出来，由此森林康养产业也便应运而生。这一新兴的产业，是一个涉及环保、养生、养老、体育、教育等多种业态的综合性产业。而其依据的科学理论也是生态学、生物学、老年学、经济学、医学、教育学等多学科领域的融合。国外森林康养产业起步早、发展快，其理论研究和产业体系日趋完善，并逐步形成了几种较具代表性的发展模式，即森林医疗型的德国模式、森林保健型的美国模式和"森林浴"型的日本模式。

一、森林康养的产生与发展

(一) 森林医疗型的德国模式

德国是世界上发展森林康养产业最早的国家，早在19世纪40年代，有关专家就在德国的巴特威利斯赫恩镇创建了世界上第一个森林浴基地。截至目前，在德国全境共有约350处获得批准的森林疗养基地。德国政府已作出明确规定，该国公民到森林公园花费的各项开支都可被列入国家公费医疗的范围。

在德国，森林康养被称为"森林医疗"，重点在医疗环节的健康恢复和保健疗养，并且作为一项基本国策，强制性地要求德国公务员进行森林医疗。随着森林医疗项目的推行，德国公务员的生理指标明显改善，健康状况大为好转。据有关资料显示，德国在推行森林康养项目后，其国家医疗费用总支出减少30%，每年可节省数百亿欧元的费用，与此同时，德国的国家健康指数也总体上升了30%。此外，森林医疗的普及和推广，带动了就业的增长和人才市场的发展。巴特威利斯赫恩镇60%~70%的人口，从事着与森林康养有密切关联的工作，大大地推动了该镇住宿、餐饮、交通等的发展。同时，森林康养行业的发展，大大激发了市场对专业人才的需求，对于康养导游和康养治疗师等方面的人才，市场需求空间很大。在产业发展中，德国还形成了一批极具国际影响力的产业集团，如高地森林骨科医院等。

（二）森林保健型的美国模式

美国是一个森林资源极为丰富的国家，也是世界上最早开始发展养生旅游的国家之一。美国的林地面积占到该国国土总面积的30%以上，约有2.981亿公顷。美国目前人均收入的1/8用于森林康养，年接待游客约20亿人次。美国的森林康养场所通过提供富有创新和变化的配套服务，以及深度的运动养生体验来吸引游客，并能够实现集旅游、运动、养生于一体的综合养生度假功能。

为有效保护森林资源，维护森林健康，保持生物物种多样性，维持生态系统的可持续和稳定发展，同时也使森林能够保持健康的、适合被开发利用的状态，美国林务局（US Forest Service）一方面努力通过投入大量资金和制定严格的标准来防治病虫害；另一方面，组建了森林保健技术企业队（Forest Health Technology Enterprise Team）来保护和管理森林资源。

森林保健技术企业队归属于州有和私有林综合管理部门，按照规定，它的主要工作职责包括利用综合评价模型，适时定量调整资源管理计划和森林管理的整个过程；开发和研究决策支持系统，改进决策方法；促进森林保健信息的宣传，推广森林保健产品；完善技术开发项目管理，提供有效的指导和技术转让；提供更专业的技术，减少农药对环境的污染；全面掌握农药在防治非目标病虫害、影响生态系统等方面的效果；设计和研发喷洒模拟模型，提高和改进施放系统等。

（三）"森林浴"型的日本模式

相较于德国，日本的森林康养产业起步较晚，1982年才从森林浴开始起步，但其发展较为迅速。截至2013年年底，日本共认证了57处、3种类型的森林康养基地，每年有数亿人次到这些基地进行森林浴。日本还专门成立了森林医学研究会。研究会的成立和发展，丰富了森林康养的理论研究，加快了产业实践发展，成效十分显著。在短短的几年时间内，日本成为了世界上在森林健康功效测定技术方面最先进、最科学的国家。

日本森林康养产业之所以能够获得快速的发展，有三项措施起着关键性的作用：一是制定统一的森林浴基地评价标准。为建立严格的行业准入机制，日本政府与相关机构一起，在深入研究和广泛征求意见之后，制定了一套科学、全面、统一的森林浴基地评选标准，并在全国范围内推行，以此来有序有效地促进森林保健旅游开发。该评价标准包括两个方面，即自然社会条件和管理服务，从中又细化出8个因素，共有28项评价指标。

二是大力加强森林浴基地建设。森林医学研究会一经成立，就划定了4个与森林康养相关的主题，在全国范围内推广森林浴基地和步道建设。截至目前，先后共审批了森林浴基地和疗养步道44处，这些基地和步道几乎遍及了日本的所有县市。

三是强化专业人才的培养力度。从2009年开始，日本每年组织一次"森林疗法"验证测试，报名参加考试者众多。根据测试结果，通过最高级的考试者，可获得森林疗法师或森林健康指导师的从业资格；通过二级资格的，可从事森林疗法向导工作，来推进森林浴的发展。

此外，在除德国、美国和日本之外的部分发达国家，森林康养产业的发展也呈方兴未艾之势。在荷兰每公顷林地年接待森林康养参与者可达千人。韩国在1982年提出建设自然康养林，截至2018年年底，营建了158处自然康养林、173处森林浴场，修建了4处森林康养基地和1148千米林道。同时制定了较为完善的森林康养基地标准体系，建立了完善的森林讲解员、理疗师和森林康养服务人员资格认证、培训体系。

二、森林康养及其业态的概念和内涵

对于森林康养的界定，最早的出发点是以提升人们的健康为主，融养老、保健、疾病预防、康复和治疗于一体，集生态旅游、休闲运动、健康服务功能于一身。综合来说，森林康养就是借助于丰富多彩的森林生态、景观资源，通过一系列的产业开发，为人们提供安全健康的森林食品、洁净的森林空气以及浓郁的森林生态文化，再加上配备相应的养生休闲、医疗、康体服务设施形成的全新的产业模式。在森林康养概念被提出的初期，业界尚未对其进行定义，但随着森林康养产业的发展，对其概念的界定已经有了诸多讨论，主要包括专家学者和政策文件的界定。

中国"森林康养"的概念是在援引西方所称的"森林浴""森林保健""森林医疗"等的基础之上而产生发展的一个本土性的概念，其概念界定在不断地走向明晰，具体实践也在如火如荼地进行。"森林康养"概念的产生既是人类中心主义的反思觉醒，也是中国林业经济转型发展的必然结果。

（一）中国森林康养概念的发展脉络

我国在悠久的历史发展进程中早已留下了森林康养的文化积淀，为现代森林康养产业的发展奠定了深厚的文化基因，如"问余何意栖碧山，笑而不答心自闲。桃花流水窅然去，别有天地非人间"——李白《山中问答》；"久在樊笼里，复得返自然"——陶渊明《归园田居·其一》；"明月松间照，清泉石上流"——王维《山居秋暝》；"仰观山，俯听泉，傍睨竹树云石，自辰至酉，应接不暇。俄而物诱气随，外适内和。一宿体宁，再宿心恬，三宿后颓然嗒然，不知其然而然"——白居易《庐山草堂记》；"即事也，山居良有异乎市廛。抱疾就闲，顺从性情，敢率所乐，而以作赋"——谢灵运《山居赋》等，体现了我国远古时期人们崇尚自然山川草木的康养理念。而东晋时期"群贤毕至，少长咸集。此地有崇山峻岭，茂林修竹；又有清流激湍，映带左右，引以为流觞曲水，列坐其次。虽无丝竹管弦之盛，一觞一咏，亦足以畅叙幽情"——王羲之的《兰亭集序》更是堪称古时驴友追求回归自然修身养性的经典记载。明代李时珍在巨著《本草纲目》中深入挖掘了有关养生、食疗、长寿的智慧，辑录了大量诸如补气血、调节身体平衡、美容、增白、瘦身、补心、补脑、健脾胃、延年增寿等源自天然草木的疗养研究和实践，事实上，与森林康养异曲同工的自然养生理念早已深入人心，从医疗到饮食、睡眠、锻炼、消费等多个方面，无不渗透着国人对健康理念的不懈追求。

中国现代森林康养研究实践起步于20世纪80年代我国台湾及内地一些地方开始规划建立的森林浴场，研究开发较快的时期出现在最近十多年。刘丽勤（2004）较早地提出了森林公园的"康养"一词，之后陈克林（2005）、王赵（2009）、吴楚材等（2010）、南海龙等（2013）、李后强等（2015）、何彬生等（2016）、刘朝望等（2017）的研究成果使我国森林康养研究与实践逐渐成熟，森林康养产业呈现快速发展势头。2015年，四川省林业厅公布了首批10家森林康养试点示范基地名单。从2016年开始，国家林业局在全国开展森林体验基地和全国森林养生基地试点建设，首批包括18个基地，覆盖13个省份。中国林业产业联合会也积极推动全国森林康养基地试点建设，先后批准了135个全国森林康养基地试点建设单位（2016年36个，2017年99个），覆盖了27个省份。2017年，湖南省林业厅认定了青羊湖等20个全省第一批森林康养试点示范基地。2016年，国家旅游局正式颁布的《国家康养旅游示范基地》(LB/T 051—2016)提出了森林旅游基地建设的必备要求和基本条件。2017年中央一号文件提出，大力发展乡村休闲旅游产业，利用"旅游+""生态+"等模式，推进农业、林业与旅游、教育、文化、康养等产业深度融合，大力改善休闲农业、乡村旅游、森林康养公共服务设施条件。国家林业局《林业发展"十三五"规划》提出：要大力推进森林体验和康养，到2020年，建成森林康养和养老基地500处，森林康养国际合作示范基地5~10个。2019年3月6日，国家林业和草原局、民政部、国家卫生健康委员会、国家中医药管理局联合印发的《关于促进森林康养产业发展的意见》提出：到2022年建设国家森林康养基地300处，到2035年建设1200处，开展保健养生、康复疗养、健康养老的服务活动，向社会提供多层次、多种类、高质量的森林康养服务，满足人民群众日益增长的美好生活需要。在实践上，我国的森林康养基地建设最早起步于台湾省，在1956年以后相继在台湾岛内建设40多处森林乐园与森淋浴场。在我国内地最早于2012年提出"森林康养"这一理念，目前，已有以湖南、四川为主的多个省份率先加入康养基地建设。国家林业和草原局为推进森林康养的发展也做了很多实质性工作，例如，不断开展森林的保护与培育工作，并在此基础上，确立了森林康养的发展思路，让森林康养更加规范化发展。

截至目前，虽然我国的许多省份颁布了森林康养基地评定办法，但是全国还未形成一个统一的、标准化、规范化的森林康养基地评定标准。国外森林康养产业研究起步较早，并且其研究的广度及理论体系、产品体系的完整度都是较高水平的，德国、日本、韩国等国家都以国家法律法规的形式将森林康养的发展作为国家及地方政府的职责义务，热衷于开展森林疗养、森林福祉的开发建设，同时还在不断地进行深入科学研究及实践证实。相比之下，我国在发展森林康养的道路上仍需不断努力开拓创新。

（二）森林康养的科学内涵

森林康养的目的就是使人放松身心，追寻快乐，增进幸福感（任宣羽，2016）。而幸福简单理解就是肉体无痛苦，灵魂无纷扰（Warren，2002）。因此，森林康养的主要功能可以总结为：养身（身体）、养心（心理）、养性（性情）、养智（智慧）、养德（品德）"五养"功效（向前，2015），而实现森林康养的这5种功效就必须深入理解以下5个森林康养的科学内涵：

第一，以良好的森林资源和环境为基础。发展森林康养首先需要良好的森林景观，要求有一定规模的以地带性乡土植被为主的森林，在保障生态功能的前提下考虑森林景观的营造；其次需要良好的森林环境，包括优质充足的水源、良好的空气质量、较高的负氧离子含量、丰富的植物精气、适宜的温度和湿度、相对安静的环境等。

第二，以人的康养需求为导向。根据马斯洛的需求层次理论（Maslow，1943），不同的人对森林康养的需求是不一样的。有些是维持身体健康的需求，有些是修复身体健康的需求，有些是寻求心理健康的需求，还有些是寻求身心健康的需求。因此，森林康养应该以不同人群的康养需求为导向，有针对性地设置能够满足不同需求的康养项目，开发不同类型的森林康养产品。

第三，以科学的健康知识为支撑。森林康养不是一般意义上的森林旅游，必须以科学的健康知识为支撑。任何一个森林康养项目的建设或一个森林康养产品的开发，都必须有科学的健康理论和健康知识作为指导，不论这些健康理论和健康知识是有利于身体健康，还是心理健康或者是二者兼有；而且这些健康理论和健康知识必须让受众充分了解并参照指导自身的森林康养活动。

第四，以完善的森林康养产品为依托。完善的森林康养产品体系，首先需要有足够的满足不同人群康养需求的森林康养产品；其次是要根据不同人群的康养需求，通过康养课程的形式把同类需求的康养产品串联起来，并以课程的模式开展森林康养活动。

第五，以完备的配套设施为保障。完备的森林康养配套设置包括森林康养基地外部和内部的配套设施，这些配套设施不仅需要保障森林康养参与者的正常课程需要，更重要的是要百分百地保障参与者的人身安全。

（三）森林康养定义及业态特征

在2019年国家四部委联合发布的《关于促进森林康养产业发展的意见》中，首次从政府的角度对森林康养的概念作出了概括，明确指出："森林康养是以森林生态环境为基础，以促进大众健康为目的，利用森林生态资源、景观资源、食药资源和文化资源并与医学、养生学有机融合，开展保健养生、康复疗养、健康养老的服务活动。"这个概念体现了三个层次的含义和特征：

首先，森林与人都是森林康养业态服务的目标主体，人与森林共存共生。森林康养与以往传统的林业各类业态不同，传统业态往往都是具有单一的服务目标主体，业态服务的目的或是以满足人们的需要，也就是让人们享受舒适的服务为根本出发点，即以"人"为服务目标主体；或是以实现资源价值的保护和利用的最大化为最终目标，即以"自然资源"为服务主体。而森林康养的概念，则决定了这个业态具有两个服务主体，即"人与森林"，是以追求人的健康和自然的健康为共同服务目标的业态。因此，这个业态在本质上体现了"人与自然和谐共生"的我国现代化目标的要求。

其次,森林康养业态突破了单一行业组织生产、经营、服务以及管理活动的传统模式,以"一业为主,多业融合"为组织和运行模式的业态,也就是以林业为主体,医疗、旅游、体育、文化、教育、养老等多业融合的生产与服务等行业的集群。

最后,由于森林康养的多主体和多业融合性质,决定了业态管理体制和经营模式的多样性。森林生态环境、资源环境和文化环境的差异,决定了服务于森林健康与人的健康的业态,在管理体制与经营模式上必然是各具特色,多种多样的,如在管理体制上可以是"政府主导,多方参与"或者是"企业主导,个人参与";在经营方式可以是"国有民营合作"或者是"国有独营""民营独营"等。

第二节　中国森林康养业态的发展

一、中国森林康养产业发展的时代背景

(一)发展森林康养业态具有重要的时代意义

中国共产党第十八次全国代表大会报告首次将生态文明建设纳入"五位一体"总体布局,将生态文明建设提高到与经济建设、政治建设、文化建设和社会建设统筹推进的战略高度。"十九大"报告又把生态文明建设要求提高到一个崭新的高度,明确提出"建设生态文明是中华民族永续发展的千年大计"的定位[①]。并且按照"五位一体"国家发展战略的总体布局,首次把生态文明建设的目标——"美丽"纳入中国特色社会主义建设的总任务,强调要在本世纪中叶建成"富强、民主、文明和谐美丽的社会主义现代化强国"。这就使得为"美丽中国"提供生态服务和产品的各类业态有了难得的发展战略机遇。

也正是在这样的背景下,党的十九大报告在阐述新时代我国社会主要矛盾时,明确指出了"生态供给"在解决社会主要矛盾过程中的重要地位,即:"我们要建设的现代化是人与自然和谐共生的现代化,既要创造更多物质财富和精神财富以满足人民日益增长的美好生活需要,也要提供更多优质生态产品以满足人民日益增长的优美生态环境需要。"

党和政府对生态供给的战略定位,源于对我国发展实际当中经济发展与环境保护矛盾的深刻认识。应当说,40多年的改革开放和市场经济快速发展带来了物质生活的极大丰富,奠定了全面建成小康社会的坚实物质基础。然而,长期且数量庞大的低端制造业、加工业的扩张,不仅过度消耗了资源,更直接带来了对清新空气、清澈水质和清洁环境的严重损耗。进入21世纪后国内覆盖多个省份的雾霾现象;从偶发转向频发的酸雨现象;已经给人民饮用水带来严重威胁的河湖污染和富营养化现实等,这些人们高度关注的生态环境问题,已经成为全面建成小康社会的一个突出短板。这些问题的存在,充分反映了生态供给与生态需求的矛盾。

[①] 习近平. 决胜全面建成小康社会 夺取新时代中国特色社会主义伟大胜利——在中国共产党第十九次全国代表大会上的报告[N]. 人民日报,2017-10-27(1).

当然，要充分认识当前生态供给充分和不平衡矛盾对实现小康目标和建设现代化国家的障碍性，但也要对这个矛盾体现出的发展性进行辩证的分析和思考，即：现阶段生态供给与人民对美好环境日益增长的需要之间的差距，正是我们今后发展生态产业的重要动力。"人民群众对清新空气、清澈水质、清洁环境等生态产品的需求越来越迫切，生态环境越来越珍贵"。生态供给的经济价值也会越来越高。补齐生态产品供给这块短板，促进绿色发展，建设生态环保的新型业态，将成为新的经济增长点，成为推动绿色发展的强大动力。因此可以说，扩大生态供给规模，提高生态供给的质量，是解开"新时代中国社会主要矛盾"这把锁的关键钥匙之一。

(二)发展森林康养业态具有重要的国家战略支撑意义

一是乡村振兴战略的实施。习近平总书记在党的十九大报告中首次提出乡村振兴战略。强调要按照产业兴旺、生态宜居、乡风文明、治理有效、生活富裕的总要求，建立健全城乡融合发展体制机制和政策体系，加快推进农业农村现代化。明确指出乡村振兴既要为农民提供"安居、乐业、增收"的生活环境，又要为农民提供"天蓝、地绿、水净"的自然环境，从而实现乡村"生产、生态、生活"的和谐发展。

在乡村振兴战略任务中，生态宜居是关键。良好的生态环境是农村最大优势和宝贵财富。充分发挥这些优势和财富的作用，必须尊重自然、顺应自然、保护自然，推动乡村自然资本加快增值，实现百姓富、生态美的统一，将"绿水青山就是金山银山"理念落实在实践中。森林康养业态的运行模式和目标要求，与乡村振兴战略的关键任务要求，在方向上是一致的。因此，在广大农村发展森林康养事业，是将绿水青山转换为金山银山的现实需要。

二是大健康战略的实施。伴随工业化、城镇化、老龄化进程加快，我国慢性病发病人数也快速上升，目前中国确诊的慢性病患者已超过2.6亿人，因慢性病导致的死亡占总死亡的85%；据第七次全国人口普查数据，2020年，全国60岁及以上人口超过2.6亿人，占总人口比重提升到18.7%。我国不仅早已进入到老龄化社会，而且还是老龄化加剧较为严重的国家之一。

2012年国家卫生部发布了《"健康中国2020"战略研究报告》，把健康摆在优先发展的战略地位，将"健康强国"作为一项基本国策；坚持以人为本，以社会需求为导向，把维护人民健康权益放在第一位，以全面促进人民健康，提高健康的公平性，实现社会经济与人民健康协调发展为出发点和落脚点。2016年10月25日，中共中央、国务院印发了《"健康中国2030"规划纲要》(以下简称《纲要》)，这是中华人民共和国成立以来首次在国家层面提出的健康领域中长期战略规划。《纲要》强调了未来大健康产业前端化发展，医疗的核心由治疗变为防御。因此，健康产业将需要不断升级，新型业态和商业模式也将不断涌现。《纲要》提出到2020年，我国健康服务业总规模达到8万亿元以上，2030年达到16万亿元，行业发展空间巨大。因此，以"预防为主"，注重康复养生的业态，成为实现大健康战略目标的重要产业支撑，就成为必然。

三是自然教育的兴起。自然教育，是使受教育者在自然中体验学习关于自然的知识和经验，建立与自然的联结，建立尊重生命、生态的世界观，遵照自然规律行事，以期实现人与自然的和谐发展的教育。通过自然教育，能够使受教育对象(青少年、大众访客、教育工作者、特殊群体、社团工作者等)，通过走进自然，以了解自然，热爱自然，保护自然为出发点，借助于具有体验性、实践性、参与性等特征的教学方法，在融入自然的学习中把握自然的存在，展开自然的探索，进行自然的创作，丰富自然的知识和经验，增进自然的情感，建立与自然的联结，尊重生命，树立生态的世界观，遵照自然规律行事，形成人与自然和谐共生的新格局，促进人与自然和谐发展目标的实现。

2019年4月，国家林业和草原局《关于充分发挥各类自然保护地社会功能大力开展自然教育工作的通知》，首次从国家层面对开展自然教育提出了明确的要求。自然教育事业正成为林业草原事业的新兴事业。随着我国经济社会的快速发展和人们生态文明意识的提高，以走进森林、湿地等自然保护地，回归自然为主要特点的自然教育成为公众的新需求。森林康养业态与自然教育事业有着天然的联系。将森林康养基地作为自然教育的重要载体，具有公益性强、就业容量大、综合效益好的优势，是推动城乡交流、促进林区振兴发展、推进林业现代化发展和林业草原产业转型升级的新举措，也是践行"绿水青山就是金山银山"理念的有效实现方式。

四是林业产业高质量发展改革要求。2019年2月，《国家林业和草原局关于促进林草产业高质量发展的指导意见》明确提出：践行"绿水青山就是金山银山"理念，深化供给侧结构性改革，大力培育和合理利用林草资源，充分发挥森林和草原生态系统多种功能，促进资源可持续经营和产业高质量发展，有效增加优质林草产品供给，为实现精准脱贫、推动乡村振兴、建设生态文明和美丽中国做出更大贡献。将发展森林康养作为提高林业产业高质量发展的8项重要任务之一。编制实施森林康养产业发展规划，以满足多层次市场需求为导向，科学利用森林生态环境、景观资源、食品药材和文化资源，大力兴办保健养生、康复疗养、健康养老等森林康养服务。

《林业产业发展"十三五"规划》也提出了要加速以森林康养产业、生态文化产业、林业会展产业为内容的第三产业的发展，反映了森林康养对产业转型升级的重要性，因此说，高质量的发展森林康养产业，是实现林业产业高质量发展的重要力量。

二、中国森林康养产业发展的理论必然性

(一)需求与供给结构随经济与社会进步而变化

人们的需求由物质和精神两个部分构成(管理学：生理、安全、社交、尊重和自我实现)。随着基本物质需求得到满足，人们需求中的精神需求比重将逐渐突出出来。精神需求的增加意味着人们需求层次的提高。生态需求是兼具物质和精神双重性质的需求，是超越基本物质需求或者生理需求的高层次需求。高层次需求对应的是高层次的供给，生态需求的满足，需要高层次的兼具物质和精神产品与服务性质的供给。因此，生态供给应当是符合高层次需求的高质量、高水平的产品与服务。

经过40年的改革开放，我国社会经济取得了巨大的发展，人们的需求水平和质量也随之不断提高。特别是在人们的需求结构中，非物质性的，体现人们生活质量的，特别是生态

需求逐渐突出出来。生态需求与生态供给的矛盾，成为新时期社会发展主要矛盾的主要表现。因此，提供高水平高质量的生态供给，也就成为解决新时代社会主要矛盾的重要途径。

(二)生态供给是物质性生态产品和服务性生态产品的供给统一

生态供给的动力来自生态需求，生态需求是人们对生态福利的追求。生态福利就是人类通过生态产品的消费所获得的福利，是人类直接或者间接从生态系统中获得的惠益，这些惠益一般来自产品和服务两个方面。一方面是提供有形的生态产品，如食物原料、工业原材料、能源基本材料等；另一方面是提供对人类生存及生活质量有积极影响的生态系统服务功能，即无形的生态产品，如调节气候、涵养水源、保持水土、净化空气、除尘降噪、景观美育等。因此，生态产品供给既是物质生态产品的供给，也是非物质的生态服务产品的供给，二者是一个统一体。

随着社会进步和人们生活质量要求的提高，对无形的生态产品的需求会更加迅速地增长，因此，无形生态产品的供给，是影响未来生态供给规模和质量更加重要的因素。

(三)生态环境的保护是生态供给的前提

生态环境主要指维系生态安全、保障生态调节功能、提供良好人居环境的自然生态系统；优质生态产品主要包括宜人的气候、充足的阳光、清新的空气、清洁的水源、肥沃的土壤、宁静的环境、和谐的氛围、美丽的景色等。后者来源于前者，生态环境是生态产品的"主产地"，生态环境的优劣直接关系到能否生产出优质的生态产品，只有保护好生态环境，才能够提供优质的生态产品。因此，生态环境保护是生态产品供给的基础。同样的，生态产品供给也能够对生态环境保护产生促进作用，生态产品供给通过将美好的自然资源直接变现，可以将获取的资金直接投入到生态环境保护中，保证生态产品供给的高质量、可持续，从而形成了"保护与利用"之间互利共赢、相互促进的良性循环关系。

生态环境与生态供给之间的辩证关系，决定了提供生态供给的产业需要具备在保护生态环境的基础上运用生态资源创造生态供给，并且在创造生态供给的同时要保护生态环境的内在机制，这个机制在本质上突破了人类生产与资源消耗之间传统的"此消彼长"的定律。这就意味着，能够实现生态环境保护与满足人类消费需求协调发展的产业，将是未来最有前途的产业，而森林康养业态恰恰具备了这种机制。

(四)生态保护和生态供给协调发展的产业选择

森林康养作为新兴业态，是典型的绿色业态，是将生态环境资源转化为生态产品，同时又通过生态产品和服务形成更加优良的生态资源的重要载体。采取在有效保护前提下开发利用对人类有益的自然生态环境和独特的自然与人文资源，是森林康养的产业运行方式。在此运行方式下，产业在服务于人需求的同时，也在服务于森林环境和资源保护的需求。这个运行方式体现了生态保护与生态供给协调发展的要求。因此，森林康养业态不仅是人们获得生态产品供给，享受生态服务的直接途径，也是人们通过生活消费来补偿生态消耗、支持环境保护的有效手段，这也是"绿水青山就是金山银山"理念的具体实践，真正体现了"人与自然和谐共生"的新时代社会发展观。

森林康养发展的现实和理论上的必然性，反映了这个业态的产生和发展，是社会经济发展规律和实际发展的要求。如何在尊重客观规律的基础上，建设推进森林康养业态发展的制度体系和有效机制，设计和开拓业态发展的科学有效的路径，则需要结合森林康养的实践展开进一步的研究和探索。

三、中国森林康养业态发展现状与问题

(一)中国森林康养业态发展现状

目前，森林康养产业已经成为我国林业产业发展的新兴业态，同时也是经济发展的新引擎，短短几年，发展态势十分迅猛。

一是中央对森林康养产业发展高度重视。连续3年的中央一号文件都对发展森林康养等康养产业提出了明确要求。2017年中央一号文件要求："多渠道筹集建设资金，大力改善休闲农业、乡村旅游、森林康养公共服务设施条件"。2018年中央一号文件明确，要"建设一批设施完备、功能多样的休闲观光园区、森林人家、康养基地、乡村民宿、特色小镇"。2019年中央一号文件提出，要"充分发挥乡村资源、生态和文化优势，发展适应城乡居民需要的休闲旅游、餐饮民宿、文化体验、健康养生、养老服务等产业"。当前，我国正向着全面建成社会主义现代化强国的第二个百年奋斗目标迈进，实现乡村振兴和巩固脱贫成果是目前我国三农工作的重要任务，森林康养产业往往产生或者发迹于广大的乡村地区，借力国家战略政策要求使我国森林康养产业得到了一个巨大的发展契机。

二是行业主管部门强化政策激励。为认真贯彻落实中央一号文件精神，国家林草局将森林康养作为当前和今后一个时期的一项重点工作抓紧抓好。原国家林业局将森林康养作为战略性新兴产业写入《林业发展"十三五"规划》，提出到2020年，要建设500个森林康养基地，奠定了森林康养在全国林业发展中的战略地位。2018年，原国家林业局出台了国家标准《森林康养基地总体规划导则》和《森林康养基地质量标准》。2019年，在印发的全国绿化委员会、国家林业和草原局印发的《关于积极推进大规模国土绿化行动的意见》和国家林业和草原局《关于促进林草产业高质量发展的指导意见》等重要文件中也都明确了有关促进森林康养持续发展的政策。

三是多部门通力合作协同支持。国家林业和草原局与民政部、国家卫生健康委员会、国家中医药管理局已达成共识，加强合作、形成合力，共同推进森林康养产业持续健康发展。2019年3月，四部门联合印发了《关于促进森林康养产业发展的意见》，明确了森林康养产业发展的总体要求、主要任务和保障措施；7月，四部门又联合下发了《关于开展国家森林康养基地建设工作的通知》，明确了发展目标、重点工作和组织保障。下一步，四部门将重点围绕落实森林康养产业发展意见，就如何实现发展目标、完成主要任务、做好政策支持与保障，进一步加强部门合作，共同研究、共同推进，确保工作落到实处。

四是地方政府积极响应促进实践。2016年以来，各地区、各部门相继出台政策、制定规划，鼓励多产业融合，发展森林康养产业。四川省出台了全国首个省级森林康养发展意见，并从2017年开始补助森林康养基地和森林康养人家建设。湖南省以省人民政府办公厅

名义出台了《关于推进森林康养发展的通知》和《森林康养发展规划(2016—2025)》。贵州省从2017年开始,每年财政厅拨款1000万元鼓励森林康养基地建设。湖南、重庆、贵州、浙江、云南、河南、陕西、海南、黑龙江、吉林、福建、广东、新疆、广西、河北等省(自治区、直辖市)都已经着手建立森林康养基地,积极推动以森林康养为中心的新产业经济。全国各地森林康养事业如火如荼,蓬勃发展。

五是行业组织大力推进基地建设。以试点示范基地建设为抓手,推动全国森林康养产业取得了突破性进展。目前,国家有关部门和行业组织已在全国30个省(自治区、直辖市)遴选了2000余家森林康养基地试点建设单位,为森林康养产业探索了路子,积累了经验。根据2018、2019年度372个森林康养试点示范基地建设单位有效数据的不完全统计分析,基地面积215.8万公顷,总投资2598.9亿元,总收入309亿元,总利润35.5亿元,客流量总人数1.34亿人次。其中,国有单位占55.91%,非国有单位占44.09%;林业单位占47.31%,非林业单位占52.69%。发展最早的四川省,2018年森林康养基地达到223处,以基地为主体营建康养林达34万公顷、康养步道近2000千米,省级森林康养人家400余家。开展森林康养的农户达3万户,成规模化的森林康养企业超过100家,社会资本投入森林康养产业突破1200亿元,全省森林康养年产值超过300亿元。峨眉半山七里坪、玉屏山等森林康养品牌已初步形成。

(二)中国森林康养业态发展的问题

森林康养作为一个新兴产业,在起步发展的过程中可以借鉴国外的先进经验,但是鉴于不同的历史传统、文化习俗、发展道路及具体国情等,森林康养在我国现阶段仍面临很多发展困境。这具体体现在基础设施不完善、制度规范不健全、人才供给有待跟进、政策机制不成熟等方面。

1. 基础设施不够完善

森林康养是一个综合性休闲养生服务,除了可以给人们提供度假、旅游、娱乐服务之外,还包括医疗、教育、养老等服务功能。但是从走访调研结果来看,当前森林康养基地的建设主要集中在只"游玩"无"康养"的初级阶段,并且基础设施建设严重不足。贵州六盘水的剑河县仰阿莎康养基地已经开始有本地资源进入温泉疗养领域,但是在自然教育和养老方面,无论在规划上还是在运营中都尚未有涉及。这一方面与当前市场发育不够完善有关;另一方面与我国森林康养产品的设计目前还处在探索期有关。当然,这也为未来的发展留下了可能的空间。与此同时,森林康养的相关基础设施也极不完善,剑河县八万山国家森林公园距离县城近百千米,拥有1350公顷的森林,其中原始森林有近万亩[*],涉及25个村,生态环境优越,是森林康养的适宜场所。然而目前因为其区位劣势,水电路等基础设施建设还有很大的不足,难以吸引投资者改善当地经济状况。如何解决生态资源优良但处于边远地区的林区发展问题,通过国家的力量来"筑巢引凤"或许是可行之道。

---

[*] 1亩≈0.067公顷。

2. 制度规范不够健全

森林康养是新生事物，国家层面虽然也开始出台一系列相关的政策文件对其进行规范与管理。但是整体而言，相关制度规范仍然不够健全。一方面土地制度规范尚难以满足森林康养发展的需求。《乡村振兴战略规划（2018—2022）》虽然已经提出："利用1%~3%的治理面积从事旅游、康养、体育、设施农业等产业开发。"但森林康养在产业发展过程中不可避免地会涉及公益林保护问题。为保护生态红线，当前我国对公益林有着严格的限制。根据中共中央办公厅、国务院办公厅2017年出台的《关于划定并严守生态保护红线的若干意见》，生态保护红线原则上按禁止开发区域的要求进行管理，严禁任意改变用途，确保生态功能不降低、面积不减少、性质不改变；另一方面对森林康养的科研支持制度相对欠缺，从目前来看，尚未见到与森林康养相关的科研支持制度文本。这也反映在实践中，纵观近些年国家级自然科学基金和社会科学基金，有关森林康养方面的项目支持极少。缺乏国家科研基金的支持，森林康养的理论、技术及实践方面的知识无法得到全面的总结归纳和深化探索。要强化对本领域的研究，国家有必要在科研立项上进行倾斜和支持。值得一提的是，个别地方政府已经开始了对本领域的重视，如湖南省林业厅推动的"森林与人体健康研究"项目。

3. 人才供给有待跟进

森林康养是伴随时代发展而产生的新型综合性跨学科产业，但这一领域的人才队伍及后续人才的培育力度都明显不足。新兴的产业发展需要专业的人才方能得到技术支撑和持续推进。有学者经过调研发现，当前森林康养产业领域的各类人才严重短缺，使得有关森林康养的基础和应用研究都没有得到广泛而深入的开展。具体体现在：一是相关管理人才的缺乏。森林康养目前属于林业部门管辖，但是其融合了林业、旅游、文化、康养等为一体。既有的林业工作者，对这一新型的、复杂多样的森林康养体系，无论是在管理理论抑或是实践经验上积累都明显不足，导致在涉及相关发展规划和政策落实时无所适从；二是工程型专业人才缺口较大。森林康养行业的专业人员要求应有林学、医学保健、心理学等专业知识，这方面的人才当前较为稀缺。如何尽快地解决这类工程人才短缺的问题，需要政府尽快借鉴国外先进经验，编写相关的培训教材，组织专业人才的培训和考试制度。例如，日本森林疗法协会从2009年开始，在全国范围内实行森林疗法鉴定考试。我国国内一些社会机构也开始了森林康养人才培训的实践探索，如中国林业产业联合会森林康养促进会、北京市园林绿化国际合作项目管理办公室联合北京林学会，每年都聘请国内外知名专家授课，培养森林疗养师。

4. 政策机制不够成熟

森林康养作为一个新概念、新产业被引入我国，短短几年时间内即掀起了热潮。国家虽然给予了一定的政策引导，但与此相关的政策机制还不成熟，主要体现在当前多部门合作机制尚未达成。作为一项跨行业的产业模式，"森林康养"不单单是林业部门一家的事，同时还涉及卫生、体育、教育、文化等部门。但是目前的统筹协调合作机制（森林旅游工作领导小组）只在国家林业和草原局内部达成，与其他相关部门的合作机制有待进一步推进。多部门之间利益错综复杂，不仅存在共赢，也存在互斥。如何实现多部门联动并拧成一股力量是促进森林康养快速发展的重要基础。对此，有必要采取具有中国特色的高位推动，通过协调、信任、合作、整合、资源交换和信息交流等手段来解决部门之间的合作难问题。中央政府相关职能部门需要扮演积极组织和协调的角色，为森林康养的发展提供相应支持。

四、中国森林康养业态发展的基本原则和发展目标

(一)中国森林康养业态发展的基本原则

在国家发布的《关于促进森林康养产业发展的意见》中，明确了我国未来发展森林康养产业的五大原则：

第一，要坚持生态优化，协调发展。严格执行林地保护利用规划，强化林地用途和森林主导功能管制，在严格保护的前提下，统筹考虑森林生态承载能力和发展潜力，科学确定康养利用方式和强度，实现生态得保护、康养得发展。坚持生态优化就是说要把生态环境保护放在产业发展的首要位置，严格践行习近平总书记"绿水青山就是金山银山，宁要绿水青山不要金山银山"的两山理论。充分发挥森林康养产业双主体的特有属性，在产业发展的同时做好环境治理，并通过环境的改善进一步促进产业的发展。

第二，要坚持因地制宜，突出特色。根据资源禀赋、地理区位、人文历史、区域经济水平等条件及大众康养实际需要，确定森林康养发展目标、重点任务和规划布局，突出地域文化和地方特色，实现布局合理、供需相宜。坚持因地制宜就是要求各地发展森林康养产业要充分考虑当地的环境特征、资源承载能力、社会经济发展水平，不可照抄照搬他山之石。森林康养产业的发展模式不是唯一的，面对不同的受众群体，不同的社会形态，森林康养的发展模式应当有不同的革新和特色，例如，在我国南北方森林特征具有较大差异的背景下，各森林康养企业或者政府部门应该正视差异，开辟合适的森林康养发展之路。

第三，要坚持科学开发，集约利用。充分利用和发挥现有设施功能，适当填平补齐，不搞大拆大建，不搞重复建设，不搞脱离实际需要的超标准建设，避免急功近利、盲目发展，实现规模适度、物尽其用。坚持科学开发就是要求所有森林康养发展主体在开发建设森林康养基地或者场域时，要科学规划，在尊重生态环境运行机理的前提下，合理利用土地，谨慎开发林地资源，不可盲目投资，更不能因为开发森林康养基地建设投机取巧，滋生腐败行为。

第四，要坚持创新引领，制度保障。运用多学科，多领域的新成果，加快推进技术创新、产品创新、管理创新，建立健全相关制度规范，强化服务保障，实现规范有序、保障有力。坚持创新引领就是要在开发建设森林康养基地和开展森林康养活动时要充分发挥创新精神，尽量做到基地建设技术设计创新、森林康养企业管理模式创新、森林康养业务活动形式和内容创新、森林康养人才培养课程和方式创新等多个方面，全方位依靠创新推动产业发展。坚持制度保障就是要求政府、行业协会、企业等处于森林康养产业发展链条上的每一个组织主体都应当完善管理制度，坚持用制度管人管事，用科学的制度推动产业的进步。

第五，要坚持市场主导，多方联动。立足市场需求，以产权为基础，以利益为纽带，推进全面开放，吸引各类投资主体和社会力量参与，实现部门联动、统筹推进。任何产业的发展都离不开合理的利益机制保障，森林康养产业作为一种多业态融合的新型服务型产业，必

须要坚持发挥市场的基础性作用，把握森林康养消费群体的动态，找准市场需求的方向和发展趋势。在此过程中应当以产权为基础，坚持公平公正、谁投入谁获利的基本利益分配原则，探索出一套合理的利益分配和共享机制，保障森林康养企业的高效运转，保障森林康养产业的健康发展。

(二)中国森林康养产业的发展目标

根据我国森林康养产业发展的原则，国家确定了森林康养产业发展的近期和中远期目标，即：培育一批功能显著、设施齐备、特色突出、服务优良的森林康养基地，构建产品丰富、标准完善、管理有序、融合发展的森林康养服务体系。到2022年，建成基础设施基本完善、产业布局较为合理的区域性森林康养服务体系，建设国家森林康养基地300处，建立森林康养骨干人才队伍。到2035年，建成覆盖全国的森林康养服务体系，建设国家森林康养基地1200处，建立一支高素质的森林康养专业人才队伍。到2050年，森林康养服务体系更加健全，森林康养理念深入人心，人民群众享有更加充分的森林康养服务。

森林康养产业发展目标的确定，是基于我国未来若干年社会发展趋势的科学判断。第一，从2020年起，出生于"1960—1975"的一代人开始逐步进入60岁，改革开放以来掌控了中国社会绝大部分财富、资源的群体集体进入老龄化，未来20年，将是中国养老产业的黄金20年——以"加快老龄事业和产业发展"为契机，中国的森林康养产业将迎来前所未有的黄金时期；第二，随着人民生态需求的不断增长，对于自然的敬畏和向往日益提升，建设更多的森林康养基地，加速森林生态产品的供给将是未来林业产业转型升级的必然趋势；第三，现阶段，我国各级政府对森林康养产业发展的重视程度已经达到了空前的高度，发展森林旅游、森林康养产业是发展地方经济，拉动人民就业，繁荣森林文化的又一个重要引擎。

五、中国森林康养业态的发展路径

森林康养在中国大地上雨后春笋般发展的态势，充分反映了作为林业产业的一个新型业态应运而生的必然性和必要性。特别是森林康养对生态文明建设与政治文化社会等文明协调发展所具有的特殊意义，使得其发展前景一片辉煌。但是，森林康养毕竟是一个新事物，其产业定位和商业模式都还需要实践摸索和总结。因此，如何按照国家对森林康养产业的发展要求，确定好发展的路径，对森林康养产业的高质量发展乃至整个林业产业的高质量发展都有重要的理论和现实意义。

根据我国森林康养产业发展的现实，对产业发展路径选择问题的思考主要有以下几个方面：

(一)确定业态内涵与边界

业态内涵是其运营涉及的范围，业态边界则是与其他业态在运营范围、方式方法等上的分界线。虽然森林康养一般被认为是以森林资源开发为主要内容，融入旅游、休闲、医疗、度假、娱乐、运动、养生、养老等健康服务新理念，从而形成一个多元组合、产业共融、业态相生的商业综合体。目前有研究者从静态康养、运动康养、中医药康养和文化康养四大维度界定森林康养业态的边界和内涵；也有从森林体验、运动养生、休闲养老等维度界定其产业内涵。说明目前业态的运营边界还不清晰，这就必然影响森林康养产业的规范化发展。因此，作为主管部门的国家林业行政部门，需要研究并对森林康养产业的内涵做出明确的界定。

(二)制定业态规范与标准

业态发展规范和标准，是业态健康、有序发展的基本保证。目前，国家层面和地方政府已经相继出台了推进森林康养产业发展的意见，起到了良好的政策引领作用，为了推动森林康养业态的稳定有序发展，需要进一步加大制定规范和标准的力度。重点制定好森林康养基地规划建设、森林康养服务质量、从业人员资格认证、质量规范监控体系、森林康养基地评级规范等行业标准和规范。

(三)编制森林康养基地规划

科学的规划是未来行动的指南和实现方案。森林康养是新兴的综合性业态，是提供高层次、高质量生态产品和生态服务的行业，因此，其建设和运营，需要客观准确把握相关要素，系统科学策划要素相互关系，做出科学规划作为前提。科学的森林康养规划，要把握好森林康养基地规划的"6+1"维度原则，六个维度是指温度、湿度、高度、丰富度、洁静度、绿化度，另外一个维度是指"配套度"。

(四)培育业态人力资源

森林康养业态的从业人员，需要掌握林学类、园林类、旅游类、医疗类、体育类及艺术类等学科知识，更需要具有较强的实际动手能力。因此，从事森林康养行业的队伍应是专业的管理和技术队伍。要建立短期培训与长期培养相结合的人才培养战略。短期培训即通过举办各类培训班重点解决服务型人员专业技术能力的提升，长期培养则在高校建立森林康养专业，进行本科、硕士以及博士的高级专业技术人才培养。

(五)强化资源供给

一是遵循森林生态系统健康理念，科学开展森林抚育、林相改造和景观提升，丰富植被的种类、色彩、层次和季相；二是森林康养基础设施建设。依托已有林间步道、护林防火道和生产性道路建设康养步道和导引系统等基础设施，充分利用现有房舍和建设用地，建设森林康复中心、森林疗养场所、森林浴、森林氧吧等服务设施，做好公共设施无障碍建设和改造；三是丰富森林康养产品。包括保健养生、康复疗养、健康养老、休闲游憩等森林康养服务产品，中医药、森林食品、饮品等物质性产品；四是繁荣森林康养文化。挖掘中医药健康养生文化、森林文化、花卉文化、膳食文化、民俗文化和乡土文化等，强化自然教育。

(六)构建服务市场

要融合现代林业、农业、中医药产业、医疗保健业、林下经济药食同源保健食品加工业、养生养老和生态旅游休闲业等核心要素，形成庞大的产业集群和市场主体，激发产业间跨界耦合作用，实现集群联动，形成产业链和市场链。如中国林产工业协会将林业部门与交通部门联合共同开发森林绿道建设的项目，解决森林康养的交通运输市场问题等。如可以构建以森林、湿地、野生动植物栖息地、花卉苗木等为景观依托的森林康养旅游服务产业和市场；培育以森林体验、森林养生、森林运动、健康体检、美容养颜、康复疗养等为主体的特色企业；发展候鸟式、度假式养老模式，积极开发中高端养老市场；建立森林剧场、森林学校、森林幼儿园、森林养老中心等文化场所。

（七）建设保障体系

一是加大组织保障力度。以林业部门为主体，财政、科技、国土、人力资源保障、文化教育、卫生、旅游、扶贫等多部门都要出台有针对性的扶持政策和配套措施，推动森林康养产业发展。同时要加强监督检查，确保各项政策措施落实到位。目前宏观协作共同对森林康养产业发展提出规范性意见已经逐步到位，但是，缺乏具体的政策支持，特别是资源供给方面的支持。

二是促进教育科技与康养实践深度融合。建设政产学研用的合作模式和研究创新平台。将多学科跨领域的专家组建成为集政产学研用为一体的有机整体，为政府决策和企业实践提供咨询，在标准建设、技术规范、管理机制、成果推广、人员培养等方面，与森林康养管理部门、企业等建立深度融合的协同创新机制，成为新业态的重要组成部分。政府要依托高校成立森林康养研究重点实验室和森林康养生理心理检测服务机构，开展森林康养的实证研究。

三是出台金融支持政策。从国家和省市层面加大资金支持力度，特别是对森林环境质量提升、基础设施建设方面给予政策支持，如提供引导资金、提供优惠低息贷款、提供担保贷款，或者协调金融机构简化贷款程序、采取 PPP 模式吸引社会资金参与，支持森林康养产业发展。

四是运用"互联网+"新技术。"互联网+"是以物联网、大数据、移动互联、云计算为代表的新一代信息技术为支撑和手段。要充分发挥现代信息技术的支撑作用，打造智能化、人性化的森林康养大数据公共服务平台和森林康养的智慧发展模式。

思考题

1. 如何理解森林康养业态的"双主体"概念？其内在机理是怎样的？
2. 当前我国森林康养产业存在的主要问题有哪些？
3. 森林康养和森林旅游的区别及共同点有哪些？

参考文献

陈武，郑晓鸣，赖小芬，等，2019.森林公园发展森林康养建设[J].现代园艺(18)：174-175.

封加平，2018.森林康养发展迎来了战略机遇期[J].中国林业产业(5)：1-2, 15.

黄雪丽，张蕾，2019.森林康养：缘起、机遇和挑战[J].北京林业大学学报(社会科学版)，18(3)：91-96.

黄艳华，2019.论森林康养的功能、价值及路径[J].湖南生态科学学报，6(2)：38-42.

冀慧萍，2019.我国发展森林康养产业的探究[J].经济研究导刊(19)：38-40.

李文军，李慧，2019.辨析"森林康养"与"森林疗养"[J].现代园艺(20)：174-176.

刘照，王屏，2017.国内外森林康养研究进展[J].湖北林业科技，46(5)：53-58.

马宏俊，2017.森林康养发展模式及康养要素浅析[J].林业调查规划，42(5)：124-127.

庞博，李哲明，2019. 森林康养产业的文化建设[J]. 大众文艺(21)：273-274.

陶智全，2017. 从林业供给侧改革看森林康养的社会价值[J]. 林业与生态(11)：14-15.

闫帅，尹久娜，田富学，等，2020. 国内外森林康养发展历程及我国森林康养发展建议[J]. 南方园艺，31(1)：69-73.

杨利萍，孙浩捷，黄力平，等，2018. 森林康养研究概况[J]. 林业调查规划，43(2)：161-166, 203.

杨觅，2018. 关于森林康养产品设计的思考[J]. 国土绿化(3)：48-50.

张胜军，2018. 国外森林康养业发展及启示[J]. 中国林业产业(5)：76-80.

第二章 森林康养企业

第一节 森林康养企业内涵及特征

一、森林康养企业内涵

森林康养企业指以营利为目的,运用各种生产要素(森林和环境资源、土地、劳动力、资本和技术等),向市场提供森林康养产品或服务,实行自主经营、自负盈亏、独立核算的具有法人资格的社会经济组织。

二、森林康养企业性质

企业性质由其业态所决定。森林康养业态突破了单一行业组织生产、经营、服务以及管理活动的传统模式,是"一业为主,多业融合"为组织和运行模式的业态,也就是以林业为主体,医疗、旅游、体育、文化、教育、养老等多业融合的生产与服务等行业的集群。因此,森林康养的业态形式,决定了森林康养企业必须是能够同时提供这些业务的综合型服务型企业。

三、森林康养企业特征

森林康养的企业是具有特殊功能的现代企业,具有自己的基本特征和独特的商业价值及发展意义。其具备如下4个特征:

第一,以自然资源为事业第一推动力。和农业依赖于自然条件一样,森林康养的所有商业活动都建立在一片片森林基础上,森林自身的商业价值也就成为该企业的第一价值源泉,也是该商业模式的第一特点。其他新业态、新产业诞生时,商业价值的形成过程往往从零开始;而森林康养的企业,其商业价值从一开始就有森林这一天然的基础,可以将森林的商业价值纳入市场经济轨道,进行正规化、专业化、系统化的开发。

第二,以生命健康为运营目标。森林康养的服务对象是人们的身心健康,也就是围绕人的生命健康进行的商业活动。通过提供特定的生态供给满足消费者的生命健康需求,是森林康养企业商业价值的源泉。森林康养的本质是实现自然与人的和谐共生,其中自然的健康和人的健康是相辅相成的关系。森林康养企业是实现人与自然共同健康目标的运营主体,因此,在提供满足人们生命健康需求生态供给的商业活动中,保证森林资源和环境健康也是其经营活动必可缺少的内容。

第三，以多业融合形成产品价值链和产业链。森林康养自身是多业融合的业态，森林康养企业则是面对消费者多类型生态需求的多功能商业组织。企业面对的公众需求很多。森林康养需求是一个从核心需求（如健康养生等）到外围需求（如教育、体验等），严密的、系统的、大范围的需求网络，森林康养企业需要森林康养的供给网络，从而形成企业内部紧密衔接的价值链体系，围绕着这个价值链体系，形成了企业外部的相互连接的、广泛的产业链系统。

第四，以既提供商业供给又兼顾公共供给为企业责任。企业的目的是获取利润，森林康养企业除此之外还要兼顾公共供给的责任。因为森林康养依托的是森林资源和环境资源，这些资源具有公共资源的性质，是保证社会公共供给的基础。因此，森林康养企业需要在一定的公共政策下承担这样的公共责任，如森林与环境的保护、自然教育等。因此，企业提供这些服务，就需要建立不同于一般企业的人才队伍，如包括管理者、服务者和志愿者在内的企业经营服务队伍。

除了以上几个特点，森林康养企业还具备一般服务型企业的特点，即人力资本在企业资本中的占比高，人力资本是服务型企业的"第一资源"。服务型企业的经营理念是一切以顾客的需求为中心，其工作重心是以产品为载体，为顾客提供完整的服务。服务型企业要想在激烈的市场竞争中取胜，就必须高度关注顾客的消费体验，打造优秀的服务品牌。

第二节 森林康养企业的内涵和功能

一、森林康养企业类型

按照其所属的经济部门的企业分类包括：工业企业、农业企业、建筑安装、交通运输企业、商业企业、金融企业、电信企业和其他服务性企业等。森林康养企业属于一种服务性的企业，主要为消费者提供森林养生、森林体验、森林保健疗养等服务。

按生产资料所有制形式的分类，可以分为国有企业、集体所有企业、私营所有制企业、合营企业、外资企业。

目前，我国境内绝对意义上的森林康养企业还比较少，大多数从事森林康养活动的企业往往是在林业企业业务拓展或转型升级的过程中应运而生的。这其中，有权属于农村集体的集体所有制企业，有国有企业或事业单位，也有私营所有制企业，因此，在森林康养业态兴起的当下，存在着多种所有制森林康养企业并存的格局。

按生产要素所占比重的分类，可以分为资本密集型、劳动密集型、知识密集型等。

森林康养基地建设、人员培养、前期成本等资金投入是森林康养企业的一个重要进入门槛。同时，森林康养企业后期的运营、维护和发展都需要大量的资金投入，因此森林康养企业属于资本密集型企业。随着企业业务的发展，高质量的生态供给和服务成为企业生存发展的基础，因此高质量的服务队伍必不可少。而这种人力资源是建立在高智力和高技术水平基础上的资源，因此，企业类型具有技术密集型特征。

森林康养企业分类还可以有很多，但是由于企业实践时间太短，企业分类的科学性不够。尽管如此，还可以从森林康养企业的主营项目类型角度来划分，如康复养生型、运动体验型、健康养老型和教育实践型等。

二、森林康养企业功能

森林康养与以往传统的林业各类业态不同，传统业态往往都具有单一的服务目标主体，其服务的目的或是以满足人们的需要，也就是以让人们享受舒适的服务为根本出发点，即以"人"为服务目标主体；或是以实现资源价值的保护和利用的最大化为最终目标，即以"自然资源"为服务主体。而森林康养的概念，则决定了这个业态具有两个服务主体，即"人与森林"，因此，森林康养是以追求人的健康和自然的健康为共同服务目标的业态，也就同时决定了森林康养企业同时具有森林资源保育和生态产品与服务提供两种功能。

（一）森林资源保护与培育

《中华人民共和国宪法》规定，国家保障自然资源的合理利用，禁止任何组织或者个人以任何手段侵占或者破坏自然资源。对于在开发森林资源、利用森林资源时造成环境破坏者，有义务对被破坏的森林环境进行整治；造成森林环境污染者，有义务对环境污染源和被污染的环境加以治理。因此，森林康养企业拥有合理利用自然资源特别是森林资源的合法权利，但是首先要坚决履行好森林资源保护和培育的义务。森林康养企业对森林资源保育应遵循以下原则：

第一，保育优先，合理利用。森林康养企业发展与生态环境建设必须同步规划、同步实施、同步发展，保护好森林康养基地生态环境，以实现经济效益、社会效益和环境效益的统一。对于森林康养企业来说，森林资源保育和康养商业活动是相辅相成的统一体，没有有效的环境保护和森林培育，则森林康养企业发展的基础就不复存在，反之没有森林康养商业活动，环境保护和森林培育就会因缺乏激励而得不到投入保障。因此，必须将森林康养基地森林资源培育和环境保护规划纳入森林康养基地企业发展规划及企业发展和企业生产管理之中。在利用森林生态旅游环境的同时，要采取各种有效措施，把利用和保护有机结合起来，制订森林培育和环境保护的具体计划和措施，以确保企业发展与森林生态保护发展相协调，使管理工作获得较好的效果。

第二，预防为主，防治结合。森林康养基地是人与自然密切接触的空间，资源与环境被人为干预造成破坏或者不良影响的风险更大，因此，需要森林康养企业保持高度的警觉性。应以预防为核心，采取各种预防性手段和措施，防止生态环境问题的产生和恶化，使森林康养基地内的环境污染和破坏控制在能够维持生态平衡、保护游客身体健康、保持旅游经济持续稳定增长的限度，在森林环境的承载限度内开展森林康养业务。

第三，全面规划、合理布局。是指在森林康养基地建设过程中，对工业、农业、林业、城市、乡村、生产和生活的各个方面统一考虑，把森林康养基地生态环境保护作为其中的组成部分进行统筹安排，不单从经济、基础设施建设角度，还要从森林生态角度进行规划和布局，以实现森林康养基地的经济、社会和生态的协调发展。

第四，科技支撑，科教并行。保护森林康养基地的生态环境，必须有科学研究的配合，森林康养企业应与有关科学研究单位和科研人员合作，不断研究森林康养基地森林培育和生态环境保护中的难题，把科学研究成果用于森林生态环境保护，做好森林生态环境保护管理工作。与此同时，森林康养企业在带领活动和开展业务的同时也应积极展开宣传自然教育工作，引导消费者尊重自然，保护森林植被和生态环境。

(二) 提供生态产品和生态服务

良好的生态环境是森林的最大优势和宝贵财富，是重要的自然资本。包括森林康养在内的林业第三产业的发展，是推动自然资本加快增值，实现百姓富、生态美相统一，增加林业生态产品和服务供给的重要路径。

生态供给的动力来自生态需求，生态需求是人们对生态福利的追求。生态福利就是人类通过生态产品的消费所获得的福利，是人类直接或者间接从生态系统中获得的惠益，这些惠益一般来自产品和服务两个方面。

生态系统一方面提供有形的生态产品，如食物原料、工业原材料、能源基本材料等；另一方面提供对人类生存及生活质量有积极影响的生态系统服务功能，即无形的生态产品，如调节气候、涵养水源、保持水土、净化空气、除尘降噪、景观美育等。因此，生态产品供给既是物质生态产品的供给，也是非物质的生态服务产品的供给，二者是一个统一体。

随着社会进步和人们生活质量要求的提高，对无形的生态产品的需求会更加迅速的增长。目前，林业发展模式逐渐由以利用森林获取木材、林业副产品等经济利益为主，向着以提供森林资源的生态服务为主转变。森林生态产品供给的极大丰富为森林康养业态奠定了资源基础。

"十二五"以来，全国森林旅游游客量保持了15%以上的年增长速度。2018年森林旅游为主的林业旅游与休闲服务业，产值分别达到12 816亿元和13 044亿元，森林旅游产值首次超过木材加工业。二者总计已经接近26万亿元，也就是说，林业产业现在每年给每个中国人提供了接近2万元的服务类生态供给。

森林康养企业是生态产品与服务供给的直接力量，是森林自然资源和社会大众产生联结的重要纽带。在做好森林培育和生态保护的同时，森林康养企业依靠优质的森林资源开展业务活动，通过森林康养活动带领课程学习、疗养体验、自然教育等活动，为参与者提供优质的生态产品和服务。

思考题
1. 森林康养企业和一般类型的企业有何差异？
2. 森林康养企业的商业模式是怎样的？
3. 森林康养企业有哪些责任与义务？

参考文献
秦勇，李东进，2016. 企业管理学[M]. 北京：中国发展出版社.
王力峰，2006. 森林生态旅游经营管理[M]. 北京：中国林业出版社.
吴兴杰，2015. 森林康养新业态的商业模式[J]. 商业文化(31)：9-25.

第三章　森林康养企业经营环境

第一节　企业经营环境内涵及特征

一、企业经营环境概念

森林康养企业与其他企业一样，有着共同的经营环境。企业经营环境是指存在于企业内部和外部且影响企业业绩的一切力量与条件因素的总和。企业经营环境分为外部环境和内部环境。企业经营的内部环境是存在于企业管理系统之内、对企业生存和发展产生影响的各种因素的总和。企业经营的外部环境是存在于企业管理系统外，并对企业管理系统的建立、存在和发展产生影响的外部客观情况和条件。

环境是影响企业经营活动的重要因素。有利的环境会促进企业的发展，不利的环境会制约企业的发展以至会置企业于倒闭、破产的困境。因此，企业管理者要对周围的环境和内部条件进行评定，并制定出科学的应对之策。

二、企业经营环境的特征

第一，整体性和综合性。企业经营环境所包含的各因素之间具有一定的独立性，但它们是作为一个整体作用于企业管理。在某一特定时期内，不同的环境因素对企业的影响程度不同，管理者很难准确地区分来自环境的影响到底是哪种因素所致。因此，管理者必须把环境作为一个整体，考虑其综合影响。

第二，复杂性。企业经营环境的复杂性包含两个方面的内容。一方面，环境对企业及其管理活动的影响是复杂的、多方面的，各种因素甚至相互矛盾和冲突；同样的环境对某个企业可能是机会，而对另一个企业可能就是威胁。另一方面，各环境因素之间又相互影响、作用和制约，进一步加大了环境的复杂性。

第三，不确定性。企业经营环境的不确定性受三个因素影响：一是环境多变性。由于社会生产力的发展和生产关系的变革，环境总是处于不断发展变化之中。当然，伴随着环境的变化，各种环境因素不可能同步、同程度变化。一般来说，技术、经济环境尤其是市场环境属于剧变环境，它们无时无刻不在发生变化，社会环境变化较慢，而自然环境则可能长期保持基本不变；二是环境信息的不对称性。人们对环境的了解可以是直接的，但更多是间接的。例如，借助新闻媒介对特殊现象进行分析预测等。信息情报本身的不准确和信息传递中的失真，都会使信息接收者无法准确了解环境的变化；三是环境预测时限性。企业管理者对环境预测具有时间限制。越是面向未来，对环境的了解就越不精确。

第二节　企业经营环境类型

企业经营环境的类型一般分为：宏观环境、微观环境和企业内部环境。

一、宏观环境

宏观环境指在一定的国家或地区范围内对一切产业部门和企业都将产生影响的各种因素或力量。宏观环境通常是企业无法控制而只能去适应的，但在某些情况下，企业可以施加一定的影响。宏观环境在给企业提供发展机遇的同时，也给企业的发展带来威胁，企业管理者必须对宏观环境进行深入调研，以便发现未来的机会和威胁，进而采取相应的对策。企业的宏观环境可分为人口环境、政治法律环境、经济环境、社会文化环境、自然地理环境、科学技术环境6个大方面。

第一，人口环境。人口环境包括人口的规模、人口的年龄结构和人口的分布。

第二，政治法律环境。指的是环境因素中有关的政治制度和法律规定，包括一个国家的社会制度，执政党性质，政府方针、政策、法令等。

第三，社会文化环境。包括一个国家或地区的居民教育程度、文化水平、宗教信仰、风俗习惯、审美观念、价值观念等。文化水平会影响居民的需求层次；宗教信仰和风俗习惯会禁止或抵制某些活动的进行；价值观念会影响居民对企业目标、企业活动以及企业存在的态度；审美观念则会影响人们对企业活动内容、活动方式以及活动成果的态度。

第四，经济环境。经济环境主要包括宏观和微观两个方面的内容。宏观经济环境主要是指社会经济所处的发展阶段，包括人均国民收入、市场的供求状况、产业结构状况等。微观经济环境指的是一个具体的企业所面临的与企业运营相关的特殊的经济环境，包括企业所在地区或所需服务地区消费者的收入水平、消费偏好、储蓄情况、就业程度等。

第五，科学技术环境。通常是指企业所在国家或地区的技术水平、技术政策、科研潜力和技术发展动向等。

第六，自然地理环境。主要包括地理位置、气候条件以及资源状况等环境；森林康养的自然地理环境因素，同时也是其内部环境因素。

二、微观环境

企业的微观环境又称具体环境，是指那些对企业的影响更频繁更直接的环境，是与某一具体的决策活动和处理转换过程直接相关的各种特殊力量，是与企业目标的制定与实施直接相关的环境。也可以说是相关利益主体的集群。

第一，顾客。企业的一切营销活动都是以满足顾客的需要为中心的，因此，顾客是企业最重要的微观环境。顾客是企业服务的对象，也就是企业的目标市场。可以从不同角度以不同的标准对顾客进行分类，按照购买动机分类，顾客市场可以分为消费者市场、生产者市场、中间商市场、政府集团市场、国际市场。

第二，供应商。供应商是指向企业及其竞争者提供资源的企业或个人。供应商所提供的资源主要包括原材料、设备、能源、劳务、资金等。如果没有这些资源作为保障，企业根本就无法正常运转，也就无所谓提供给市场所需要的商品。因此，社会生产活动的需要，形成了企业与供应商之间的紧密联系，这种联系使得企业的所有供货单位构成了对企业经营活动最直接的影响。

第三，营销中介。营销中介是指协助企业促销、销售和配销其产品给最终购买者的企业和个人，包括中间商、实体分配机构、营销服务机构和财务中间机构。

第四，竞争者。竞争者是与某企业生产相关或类似产品的企业和个人。企业和竞争者的关系是一种竞争关系。竞争将直接影响企业的发展和赢利，影响企业经营优势的长期发挥。为此，企业要搜集竞争者的有关资料，对其进行分析研究。

第五，公众。公众是指对企业实现其目标的能力感兴趣或发生影响的任何团体或个人。企业的公众可以分为外部公众和内部公众两大类。外部公众主要包括：金融机构、媒介机构、政府机关、行业组织和协会、社区居民和团体、消费者、与企业相关的一般公民等。内部公众是指企业内部全体员工，包括领导（董事长）、经理、管理人员、职工。处理好内部公众关系是搞好外部公众关系的前提。公众对企业的生存和发展产生巨大的影响，公众可能有增强企业实现其目标的能力，也可能会产生妨碍企业实现其目标的能力。所以，企业必须采取积极适当的措施，主动处理好同公众的关系，树立企业的良好形象，促进企业管理活动的顺利开展。

三、企业内部环境

企业内部环境分析的内容包括企业资源、企业组织能力、企业核心竞争力、企业价值链、企业组织结构、企业管理、企业创新能力与学习能力、企业组织文化8个方面。

第一，企业资源。企业资源是指企业内人、财、物资产的总和，以及这些资产的组合结构和作用方式，可分为有形资源和无形资源两类。企业有形资源是指企业内可见的、可量化的资产，如企业内的自然资源、人文资源、企业建筑、土地、设备等。企业无形资源是指植根于企业的历史、伴随企业成长而积累下来的资产，如企业的经营管理模式、管理制度、组织文化、创新学习能力等。无形资源一般以独特的形式存在，不易被竞争对手了解和模仿，其价值具有不可转移性。

第二，企业组织能力。企业组织能力是指企业有目的地分配资源和整合资源的效率，以达到预想的最终状态。在企业提高组织能力，构建自身核心竞争力的过程中，企业人力资源的价值与企业创造或引进的科技知识和员工的学习能力，发挥着非常重要的作用。

第三，企业核心竞争力。企业核心竞争力是指能为企业带来相对于竞争对手的竞争优势的资源与能力。企业核心竞争力的识别标准有4个：一是价值性。这种能力首先能很好地实现顾客所看重的价值，如能显著地降低成本，提高产品质量，提高服务效率，增加顾客的效用，从而给企业带来竞争优势。二是稀缺性。这种能力必须是稀缺的，只有少数的企业拥有它。三是不可替代性。竞争对手无法通过其他能力来替代它，它在为顾客创造价值的过程中具有不可替代的作用。四是难以模仿性。核心竞争力还必须是企业所特有的，并且是竞争对手难以模仿的，也就是说它不像材料、机器设备那样能在市场上购买到，而是难以转移或复制。这种难以模仿的能力能为企业带来超过平均水平的利润。

第四，企业价值链。企业价值链是一个模块，可以被分解为主要业务和辅助业务两大部分。主要业务是指企业的物流输入、生产作业、物流输出、市场营销和售后服务5个部分。辅助业务是对主要业务发挥辅助功能的业务或活动，包括资源采购、人力资源管理、技术开发以及企业的基础设施。企业价值链分析能够使企业了解在所有的运营环节中哪些环节可以创造价值，哪些不能创造价值。

第五，企业组织结构。企业组织结构的概念有广义和狭义之分。狭义的组织结构，是指为了实现组织的目标，在组织理论指导下，经过组织设计形成的组织内部各个部门、各个层次之间固定的排列方式，即组织内部的构成方式。广义的组织结构，除了包含狭义的组织结构内容外，还包括组织之间的相互关系类型，如专业化协作、经济联合体、企业集团等。组织结构的合理与否，直接影响企业运行的效率。如结构层次的多少，同一层次部门的多少等，在不同的规模的企业中产生的效率是不一样的。

第六，企业管理。企业管理是对企业生产经营活动进行计划、组织、指挥、协调和控制等一系列活动的总称，是社会化大生产的客观要求。企业管理是尽可能利用企业的人力、物力、财力、信息等资源，实现省、快、多、好的目标，取得最大的投入产出效率。

第七，企业创新能力与学习能力。企业创新能力是企业在多大程度上能够系统地完成与创新有关活动的能力，如市场能力、技术能力和整合能力等。企业组织学习能力，主要指将组织中好的方法和经验提炼出来，并通过有效的制度和机制在组织经营中传承下去，在传承基础上不断提升和创新的能力。

第八，企业组织文化。企业文化是在一定的条件下，在企业生产经营和管理活动中所创造的具有该企业特色的精神财富和物质形态。它包括企业愿景、文化观念、价值观念、企业精神、道德规范、行为准则、历史传统、企业制度、文化环境、企业产品等。其中价值观念是企业文化的核心。

思考题

1. 当前国内森林康养企业面临的宏观环境如何？
2. 森林康养企业如何营造良好的内部经营环境？
3. 森林康养企业如何面对外在的经营风险？

参考文献

秦勇，李东进，2016. 企业管理学[M]. 北京：中国发展出版社.

王力峰，2006. 森林生态旅游经营管理[M]. 北京：中国林业出版社.

第四章　森林康养企业经营战略

第一节　经营战略定位及类型

一、战略定位

(一)战略定位的概念

企业经营战略定位是企业经营管理的重要组成部分，决定企业的发展方向与发展模式。与经营管理所关注的日常管理工作不同，企业经营战略定位的着眼点是站在宏观的发展角度，以长远的和发展的视角去决定企业未来的走向。

(二)战略定位的三要素

企业制定战略时往往要考虑战略定位的3个要素，它们分别是：目标客户定位、产品定位、商业模式定位。首先，目标客户定位是决定企业为哪些客户提供产品和服务，这是企业如何选择目标客户群的问题；其次，产品定位，目的是确定企业为其目标客户群提供什么产品和服务，这是企业设计、创造和交付什么产品和服务的问题。具体来讲，就是将公司的产品形象、品牌等在预期消费者的头脑中占据有利的位置；最后，商业模式定位，就是确定企业通过什么方式和途径为目标客户群提供产品和服务，这是企业如何设计、创造和交付产品和服务的问题。

(三)经营战略的特点

企业经营战略作为企业未来发展的整体性指导方针，具有目标性和策略性的双重特征。为了迎合高速发展的市场特征与生产社会化和专业化的趋势，企业必须高度重视战略的制定。企业战略管理涉及企业发展中带有全局性与根本性的问题，是企业进行其他管理活动的基础。一般来说，企业经营战略具有以下几个特点。

1. 系统性

企业战略是以企业的整体为研究对象，以企业日常涉及的全部活动为研究内容，对系统进行分析与评价之后而制订的行动方案和规划，以最终企业发展的总体效果为衡量标准。

2. 长期性

企业战略制订的是未来很长一段时间的行动方案，按照时间划分，企业战略多数为3~5年的中期战略，甚至还可以是5年以上甚至更长久的战略计划。

3. 指导性

也称为战略的纲领性，企业战略是企业进行一系列活动都必须遵循的行动指南，对各项活动的开展与实施具有强烈的指导性,一旦制定,企业的各个组织部门都要依据它有条不紊地为实现企业各阶段的目标努力工作。

4. 竞争性

企业经营战略的根本目的是为企业创造与维持市场竞争力。一个好的企业战略,能够为企业打造一个竞争对手难以超越的竞争力,以保持自己在竞争中的地位优势。

5. 经济性

企业战略是对企业有限的资源进行合理配置与利用,是优化资源配置,创造企业价值与收益的过程,因此企业战略具有一定的经济性。

6. 风险性

企业经营战略是对未来与企业相关的各种内外部环境及资源预测的基础上,做出的与企业整体发展相关的一系列活动的方针部署。未来的发展具有一定的未知性和不确定性,所以在此基础上制定的企业战略具有一定的风险性。

7. 稳定性

企业经营战略一经制定,就不能随意更改,它是企业其他各阶段战略的指导,因此在相当长的一段时间内具有稳定性,这样才能便于各部门努力贯彻执行。

(四)战略定位的过程

企业经营战略定位是一个过程,企业经营战略并非是一次性的,而是持续的。由于环境的不断变化,企业有必要不断地对战略目标进行监测,战略的目的就是使企业能够更好地适应其环境。只有如此,企业才能得以生存和发展。企业经营战略制定的过程包含3个不同阶段,包括识别关键战略问题、评估备选方案进行战略选择、对选定战略进行实施和管理。如图4-1所示:

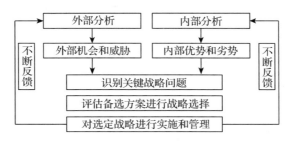

图 4-1 企业经营战略制定过程示意

(五)基础战略和核心战略

1. 基础战略

森林康养企业基础战略主要是指信息系统、组织系统、政策以及其他基础设施管理战略。信息系统是森林康养企业的基础。森林康养企业的整个运作过程需要信息系统来支持。组织系统是指森林康养企业及其运作机构,科学的组织系统对森林康养企业的运作具有积极的推动作用。政策是最重要的社会环境基础,由于森林康养企业具有地域性,因此,政策因素将对森林康养企业在广阔地域环境中的运作有着重要影响。

2. 核心战略

森林康养企业核心战略是指对森林康养企业发展具有特别重大的指导作用，对其他战略具有特别重大的带动作用的企业战略的核心。研究森林康养企业发展首先要研究好企业核心战略，要善于用核心战略统筹基础战略，用基础战略保证核心战略。

研究森林康养企业核心战略，需要抓住在森林康养企业发展过程中所面临的关键问题，要抓主要矛盾。森林康养企业发展中的主要矛盾就是"木桶理论"中所说的最短的那块板。森林康养企业在任何时期都存在关键性的问题和主要矛盾。森林康养企业在发展过程中所面临的资金、人才、资源、产品、市场、服务以及企业文化等都可能成为森林康养企业发展的制约要素。把这些制约要素转变为优势就可能成为森林康养企业的核心战略。总之，研究森林康养企业发展核心战略，具有十分重要的意义。

二、企业经营战略类型

当企业在审视了外部环境变化状况和内部资源能力条件后，企业就能运用科学的技术与方法对今后较长时期的经营战略做出科学的规划与设计。一般而言，企业经营战略类型有：波特的基本战略、扩张型战略、维持型战略、紧缩型战略、混合型战略。

(一) 波特的基本战略

迈克尔·波特提出的基本战略包括三种战略模式：总成本领先战略、差异化战略和集中战略。总成本领先战略是指通过发现和挖掘组织的资源优势，最大限度地降低成本，使企业取得行业内最大的成本比较优势，成为行业成本领先者的战略，如日本三菱重工挖掘机案例。差异化战略是指提供独一无二、与众不同的产品满足消费者需求，在竞争中获得比较优势，赢得额外收益。集中战略指把经营战略的重点放在一个特定的目标市场上，为特定的地区或特定的购买者集团提供特殊的产品或服务，即指企业集中使用资源，以快于过去的增长速度来增加某种产品的销售额和市场占有率，如图4-2所示。

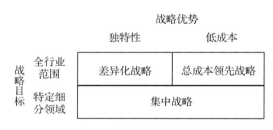

图 4-2　波特的三大通用战略

(二) 扩张型战略

扩张型战略是企业从一种战略起点向更大规模、更高水平发动进攻的战略态势。企业扩张战略的基本类型见表4-1所列。

密集型发展战略是指企业现有的产品或服务在市场上尚有发展潜力，可以充分挖掘自身潜力实现自我发展；一体化发展战略是指企业利用自身在产品、服务、技术、市场上的优势，根据物资流动的方向使企业不断地向广度和深度发展；多角化发展战略是指企业增加不

表 4-1 企业扩张战略的基本类型

密集型发展战略	一体化发展战略	多角化发展战略
市场渗透	后向一体化	同心多角化
产品发展	前向一体化	水平多角化
市场发展	水平一体化	混合多角化

同的产品或服务的事业部门的战略。

森林康养企业在实施扩张战略时，可以通过内部扩展或外部并购的方式在短时间内实现扩张战略目标。内部扩展是指企业内部发展新业务，进入新行业，从而实现企业发展。外部并购是指企业参与扩大规模与产品服务销售，增加规模经济，分散企业风险的途径。扩张型战略的扩张途径如图4-3所示。

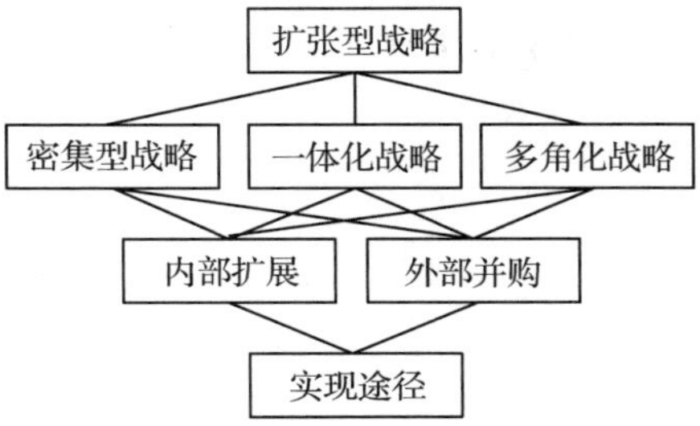

图 4-3 企业扩张战略与实现途径

(三) 维持型战略

维持型战略是指企业在一定时期内对其产品服务、技术、市场等方面采取维持现状的战略。在维持型战略中，企业既不进入新的领域，扩大经营规模，也不退出既有领域。其核心是在维持现状的基础上提升企业整体效益。

(四) 紧缩型战略

紧缩型战略是指企业在经营状况不佳的情况下，选择在当前时期缩小经营规模，压缩经营事业，取消某些产品和服务的战略。紧缩型战略有三种类型：一是转变战略，其实施对象是虽陷入困境但值得挽救的事业；二是撤退战略，在企业的现金流量出现危机时为了顾全大局而实施；三是清理战略，是指企业由于无力偿还债务，出手或转让企业的全部财产，甚至结束企业的经营。

(五) 混合型战略

混合型战略是指企业针对不同的环境和不同的时期混合使用扩张型、维持型和紧缩型三种战略。混合战略分为两种：一种是各种战略同时进行；另一种是将战略的实施按顺序先后进行。当企业的环境要素变化速度不同，或者企业内各部门业绩发展不平衡时，采用混合型战略最合适。

第二节 经营战略管理分析方法

一、波特钻石模型 (Port 模型)

(一) 波特钻石模型的基本概念

迈克尔·波特被誉为"现代竞争战略之父"，也是现代最伟大的商业思想家之一，不仅为现代的竞争理论奠定了坚实的基础，更为企业竞争状况的分析建立了坚实的理论基础。他的学说重点主要有：五力模型、三大一般性战略、价值链、钻石体系、产业集群。其中，钻石模型作为分析企业竞争优势、确定企业发展战略的有效方法，几乎囊括了影响企业竞争状况的各种要素，同时也更符合国内产业和企业的竞争状况。

波特钻石模型是一个动态的体系，它内部的每个因素都会相互作用影响到其他因素的表现，同时，政府政策、文化因素与领导魅力等都会对各项因素产生很大的影响，如果掌握这些影响因素，将塑造企业的竞争优势。在钻石模型六因素中矩形框内4个因素是决定产业竞争力的决定因素，圆形框内2个因素对产业竞争力产生重要影响，属于变量，由4个决定因素组成4个实顶点，由2个变量构成2个虚顶点，它们之间互相联系，相互作用，构成系统。

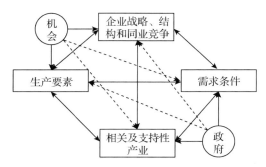

图 4-4 波特钻石模型的基本分析框架图

(二)波特钻石模型的要素

波特钻石模型的四项基本要素如下：

1. 生产要素

生产要素指的是一个地区或产业所拥有的生产资料、人力资源、自然资源、科学技术资源、资本资源和基础设施等支持生产经营活动的基本要素和条件。由于不同产业间有特殊性，所以在实际分析中应对生产要素进行整合细分。对森林康养企业而言，自然资源、人力资源、资本资源、基础设施建设是最重要的生产要素。

2. 需求条件

需求条件主要指该产业目标市场的市场需求，包含了需求的结构、市场的性质和空间、企业所占的市场份额和成长速度以及从专业、区域化市场转向全能型市场需求的能力等。对森林康养企业而言，需求结构和规模成长是主要需求条件的要素。

3. 相关及支持性产业

相关及支持性产业即指与分析产业密切关联，相互之间有辅助、利益相关关系的其他行业。任何一个产业想单独获得竞争优势都是不可能的，它必须拥有成体系、配套的相关支持产业作为完整产业链的必要组成部分，才能实现降低成本、提高利润的目标。同时，相关产业协同发展、分摊生产经营的流通成本，也是达到集群效应的有效手段。森林康养企业的相关及支持性产业有森林旅游、医疗、食宿行业等。

4. 企业战略、结构和同业竞争

该竞争因素主要由企业的战略规划、企业组织结构和同行业内的竞争等几方面构成。

这些单一或者系统性的环境因素都关系到企业的诞生与竞争模式，例如，企业是否拥有资源和技术以在产业中形成竞争优势；能否取得相关信息以捕获商机和趋势，并妥善应用自身的资源和技术；能否建立管理者、经营者、员工的共同目标，并促使员工发挥竞争力；以及最重要的，能否推动企业持续投资和创新的压力。

波特钻石模型也是一个双向强化的系统。其中任何一项因素的效果必然影响到另一项因素的状态。以需求条件为例，除非竞争情形十分激烈，可以刺激企业有些反应，否则再有利的需求条件，也并不必然形成它的竞争优势。而当企业获得波特钻石模型中任何一项因素的优势时，会帮助它创造或提升其他因素上的优势。对于高度依赖天然资源或者技术层次较低的产业而言，可能只需要具备波特钻石模型中的两项因素就能得到竞争优势，但问题是，这样的优势通常会因产业的快速变化，或者其他竞争者的先发制人而无法持久。即使是由知识密集产业构成骨干的先进经济实体，也必须先贯通钻石模型体系内部各项因素才能保有竞争力。

在产业竞争和企业竞争力的研究领域，还有"机会"和"政府"两个变量。产业发展的机会通常是指基础发明、技术、战争、政治环境发展、国外市场需求等方面出现重大变革与突破，"机会"变量通常不受企业或者政府的控制。这些"机会"因素可能会引起产业结构调整优化，促进竞争力提升。因此，"机会"变量在许多产业竞争优势上的影响力不容忽视。

构成产业竞争力拼图的最后一个要素是政府。政府部门相关政策和法令往往是产业竞争力、企业竞争力的直接影响因素。例如，反托拉斯法有利于国内竞争对手的崛起，法规可能改变国内市场的需求情形，教育发展可以改变生产要素结构，政府的保护收购可能刺激相关产业兴起等……

综上所述，"波特钻石模型"的 6 个因素之间都是有关联的，它们之间的关系复杂而相互影响。其中任何一项的状态发生改变，其他要素也随之受到影响，作用是相辅相成的。此外，"波特钻石模型"的分类清晰明了，应用广泛，因此波特钻石模型成为企业进行竞争力测度和战略分析的重要方法。

二、SWOT 模型分析

(一) SWOT 模型分析方法

企业在制定经营战略时要充分考虑企业所处的内外部环境，单纯地分析企业内部或者外部环境都是片面的。因此，必须将企业的外部机遇和威胁与企业内部的优势和劣势进行综合分析，才能使企业在制定经营战略时既可以充分发挥自身优势、把握外部机遇，又可以尽量规避内部劣势和潜在威胁。

SWOT 模型分析是一种常用的战略选择方法。SWOT 是 4 个英文单词的缩写，SW 表示企业内部的优势和劣势(Strengths and Weaknesses)，OT 表示企业外部的机会与威胁(Opportunities and Threats)。SWOT 分析的理论基础是：最佳的战略应该能最大限度地利用企业的

未来环境预测
现存外部环境分析
内部环境分析
森林康养企业面临的机会与威胁
森林康养企业的优势与劣势
优势
劣势
机会
SO战略
WO战略
威胁
ST战略
WT战略

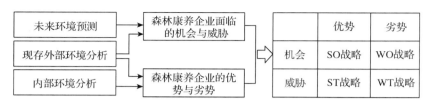

图 4-5　SWOT 模型的分析过程和分析矩阵

内部优势和外部环境机会，将企业内部劣势与外部威胁降到最低程度。SWOT 模型的分析流程如图 4-5 所示。

（二）SWOT 分析的关键步骤

SWOT 分析模型中，环境—组织分析是战略选择的关键，它是战略选择的起点，环境—组织分析的综合分阶段逻辑框架如图 4-6 所示。它通过对企业组织内部、产业概貌、现存环境、预测未来环境力量 4 个步骤进行分析，从而使管理者判别企业的优势和劣势、面临的机会和威胁、未来的发展潜力和机遇。

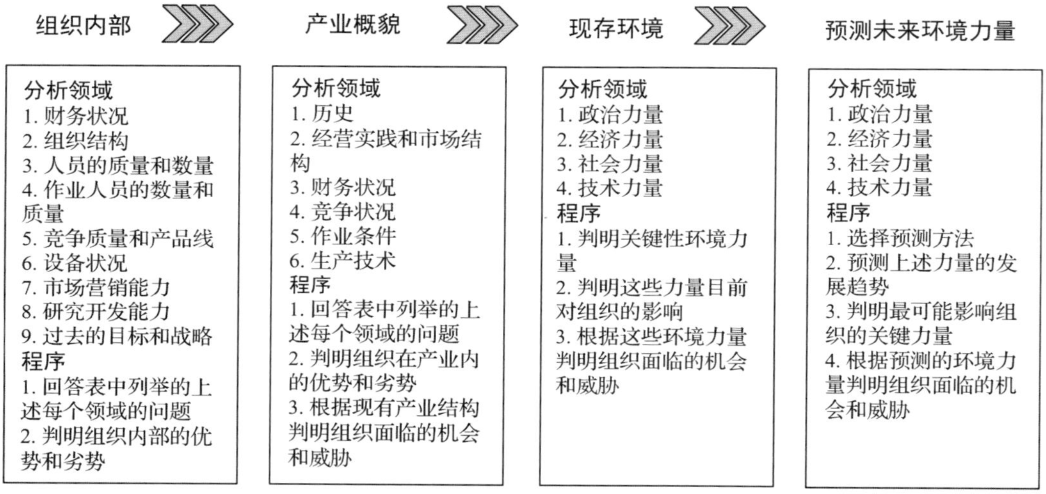

组织内部
产业概貌
现存环境
预测未来环境力量
分析领域
1. 财务状况
2. 组织结构
3. 人员的质量和数量
4. 作业人员的数量和质量
5. 竞争质量和产品线
6. 设备状况
7. 市场营销能力
8. 研究开发能力
9. 过去的目标和战略
程序
1. 回答表中列举的上述每个领域的问题
2. 判明组织内部的优势和劣势
分析领域
1. 历史
2. 经营实践和市场结构
3. 财务状况
4. 竞争状况
5. 作业条件
6. 生产技术
程序
1. 回答表中列举的上述每个领域的问题
2. 判明组织在产业内的优势和劣势
3. 根据现有产业结构判明组织面临的机会和威胁
分析领域
1. 政治力量
2. 经济力量
3. 社会力量
4. 技术力量
程序
1. 判明关键性环境力量
2. 判明这些力量目前对组织的影响
3. 根据这些环境力量判明组织面临的机会和威胁
分析领域
1. 政治力量
2. 经济力量
3. 社会力量
4. 技术力量
程序
1. 选择预测方法
2. 预测上述力量的发展趋势
3. 判明最可能影响组织的关键力量
4. 根据预测的环境力量判明组织面临的机会和威胁

图 4-6　环境—组织分析的分步程序

（三）SWOT 模型的战略组合

按照 SWOT 模型进行分析，可以得出 4 个组合战略：

①优势/机会策略（S/O）　是一种发展企业内部优势与利用外部机会的战略，是一种理想的战略模式。

② 优势/威胁策略（S/T）　是利用外部机会来弥补内部弱点，使企业改进劣势而获取优势的战略。

③劣势/机会策略（W/O）　是指企业利用自身优势，回避或减轻外部威胁所造成的影响。

④劣势/威胁策略（W/T）　是一种旨在减少内部弱点，回避外部环境威胁的防御性战略。

可见，W/T 对策是一种最为悲观的战略，是在企业最困难时不得不采取的战略；W/O

战略和 S/T 战略是一种苦乐参半的战略,是处在一般情况下采取的战略;S/O 战略是一种最理想的战略,是企业在经营管理最为顺畅的情况下乐于采取的对策。

由于具体情况所包含的各种因素及其分析结果所形成的战略都与时间范畴有着直接的关系,所以在进行 SWOT 模型的分析时,可以先划定一定的时间段分别进行分析,最后对各个阶段的分析结果进行综合汇总,并整合出完整时间段的 SWOT 矩阵分析,这样有助于分析的结果更加精确。

三、波士顿模型(BCG 模型)

(一)波士顿模型的起源

一个企业成功与否通常是看这个企业是不是拥有不同增长率和市场份额的组合业务,而现金牛业务和明星业务是成功企业主要业务构成的关键。这是由波士顿咨询公司的创始人布鲁斯在 1970 年得出的结论。1970 年美国波士顿咨询集团(Boston Consulting Group)为了帮助企业分析与评估企业现有产品一系列的表现,利用企业现有资金进行投资业务的有效配置,作为品牌建立、产品管理、战略管理及公司整体业务的分析工具,设计发明了 BCG 矩阵(BCG Matrix)。

(二)波士顿模型的内容

波士顿模型最早是以波士顿公司的名字命名,同时又被许多学者称为四象限分析法、波士顿咨询集团法、产品系列结构管理法,或者是市场增长率—相对市场份额矩阵。在 1970 年,波士顿模型成为许多公司制定公司战略最流行的方法之一。在矩阵图表中,企业的单位业务(SBUs)标于其上,各单位业务在图表的位置不同所显示的潜在利润与风险也不相同。由此可见,波士顿模型的目的其实是为了优化组合企业各单位业务或产品以平衡企业的现金流量。在众多评估企业投资组合的有效模式之中,波士顿模型可谓是最具盛名的一种,其模型如图 4-7 所示:

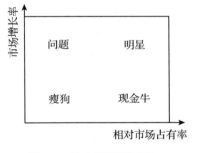

图 4-7 波士顿模型示意

如图 4-7 所示,波士顿模型矩阵其实是一个 2×2 的矩阵,产品或业务在其行业中相对市场份额以横轴表示(即以该产品的绝对市场占有率除以同行业中最高占比的市场份额所得的数值),通常以 1.0 为界限划分为高、低两个区域。纵轴是市场增长率,表现企业所在行业的成长性,通常以 10%的增长速度将其限划分为两个区域。由此分成 4 个象限,分别代表 4 种不同的业务:

1. 明星业务(stars)

如果一项业务是明星业务的话,那说明此业务在市场当中有着很高的增长率,同时市场份额也大于行业平均水平。但它能不能够产生可观的现金流,就要看投资是否到位。它需要的是持续稳定的投入,如果中断或将资金运用到其他象限的业务当中去的话,就难以继续维持高的市场份额。另外,一个企业如果没有一项业务属于明星业务,企业的经营就显得很失败。所以,对于想在未来有所发展的企业来说,打造属于自己企业的明星业务尤为重要。但是，一个企业如果过于依赖某个特定的明星业务，往往就会陷入集中经营风险。所以，对于企业的投资者来说，如何在集中与分散之间取得平衡，就显得尤为重要了。

2. 现金牛业务(cash cows)

这一象限的产品产生了可观的现金，但未来的增长前景有限。这是成熟市场的领导者，也是公司现金的来源。随着市场的成熟，企业不必大举投资扩大市场，作为市场的领导者，他们享受到规模经济和高利润的优势，从而为企业带来可观的现金流。企业通常使用现金牛业务来支付经营成本，并支持其他需要大量现金的业务。现金牛业务适合于采用战略框架的保持战略，属于为了保持市场份额的稳定战略事业部。

3. 瘦狗业务(dogs)

在这个象限的产品既不会产生大量现金，也不需要大量现金，企业也没有希望这些产品能提高公司的业绩。在正常情况下，这种业务往往是无利可图的，甚至是会带来损失的，而瘦狗业务之所以存在，更多的是由于情感因素。虽然它一直以低利润率运营，但它像一只养了很多年的狗，舍不得放弃。事实上，瘦狗型的企业通常占用很多资源，如资金、管理时间，大部分时间都是不太值得的。瘦狗业务适合采用的投资业务战略是收缩策略，及时销售或清算该业务，以便将资源转移到更有利的领域。

4. 问题业务(question marks)

在这个象限的是一些投机产品，具有更大的风险，这些业务的利润率和市场份额都很小。因为公司必须谨慎地回答"是否继续投资和发展业务"这个问题。只有那些符合企业发展长远目标的问题业务，才能获得企业的投入，才能获得更大的发展空间；而与企业未来发展战略相悖，不利于企业可持续性增长战略实现的问题业务则往往适合收缩战略。

(三)波士顿模型构建步骤

第一步，通过计算获取公司各类投资业务的市场增长率及占有率的数值，相关计算方式如下：可以是公司在一定时期内(通常为1~3年)销售或收益总额的增长率，即市场增长率；也可以是市场占有率指公司产品在行业内所占有的绝对份额或相对份额的比率，具体分为绝对市场占有率和相对市场占有率，其计算公式为：

$$绝对市场占有率=销售总额/市场销售总额$$

相对市场占有率=公司产品或公司的市场占有率/此类产品或业务的最大市场份额拥有者的市场占有率。

第二步是进行波士顿模型矩阵图的绘制。首先绘制坐标图(横轴和纵轴)，通常以20%的市场增长率和0.5的相对市场占有率为标准，将坐标图划分为4个象限。接着将企业各类产品或业务按其相应的市场增长率及相对市场占有率核算所得数值以圆心图案标注于坐标图上。然后绘制出以圆心为基准的不同面积的圆圈来表示相对应的各类产品或投资业务投资总额的数值大小，然后在圆圈上标出顺序号码以示区别，从而确定每一个战略业务单元的矩阵角色。此时4种不同类型的投资业务就清晰地呈现在矩阵的4个象限之上。

(四)波士顿模型运用的法则

根据波士顿模型的基本原理，企业创造收益能力的大小与产品或业务所占有市场份额大小相关；同时，销售或销售的增长也将增加企业或产品的资本投资，以支持其市场份额的增长。各产品或业务间的循环互补在波士顿模型的四象限中呈现出位置及移动趋势的图形，波士顿模型的运用法则也因此而形成。

1. 月牙环成功法则

如果企业经营的产品或业务在象限内呈月牙环形，则表示企业目前经营良好，是成功企业的典范，因为盈利大的产品不只一个，而且这些产品的销售收入都比较大，还有不少明星产品，问题产品和瘦狗产品的销售量都很少。若产品结构显示的散乱分布，说明其事业内的产品结构未规划好，企业业绩必然较差，这时就应区别不同产品，采用不同策略。

2. 黑球失败法则

在波士顿模型中，通常用大的黑球来表示在第三象限中没有业务或产品，或者表示有业务但没有收入。这种图像表示企业经营处于失败状态，应该对企业现有业务进行重新规划，应该采取撤退和减少措施，并且应该规划新的业务领域。

3. 东北方向大吉法则

在矩阵图中，企业的产品或业务主要分布在东北方向，则表明明星产品是企业的主导产品，企业具有良好的发展前景；如果企业的大部分业务或产品集中在西南方向，说明企业的产品大多是瘦狗类型，企业的经营状况不理想。

4. 踊跃异动速度法则

正常异动均势下，问题型业务发展为明星型业务而后进入现金牛产品阶段，说明该业务已然经历了从单纯的资源消耗到为企业提供现金流的过程。然而，应该指出的是，企业可以获得的利益的大小将受这种趋势移动速度的影响。因此，企业必须慎用四象限法，有效、适时、合理地分配企业资源，调整产品或业务结构，以实现企业利润最大化的成功运营目标。

(五)波士顿模型的优点与局限

1. 波士顿模型的优点

波士顿模型是企业分析和规划企业产品组合的一种方法。波士顿模型将企业战略规划与资本预算相结合，将企业行为分为4种类型，并有两个关键指标，简化了企业战略管理。通过波士顿模型的应用，使企业产品或业务的结构调整与市场环境的变化更加协调，关系更加密切。企业资源的利用率和合理性将大大提高，保证企业利润的最大化，在激烈的市场竞争环境中对企业的成功起着关键作用。

2. 波士顿模型的局限

(1)假设上的局限性

①波士顿模型是基于相对稳定的外部环境形成的经验曲线。但目前的市场环境变化迅速，这将对经验曲线的准确性和BCG矩阵的精度产生一定的影响。

②波士顿模型倡导"成本领先战略"，即规模效应产生利润，使企业获得竞争优势。但是，只有在成熟的市场环境下才能有效实施规模效应战略。同时，除了规模化以外，差异化也将让企业获得竞争优势。

③波士顿模型假设公司内部各业务单位间是独立的。但事实上，各个企业之间存在着密

切的关系，特别是在相关的多元化企业中，各业务间多会实现资源共享。

（2）技术上的局限性

①波士顿模型认为，市场份额决定了单位业务的利润率，但企业在实际运营过程中，企业的利润不仅受到单位业务的市场份额的影响，还会受到诸如市场规模、类型、企业自身管理水平，经营条件等因素的影响。

②波士顿模型将企业所有运营中的业务或产品都划归到4个象限类别中，却忽略了对过渡型业务的处理。

四、战略地位与行动评价矩阵（SPACE 矩阵）

（一）战略地位与行动评价矩阵介绍

战略地位与行动评价矩阵（Strategic Position and Action Evaluation Matrix，SPAEM 矩阵）主要是分析企业外部环境及企业应该采用的战略组合，是企业战略分析和战略制定工具之一。对企业战略地位进行评估并根据评估结果对企业应采取的战略行动提出建议。

SPACE 矩阵有4个象限分别表示企业采取的进攻、保守、防御和竞争4种战略模式。其中，进攻型表示产业吸引力强，环境不确定因素极小，企业有一定竞争优势，并可以用财务实力加以保护；竞争型表示产业吸引力强，但环境处于相对不稳定状况，企业占有竞争优势但缺乏实力，处于这种情况下的企业应该积极发挥优势，寻求财务资源，争取尽快占有市场先机；保守型表示企业处于稳定而缓慢发展的市场，企业竞争优势不足但财务实力较强，处于这种情况下的企业应该在保持现有竞争优势的基础上谨慎地发展，削减其产品系列并争取进入利润更高的市场；防御型表示企业处于日趋衰退且不稳定的环境，企业本身又缺乏竞争性产品且财务能力不强，此时企业处于较危险的位置，应小心防御外部威胁，并尽快克服内部的劣势。

这个矩阵的两个数轴分别代表了企业的两个内部因素：财务态势（financial position，FP）和竞争优势（competitive position，CP）；两个外部因素：环境稳定性态势（stability position，SP）和产业态势（industry position，IP）。这4个因素对于确定企业的总体战略地位起决定性作用。

（二）建立矩阵的步骤

①选择构成财务优势（FS）、竞争优势（CA）、环境稳定性（ES）和产业优势（IS）的一组变量；

②对构成 FS 和 IS 的各变量给予从+1（最差）到+6（最好）的评分值。而对构成 ES 和 CA 的轴的各变量给予从-1（最好）到-6（最差）的评分值；

③将各数轴所有变量的评分值相加，再分别除以各数轴变量总数，从而得出 FS、CA、IS 和 ES 各自的平均分数；

④将 FS、CA、IS 和 ES 各自的平均分数标在各自的数轴上；

⑤将 X 轴的两个分数相加，将结果标在 X 轴上；将 Y 轴的两个分数相加，将结果标在 Y 轴上，标出 X、Y 数轴的交叉点；

⑥自战略地位与行动评价矩阵原点到 X、Y 数值的交叉点画一条向量，这一条向量就表示企业可以采取的战略类型。

战略地位与行动评价矩阵按照被研究企业的情况而制定，并要依据尽可能多的事实信息。根据企业类型的不同，战略地位与行动评价矩阵的轴线可以代表多种不同的变量。根据变量值可以绘制如下矩阵(图 4-8)：

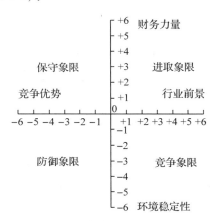

图 4-8　战略地位与行动评价矩阵示意

(三)战略地位与行动评价矩阵的战略选择

向量出现在战略地位与行动评价矩阵的进取象限时，说明该企业正处于一种绝佳的地位，即可以利用自己的内部优势和外部机会选择自己的战略模式，如市场渗透、市场开发、产品开发、后向一体化、前向一体化、横向一体化、混合式多元化经营等。

向量出现在保守象限意味着企业应该固守基本竞争优势而不要过分冒险，保守型战略包括市场渗透、市场开发、产品开发和集中多元化经营等。

当向量出现在防御象限时，意味着企业应该集中精力克服内部弱点并回避外部威胁，防御型战略包括紧缩、剥离、结业清算和集中多元化经营等。

当向量出现在竞争象限时，表明企业应该采取竞争性战略，包括后向一体化战略、前向一体化战略、市场渗透战略、市场开发战略、产品开发战略及组建合资企业等。

五、价值链模型

(一)价值链概念

"价值链"是由迈克尔·波特(Michael Porter,1985)教授在其所著的《竞争优势》中所提出。价值链是指企业价值创造过程中一系列不相同但相互联系的价值活动的总和，总体分为内部价值链和外部价值链两个部分。一般而言，企业的内部价值链包括为顾客创造价值的主要活动，即从生产到售后服务，以及支持主要活动的辅助活动，如企业组织结构。企业外部价值链又分为纵向价值链和横向价值链，纵向价值链是指企业所处产业上、中、下游价值链分工中的战略地位所在，而横向价值链是和潜在的竞争对手对企业价值创造的影响。在企业价值链中，要识别各项活动是否能给企业创造价值，能创造多少价值，进而才能决定企业是否继续进行此项活动或是采取其他方法，使企业成本降低或是作业活动价值最大化。

(二)价值链的相关理论的发展

基于波特教授提出的价值链原型，各界研究学者逐步深入展开研究探讨，最终形成的价值链理论大致可以划分为三个阶段：一是传统价值链阶段；二是虚拟价值链阶段；三是价值网阶段。

1. 传统价值链阶段

这一阶段主要从企业的角度入手，分析其日常生产经营活动、与供应商及客户之间的联系，还有企业的产品优势和在市场上所处的竞争地位，以此对企业做出全局战略规划。该阶段应当体现以下几点内容：第一，企业价值链主要涵盖9个方面的内容，即生产经营、市场销售、售后服务及内部后勤、外部后勤5项基本活动，材料采购、开发创新、基础设施配备及人力资源4项辅助活动。第二，所谓价值，指的是交易双方在公开市场上进行交易时，买方愿意支付给卖方的产品价格。当然，企业为达成这样的目的也需要通过其他必要的方法，势必会增加成本，只有当最终的成交价格高于发生的成本时，企业方能获得额外的利润。第三，处于同一条价值链中的各方都是相互关联的，企业只有找准自己的定位，才有可能在价值链中获得独特优势。传统价值链模型如图 4-9 所示。

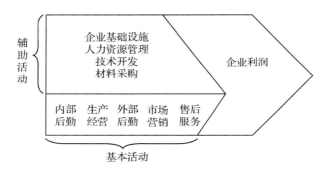

图 4-9　传统价值链模型

2. 虚拟价值链阶段

这一阶段主要从客户的角度入手，通过提高产品效用性来满足客户需求，旨在帮助客户创造更大的利益。一方面使得产品兼具质和量的标准；另一方面也帮助企业在同行业间获取更具优势的竞争地位。

这一阶段主要涉及的是基本信息的再加工创造过程和其他相关信息的整合增值。这个过程中最重要的是信息，将从不同渠道获取的信息输入系统中，经过各个环节的整理，筛选出有用的信息，为企业创造价值。虚拟价值链是以信息为基础来连接各个环节的流程，与传统价值链相比，它的每一个环节与操作都是分离开来的，通过外界信息来进行内部交流与组合。虚拟价值链模型具体如图 4-10 所示。

3. 价值网阶段

这一阶段应当重视的是价值网的合理安排与控制，其根源在于企业正面临着越来越多的挑战，诸如日益激烈的市场竞争、大数据时代信息的普及以及顾客需求的多样化等。价值网

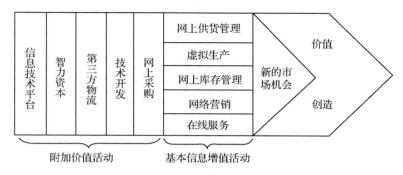

图 4-10　虚拟价值链的基本模型

主要涉及 3 个方面的内容：核心竞争力、相互关系和顾客价值，三者之间相互联系、相互影响。其中相对重要的是体现顾客价值，价值网成员之间应当及时地进行沟通和交流，实现信息共享，并且彼此之间应当紧密合作，相互促进，形成循环效应。企业应当站在新的角度调整战略政策，帮助企业更快速更高效地发展。价值网具体如图 4-11 所示。

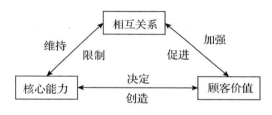

图 4-11　价值网模型

(三) 价值链分析的内容

价值链分析通常将企业作为主体，对企业发展流程中所涉及的相关环节做详细的说明和了解。价值链分析的内容比较广泛，主要有以下几点：

1. 企业内部价值链分析

内部价值链分析是从企业自身角度考虑，分析内部各种旨在为客户创造利益和价值的生产经营活动。这些活动环节之间都存在着不可分割的关系，缺一不可，所以通过这种分析方式可以帮助企业筛选出其中不作用的某些环节，在此基础上对价值链进行优化重整，不仅能够提高工作效率，还可以减少不必要的成本，帮助企业在市场上获取更大的竞争优势。

2. 纵向价值链分析

纵向价值链分析，即在不同行业之间作对比分析。在每个行业中，所属范围内的企业都拥有自己的独特位置，从产品规划和投入生产到市场销售和售后服务，每个企业都与价值链上的其他企业存在着某些程度的联系。在这个行业链上，企业生产成本的投入与最终能够创造的价值都会或多或少地受到上游供应商企业和下游客户的影响。通过这一分析方式，企业能够准确地帮助自己定位，认识自己的长处与不足，找到自己在价值链中所处的节点，从而明确自己应当如何选择恰当的合作伙伴才能实现事半功倍的效果，或者从源头出发，从本质上重新优化和调整自己所处的位置，从而提高自身的竞争优势，实现可持续发展。

3. 横向价值链分析

横向价值链分析，即在同行业不同企业之间作对比分析。此时各个企业之间都是竞争对手的关系，企业是否能够在市场竞争中占据一席之地，获取竞争优势，不仅仅取决于自身条件，更多的是竞争者产生的影响。企业之所以能够在同行业竞争中拥有独特地位，其原因在于产品的差异化价值。每个企业自成立之初就对产品有着不同的理念和品牌形象定位，加之后期各自获取的物力和人力资源存在差异，因此最终的产品自然是各具特点。通过这种分析方式，企业可以快速地明确自身的优势和仍需要改进的地方，从而更好地完善产品质量，在与竞争对手的较量中获得优势，在市场上获得竞争地位。

通过以上5种战略分析模型可以在一定程度上对企业内外部条件进行分析，进而确定企业发展战略。值得注意的是，战略模型给决策者提供的是一种战略选择的思路、一种建立在理性分析框架下的科学方法，而不是一套一成不变的程序。除了上述模型中所阐述的因素以外，企业发展战略的制定还受到许多非理性因素的影响，如决策者的价值观和风险意识等，这需要结合实际情况综合分析。

第三节　森林康养企业竞争力培育

一、企业竞争力要素

企业竞争力通常是指企业经营能力、企业营销能力、企业技术能力、企业资产能力和企业人力资本能力的相互联系与有机组合。它是企业在竞争性市场条件下，通过培育自身资源和能力，获取外部可寻资源，并综合加以利用，在为顾客创造价值的基础上，实现自身价值的综合性能力；是在竞争性的市场中，一个企业所具有的，能够比其他企业更有效地向市场提供产品和服务，并获得盈利和声望的能力。

企业竞争力分为3个层面：第一层面是产品层，包括企业产品生产及质量控制能力、企业的服务、成本控制、营销、研发能力；第二层面是制度层，包括各经营管理要素组成的结构平台、企业内外部环境、资源关系、企业运行机制、企业规模、品牌、企业产权制度；第三层面是核心层，包括以企业理念、企业价值观为核心的企业文化、内外一致的企业形象、企业创新能力、差异化个性化的企业特色、稳健的财务、拥有卓越的远见和长远的全球化发展目标。第一层面是表层的竞争力，第二层面是支持平台的竞争力，第三层面是最核心的竞争力。

森林康养企业的竞争力要素主要包括以下几个方面：

(一) 人力资本要素

森林康养企业的经营目标是使顾客持续满意，而没有优秀的员工就没有满意的顾客，因此，人力资本要素是森林康养企业竞争力的重要一环，重视对员工的投入对提高森林康养企业核心竞争力具有重要意义。森林康养企业要营造用好人才、吸引人才的良好环境，形成优秀人才脱颖而出、人尽其才的用人机制，并通过奖励股票期权、退休金计划等制度建设来吸引并留住人才,发挥人力资本在研究开发、经营管理、业务开展等方面的关键作用。

目前,我国森林康养企业中能够独挡一面的经理人太少,必须增加人力资本的投入,而加强培训是培养人才很重要的途径。除了在国内培训外,还可选择外语好、有培养前途的年轻人送到国外培训,这是我国森林康养企业增强竞争力的迫切需要,对企业的长远发展将产生深刻的影响。

(二)企业品牌要素

品牌对于企业来说,就是核心竞争力,是发展力,是生命力,是一种特有的精神与文化。我国加入 WTO 后,就融入了世界经济。在经济全球化的激烈竞争中,品牌就是决胜千里的法宝。谁拥有品牌,谁手里的品牌响亮,那这家企业的核心竞争力就强,这家企业就能在全球化过程中,不仅走得出去,而且走得进去、走得上去、走得远、走得长久。

森林康养行业是与森林康养消费者全面接触的行业,森林康养企业品牌的成功塑造和提升根本在于森林康养消费者的认同。而森林康养消费者购买某一品牌的康养产品或者服务,实质上买的是一种产品质量、消费安全的承诺或信用保证。森林康养企业要想树立良好的企业形象,提升品牌认知度和忠诚度,就必须在产品和服务策划、营销、设施设备、旅游服务、安全、环境等各个方面突出特性,提升服务品质,体现个性,不断满足森林康养消费者的期望。

(三)产品和服务要素

对于森林康养企业,产品和服务是企业建立一切竞争力要素的前提和保障,森林康养行业是一个多种服务业态相融合的新兴业态,消费者对于产品和服务质量的感受是企业形成良好市场循环、拥有广大客源的基础。因此,创新康养产品,提升康养服务水平是森林康养企业提升竞争力的必要条件。

(四)企业文化要素

企业文化处于企业竞争力的核心层。它属于隐性内容,就好像一只看不见的手,但在自觉和不自觉中对企业的经营管理起着重要的引导作用。企业要做到最优秀、最具竞争力,必须在企业核心价值观上下工夫。在目前竞争十分激烈的情况下,技术、产品可以从一个企业移植到另一个企业,制度、模式、程序等可以被模仿,甚至关键员工都可以在企业之间流动,但企业全体员工内在地追求这样一种企业文化,企业伦理层面上的东西却是很难移植、很难模仿的。在这个意义上说,以企业理念为核心的企业文化才是最终意义上的第一核心竞争力。

企业文化的形成和发展过程,使得企业文化恰恰可以满足企业核心竞争力的基本特征。企业文化是企业所独有的、在企业长期发展过程中形成的企业价值观和经营哲学。长期积淀形成后,一旦被企业、市场认可,就具有了价值贡献性、独特性和扩展性以及不可模仿性,因此,具有核心竞争力的特性。而且,人们对生态产品的需求日趋强烈,导致人们对生态产品和服务所蕴含的文化底蕴愈加看重。由此可以推断,企业文化在获取竞争优势方面将发挥更显著的作用,因此对于具有市场竞争力的森林康养企业来说,企业文化本身就是一项重要的核心竞争力。

二、企业竞争力培育

培育森林康养企业竞争力有如下路径：

(一)建立正确战略定位

企业竞争力培育，首先要进行正确的战略定位。战略定位的基础由2个部分组成，即愿景规划和战略使命。愿景是"愿望"与"远景"的结合，它既能够体现企业未来发展的远大目标，又能够体现企业成员的共同愿望。战略使命是企业的行为指南，定位战略使命的首要标准是顾客或市场，同时考虑企业的获利能力和盈利性。对于森林康养企业来讲，首先要对森林康养服务进行清晰的定位，因为一切战略定位以及标准、流程、考核指标等都是根据其服务定位而来的。总体来说，森林康养的消费服务定位为满足人民更高层次需求的服务类型，偏向高端或健康养生服务的细分市场。

(二)构建企业品质保障体系

品牌的背后是质量，应该说大部分服务型企业在品质运营体系的各个步骤中都有自己的规范，但由于缺乏执行和监督的力度，这些规范并不能被有效地落到实处。森林康养企业要想打造优秀的服务品牌，提升企业竞争力，必须构建科学的品质运营闭环管理体系，使服务标准的制定、培训、辅导和优化形成系统保障体系，并严格执行，从而确保服务品质。

森林康养服务的最终目标是创造完美的顾客消费体验和充分的森林疗愈享受，完整的森林康养消费体验包括4个环节：一是认知和识别环节。森林康养企业要对消费者服务需求充分理解和把握，康养服务产品设计和营销宣传应与消费者需求相匹配。同时，企业的品牌形象应符合消费者的心理期待；二是比较和决策环节。森林康养企业的服务应具有差异化、价格等竞争优势，为顾客提供真实、及时、准确和一致的信息，以及获得老客户的好评与推荐；三是消费服务环节。这是最重要也是消费者直接体验服务的环节，要注意两方面的体验：首先是环境体验(硬件)，使消费者在森林环境的体验中可以感受和加深对企业诉求和康养服务的理解；其次是服务体验(软件)，让顾客在每个森林康养的课程和服务中接受到标准、一致、稳定的基本服务；四是消费后服务环节。企业可以通过回访、定期沟通等方式与消费者加强联系，提高消费者忠诚度。

(三)聚焦人力资本培育，提升员工满意度技能水平

森林康养企业不仅是资本密集型企业，更是人才密集型企业。提供服务的主体是一线的森林康养师，很多在服务中出现的问题并不是企业没有标准，而是员工对这些标准的理解和掌握不够，执行态度和方法各有差异，造成企业的服务水平不稳定，影响客户对服务的体验。因此，企业必须致力于提高员工的服务水平，做好员工职业技能培训和激励工作。企业的服务分为针对员工的内部服务和面向消费者的外部服务，提升内部服务的质量是管理思路的转变，做好人力资本的培育是提升企业竞争力的关键因素。

(四)实施品牌化战略

品牌是市场竞争加剧的产物，越来越多的企业重视品牌战略的打造。在商品高度趋同的今天，消费者已经很难从使用价值的层面来判断究竟哪一种产品是满足自己需要的，使用价

值已经成为一种较低层次的需求。品牌是一个企业的产品区别于其他企业产品的重要标志，它也是表示企业文化、价值、特色的符号。在现代社会，品牌影响力意味着财富的积聚程度，拥有广泛影响力、口碑良好的品牌对企业的发展有着至关重要的作用。品牌的建立是一条漫长积累的道路，但是毁灭品牌却是朝夕之间的事，所以品牌影响力的打造，需要企业长期的坚持，只有经过长时间的经营和培育，才能真正实现企业产品和服务的品牌效应。

思考题

1. 组成森林康养企业竞争力的要素有哪些？
2. 森林康养企业在制定企业经营战略时要考虑哪些因素？使用何种方法可以实现最优战略的制定？
3. 请简述"波特钻石模型"的主要内容。

参考文献

陈健，2014. 转型时期的企业战略研究[D]. 北京：清华大学.
杜勤，2018. 新疆兵团国资 A 公司 SBU 投资优化研究[D]. 塔里木：塔里木大学.
侯胜田，2008. 北京家具企业可持续发展战略研究[D]. 北京：北京林业大学.
黄炜佳，2020. 基于价值链视角的家电企业盈利模式研究[D]. 昆明：云南财经大学.
李曼，2008. 国产手机企业发展战略选择研究[D]. 南昌：南昌大学.
林秀清，2019. 基于 SPACE 矩阵的 SK 集团发展战略研究[D]. 福州：福建农林大学.
陆龙千，2019. 基于波特钻石理论模型对广西种业竞争力的分析[D]. 南宁：广西大学.
彭肖恩，2019. GXA 科技公司发展战略研究[D]. 广州：华南理工大学.
秦勇，李东进，2016. 企业管理学[M]. 北京：中国发展出版社.
沈烨，2019. 基于 SWOT 分析的 A 金融租赁公司战略选择优化研究[D]. 合肥：安徽财经大学.
万红，2012. 西卡渗耐防水系统(上海)有限公司企业战略管理[D]. 重庆：西南交通大学.
王国忠，2014. 华能开发西藏太阳能发电资源战略规划研究[D]. 北京：清华大学.
王晶晶，2019. 产业价值链视角下环保企业商业模式创新研究[D]. 杭州：浙江理工大学.
王莲，2018. 基于 SPACE 矩阵的正丰牧业公司发展战略研究[D]. 沈阳：沈阳农业大学.
王玥，2019. B 银行 M 支行贵金属业务现状及发展策略研究[D]. 北京：北京林业大学.
闫雪薇，2017. 基于钻石理论模型的微媒体企业发展战略研究[D]. 杭州：浙江传媒学院.
杨文，2019. 基于 SWOT 分析的体育特色小镇旅游资源开发研究[D]. 北京：北京体育大学.
杨箫萍，2020. 基于价值链的房地产企业成本控制优化研究[D]. 昆明：云南财经大学.
赵梦珺，2005. 用钻石模型分析中国奶业竞争力现状[D]. 北京：首都经济贸易大学.
赵亚楠，2019. 价值链视角下 H 公司财务战略研究[D]. 南京：东华理工大学.
郑作鹏，2019. 基于价值链理论 XL 物流公司商业模式的创新研究[D]. 杭州：浙江工业大学.
周靖，2016. 基于 SPACE 模型的污水处理企业发展战略研究[D]. 成都：成都理工大学.

第五章 森林康养基地规划与建设

第一节 基地概念及类型

一、森林康养基地的概念

森林康养基地是指以森林资源及其赋存的生态环境为依托,通过建设相关设施和专业服务人员队伍,提供多种形式森林康养产品与服务,实现森林康养各种功能的综合服务体,是经林业行政主管部门评定的能开展森林康养活动的场所。

《林业发展"十三五"规划》提出:要大力推进森林体验和康养,到2020年,森林康养和养老基地500处,森林康养国际合作示范基地5~10个。2017年中央一号文件提出:大力发展乡村休闲旅游产业,利用"旅游+""生态+"等模式,推进农业、林业与旅游、教育、文化、康养等产业深度融合,大力改善休闲农业、乡村旅游、森林康养公共服务设施条件。

从2017到2019年,中国林业产业联合会森林康养分会已经评审通过了400多个森林康养基地;2019年国家林业和草原局又正式评出了国家级基地100个。除此之外,各省也建立了省级的各类森林康养基地。

二、森林康养基地的类型

森林康养是一项新生事物,森林康养基地的类型正处在发展中,类型多样且多变是其特点。因此,根据目前国内外森林康养发展的实践,大体上可从以下两个方面对森林康养基地进行分类。

(一)按照功能划分

提供保健养生、康复疗养、健康养老和自然教育等服务活动,是森林康养的基本功能。根据这些功能,森林康养基地可以划分为:

——以体育锻炼、自然体验和休闲养生等为主要功能的保健养生型森林康养基地;

——以亚健康及病后康复、慢性病辅助医治和职业疗养等为主要功能的康复疗养型森林康养基地;

——以服务健康养老和提供养老文化服务为主要功能的健康养老森林康养基地;

——以提供各年龄层次自然教育和森林体验为主要功能的自然教育与体验森林康养基地等。

(二)按照经营方式划分

经营方式是所有者和经营者相互关系的表现形式。按照经营方式,可以将森林康养基地划分为:

——以所有权和经营权相统一的公有经营森林康养基地;

——以国有或集体所有权与个人经营权相结合的公有民营森林康养基地;

——以公有与私有混合所有权相结合采取民营方式的民营森林康养基地等。

森林康养是一个"一业为主、多业融合"的新型业态,其性质决定了承担森林康养活动的组织和基地,需要承担公共服务和市场服务两个方面的责任,即:一方面要通过满足个人消费者生态需求而获取经济收益,同时要保护和提供森林环境和资源为公共服务。

在现实中,由于森林资源的所有权和经营权并不一定统一在一个组织中,所有权与经营权之间客观上存在着不同的关系,两者既可以统一,也可以分离,或者局部分离。因此,森林康养活动一开始就体现出多层次经营主体和多样化经营方式并存的特点。在森林资源公有和市场经济背景下,可以通过租赁经营、委托经营、承包经营与合作经营等方式,实行森林资源经营权的流转。因此,森林康养基地既可以是政府直接经营,也可以是非政府组织包括民营企业经营。由此为国有、集体和民营等多种类型的森林康养基地并存提供了政策基础。

第二节 森林康养基地规划与设计

一、规划与设计的意义及任务

(一)规划的意义

森林康养基地规划,是结合森林资源和环境等禀赋条件,对森林康养基地的功能定位、项目目标、空间布局、市场方向、资源保育、设施设备、运营管理、资金筹集、专业队伍、保障体系和效益分析等进行的总体策划和设计,并形成具有可行性和可操作性的文件。

它是森林康养空间场所与基础设施建设、森林康养活动经营管理的一个指导性文件,规划是否科学合理与森林康养基地开发的成败有直接的关系。

森林康养基地规划是森林康养经营主体进行开发建设、经营管理、科学发展必不可少的科学依据,是保证森林康养基地实现经济、社会和生态三大效益和可持续发展的行动指南。

(二)规划的主要任务

①评价基地及周边的森林康养资源和客源市场。

②明确基地的功能定位、发展目标和空间布局。

③设置森林康养项目和相关设施装备。

④统筹设计基地森林康养服务、营销及支撑体系。

⑤配套构建基地生态环境质量监测、森林、湿地保护等体系。

⑥估算规划期基地建设的投入产出、风险规避及综合效益等。

二、规划与设计的内容和方法

(一)规划设计的内容

森林康养基地景观规划设计主要归纳为两个方面,即物质景观与非物质景观,具体如下:

1. 物质景观

物质景观归纳为以下 8 个部分:

(1)地形

用一句简单的话来讲,地形就是地表的外观。地形要素是现代景观设计中最重要、最常用的要素之一,既是景观设计的美学要素也是景观建设的实体要素。

在景观设计中,地形能够在很大程度上影响景观设计,也能够影响景观的空间构成和游客的景观感知。因此,地形是如同"牵一发而动全身"的景观影响因子,在景观设计中起着重要的支配作用。地形也常常被称为"基础平面",即所有的景观规划设计都必须在这一"基础平面"上得到最终的展现。同时它也是景观设计的重要内容,它是结构、是框架,而其他景观因素则是填充进框架中的材料、填充物。

(2)植物

植物要素是指各类野生或人工栽培的植物,它分为许多类型,包括草本植物、木本植物和多年生植物等,是景观中最富于变化的因素之一。毋庸置疑,植物对于目前的景观规划设计来说,是一个十分重要的素材。植物除了能做设计的构成因素外,还能使环境充满生命力和美感力,对景观设计具有重要作用。

(3)水体

水是用于景观设计的另一自然设计要素。其可变性比较强,能形成不同的形态,随势赋形。水还具有使空气凉爽、降低噪声、灌溉土地等实用功能,同时作为景观中的纯建造因素,水法也是一种造景手段。水是整个设计因素中最迷人和最能激发人亲水天趣的因素之一,人类有本能地利用水和观赏水的要求。人类需要为了水而生存,就像需要空气、植物和栖身之所一样。

(4)建筑物

我们都清楚,建筑物无论是单体还是群体都能够构成景观空间,能够在一定程度上影响游客的视线,除此之外,还能够影响建筑物与周围景观的协调。由此可知,建筑物对于景观设计来说,发挥了十分重要的作用。

建筑物不同于其他景观设计要素,因为所有的建筑物内部及其邻近的基地内都有自己的所属功能,建筑物及其周边环境是人们日常生活的主要场所。虽然设计建筑物及其内部空间是建筑师与室内设计师的主要职责,但是作为景观设计师来说,如何协助正确地安置建筑物,以及恰当地设计其周围环境也是他们的职责。

(5)构筑物

构筑物,从字面理解就是服务于主体景观的附属物,是为了主体景观而存在,具有特殊的功能，也能在一定程度上满足游客的需要。在一般情况下，构筑物具有稳定性、长久性等特点。构筑物主要包括公共休息设施、公共基础设施等，如栅栏、坡道、公用厕所、遮阳棚等。

(6) 铺装

铺地材料在地面上的使用和组织，能够完善和体现人们对于空间的感受，满足其他所需要的实用和美学功能，在景观设计之中，发挥着不可替代的重要作用。

地面覆盖材料包括水、植被层。这些都是特性各异的设计要素，它们可以被统一使用在地面上，获得各种各样的设计效果。在所有铺地要素中，铺装材料是唯一"硬质"的架构要素，主要通过铺装的实用功能与美学功能进行景观设计活动。所谓铺装材料，是指任何具有硬质的自然或人工的铺地材料。对于人工的铺地材料，主要的铺装材料有：砂石、砖、瓷砖、条石、水泥、沥青以及特定场所中的木材等。

基本的铺装材料主要分为 4 类，分别为：块料铺装材料、黏性铺装材料、松软的铺装材料、混合材料。

(7) 装饰要素

装饰要素是指具有艺术性的景观装饰配件，包括雕塑、壁画、景观小品等。装饰要素应在满足功能的前提下适当地考虑美学因素，在某些情况下，装饰要素在景观空间中处于主导地位，需引起设计师的重视。

(8) 光要素

光在景观设计中的初级状态是解决照明功能，但并不限于此。光是使景观的有效审美传达延长、持续的重要手段，它形成于白昼景观审美的对称，可以制造夜景，勾勒建筑物、植物、地表景象的光影轮廓。由此，光对于景观设计来说有着十分重要的意义。

2. 非物质景观

非物质景观，也就是软性景观，主要是针对地域文化景观。一地的地域文化，是该地一切存在并不断延续下去的根本力量。地域文化，是一个不断累积的过程，是该地无法消失的特殊印记。基地景观设计，除了从自然中汲取能量，更应该从地域文化中吸取更深层次的设计的"根"与灵魂。

可以说，景观在自然与人文上的异质性构成了斑块空间与时间的复杂性，也决定着景观结构空间分布的非均匀性和非随机性。除此之外，它还造就了景观内部的物质流、能量流、信息流和价值流，在很大程度上推动了景观的演化、发展与动态平衡。正因为存在异质性，不同基地景观的设计需根据基地的具体情况进行具体分析。

(二)基地景观设计方法

基地景观的设计方法主要归纳为 3 个方面，具体如下：

1. 构图与布景

(1) 构图与布局基础

构图是景观设计的基础，构图要始终围绕着满足构思的所有功能。构图主要包括平面构图和立体构图。

在基地景观规划设计中，平面构图要确定空间景观的位置、重心、方向，将交通道路、植物景观、建筑的面积、位置用平面图示的形式，按正确的比例表现出来。

立体构图通过了解点、线、面的构成组合，依据透视基础，弄清视线、视点、视平线、视角之间的成像关系。在景观设计中反映为景观主题与背景之间的关系。

（2）对景与借景

在基地景观设计的平面布置中，一般有一定的建筑轴线和道路轴线，在轴线尾端分布的景物成为对景。对景是平面构图和立体构图的视觉中心，在整个基地景观设计中发挥主导的作用。

借景是通过建筑的空间组合或者建筑本身的设计手法，将远处的景观借用过来。借景法可以从多个角度看到几百米以外的景观，这种手法可以丰富景观的空间层次，极目远眺，给人以身心放松的感觉。

（3）隔景与障景

隔景是把美好的景观规划为基地景观，将相对乱差的地方用树木、墙体等景观元素遮挡起来。

障景则是有别于隔景的手段，在一般情况下，采取直接截断路线或者改变景观发展方向的方式来完成。

（4）引导与示意

引导分为很多种形式，以水体为例，水流时大时小、时窄时宽，可以形象地把游人引导到森林康养基地的中心。

示意分为明示与暗示，明示采用文字说明的形式，如路标、指示牌等；暗示可以通过地面装潢、树木的规律布置等形式来指引方向。

（5）渗透与延伸

在基地景观设计中，景观之间并没有明显的界限，而是相互交叉、相互渗透的。采用衬托物延伸基地景观，在空间上有很好的连接作用，渗透和延伸手法的合理运用能产生良好的空间体验。

（6）尺度与比例

日常生活中，我们往往有这样的感觉，在空旷的地段，本来不高大的景观形态会有扩展的感觉；而在拥挤的环境中，较为高大的景观形态也会有萎缩之感。这就是特定景观由于陪衬景观产生的尺度感和比例感，在基地景观设计时要考虑到整体与局部、主景与衬景之间产生的尺度或比例效果，合理应用此种手法可以在基地景观设计中得到意想不到的效果。

（7）质感与肌理

基地景观设计的质感与肌理，主要体现在植被的分布和地面的材质上。不同的材质通过不同的手法可以表现出不同的质感与肌理效果，如花岗岩表现为坚硬和粗糙，大理石表现出纹理感和细腻感，草坪表现出的柔软感等。

（8）象征与联想

其实，景观设计本是艺术的一种。基地景观艺术往往借助象征、联想来做到以物比物、以景抒景，进而表达对美好愿望的向往和寄托。象征手段的应用是从古至今一直沿用的，如中国现代景观设计的关键在于造景，而造景的目的在于表达各个利益方的情感取向，通过设计师的造景手段将这些情感移入到具体的场景当中，让人们"触景生情"，达到生命体验的律动美。

（9）色彩

基地景观设计中色彩的运用能极大地增强基地景观的品位。色彩景观即基地环境中通过人的视觉所反映出来的所有色彩要素所共同形成的相互综合的、群体的面貌。基地色彩景观设计的目标是通过对基地的色彩控制，使人与自然、文化之间形成新的默契与和谐。基地景观的色彩设计还要充分考虑基地的基地功能、把握群体色彩心理特征，积极利用有关色彩理论建造特色基地。

2. 景观主题设计

基地景观之所以区别于普通的景观设计，在于基地项目景观本身就是基地吸引力的重要组成部分，甚至是其最重要的部分。因此，基地景观设计必须服务于基地项目"主题"定位，在主题整合下，形成项目的独特吸引力，凸显"独特性卖点"，形成主题品牌。基地景观围绕主题进行设计，可以有效地将主题通过景观充分表现出来，提升景观的吸引力。

对于森林康养基地，开发"主题"的定位应该基于其所在区域的地方特征。森林康养基地一般包括以下3种景观：

（1）地质山石景观

地质山石景观，主要由山景和石景组成，就大范围的地貌而言，是山景；中小尺度的地形或风化落石单体，是石景。地质体物质成分不同，表现形态各异，具有极高的科研与欣赏价值。

（2）生物群落景观

生物，包括动物、植物、微生物。它们遍及地球的每个角落，形成生物圈。任何一个旅游区，生物都将是最引人注目的对象。生物群落景观要素与其他要素资源一起，能形成独特的地域性极强的游览景区。

（3）水域湿地及岸滩景观

水在森林康养基地景观设计中常常以活跃灵动的特质示人。大自然中有许多山水相依的美景，因此，我们在考虑如何将自然山水的美最大限度地为人所赏的同时，还要对它的良性可持续发展负责。水域湿地及岸滩景观主要的表现形式有很多，包括海洋、河流、溪涧、瀑布、泉水、冰川等。

3. 绘图表现技法

绘图表现技法主要归纳为两个方面，具体如下：

（1）手绘

在设计过程中建筑设计师、城市规划师、景观设计师都是通过手绘草图来表现设计方案的。这是由于手绘草图可以不追求准确尺寸和复杂细部，因而能快速形成初步方案，或者说草图能及时捕捉设计师的设计灵感，甚至跳跃式的思想过程，及时抓住神来之笔。由于草图形成方案花费的精力不多，这就便于多方案的比较与综合优化。从另一个角度来讲，手绘的彩图能表现观察者的视觉感受，包括不同深度的层次细节、景观意境。由此，手绘彩图在景观设计中比电脑效果图更受欢迎。草图可以表现建筑构思、建筑物平面立面设计、建筑物造型、装饰与配景、详细规划方案、景观设计等。

（2）绘图软件

随着社会与科学的不断发展，电脑技术越来越发达。近20年来，景观设计师用电脑数字媒体的方式来表现真实的景观环境。最为常用的软件包括AutoCAD、3D、Studio Max、Photoshop、SketchUp、Piranesi等。设计师一定要熟练掌握这些计算机绘图软件的使用方法，为景观设计打下良好的基础。

三、规划设计的程序

森林康养基地景观设计是森林康养基地规划的深化，是基地景观系统形象的具体表现。是从调研、踏勘开始，到为基地景观系统确定一项通向理想目标的最佳解决方案，直至通过设计修编与施工图设计，使之走向实施的整个过程。基地景观规划设计应包括如下5个阶段：调研、踏勘阶段；编写计划任务书、指定目标阶段；总体设计阶段；详细设计阶段；施工图设计阶段(图5-1)。

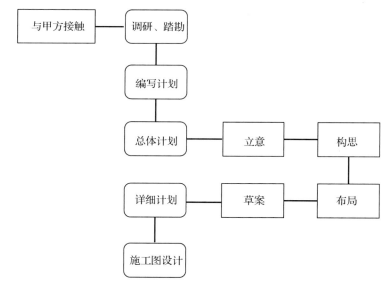

图 5-1 基地景观设计程序

(资料来源：成国良，曲艳丽. 旅游景区景观规划设计[M]. 济南：山东人民出版社，2017.)

第三节 森林康养基地工程建设管理

森林康养基地工程建设是按照基地规划展开的基地环境、实施和设备等硬件条件的构建、施工和建造过程。

基地工程建设管理,就是按照工程管理的标准和要求对工程建设过程实施科学管理的活动,主要包括合同管理、投资管理和质量管理3个部分。

一、合同管理

(一)基地工程建设合同概述

在森林康养基地工程项目的建设过程中,基地业主会与有关多方形成特定的社会关系,如森林康养基地工程设计单位、工程施工单位、工程建设监理单位、材料设备供应单位等,森林康养基地业主与这些单位之间的社会关系是通过"合同"这一契约关系形成的。

森林康养基地工程建设委托监理合同,简称"监理合同",是森林康养基地工程建设单位聘请监理单位代其对工程项目进行管理,明确双方权利、义务的协议。监理合同属于劳务性合同(服务性合同),森林康养基地工程建设单位称"委托人"、监理单位称"受托人"。

森林康养基地工程建设施工合同,简称"施工合同",是发包人与承包人为完成特定的工程建设项目的建造任务确立(变更、终止)双方之间权利义务关系的协议,属于工作性合同。

森林康养基地工程建设物资采购合同,是指具有平等主体的自然人、法人、其他组织之间为实现森林康养基地建设物资的买卖,设立、变更、终止相关权利义务关系的协议。合同的双方分别称为"出卖人"和"买受人"。森林康养基地工程建设物资采购合同属于买卖合同,一般分为材料采购合同和设备采购合同。

(二)合同谈判中应解决的主要问题

在合同谈判中,承包商需要与业主讨论的问题主要包括以下几个方面:

1. 施工活动的主要内容

施工活动的主要内容即承包商应承担的工作范围,主要包括施工、材料和设备的供应、工程量确定、施工人员和质量要求等。

2. 合同价款

合同价款及支付方式等内容是合同谈判中的核心问题,也是双方争取的关键。价格是受工作内容、工期及其他各种义务制约的,对于支付条件及支付的附带条件等内容都需要进行认真谈判。

3. 工期

工期是承包商控制工程进度,安排施工方案,合理组织施工,控制施工成本的重要依据,也是业主对承包商进行拖期罚款的依据。因此,承包商在谈判过程中,要依据施工规划和确定的最优工期，考虑各种可能的风险影响因素，争取与业主商定一个较为合理、双方都满意的工期，以保证有足够的时间来完成合同，同时不致影响其他项目的进行。

4. 验收

验收是工程项目建设的一个重要环节，因而需要在合同中就验收的范围、时间、质量标准等作出明确的规定，以免在执行过程中，出现不必要的纠纷。在合同谈判的过程中，双方需要针对这些方面的细节性问题仔细商讨。

5. 保证

主要有各种付款保证、履约保证等内容。

6. 违约责任

由于在合同执行过程中各种不利事件的不可预见性，为防止当事人一方由于过错等原因不能履行或不完全履行合同时，过错一方有义务承担损失并承担向对方赔偿的责任，这就需要双方在商签合同时规定惩罚性条款。这一内容关系到合同能否顺利执行、损失能否得到有效补偿，因而也是合同谈判中双方关注的焦点之一。

(三) 基地工程施工合同的实施

1. 施工合同实施控制程序

施工合同实施控制程序，如图 5-2 所示。

2. 合同实施控制的主要内容

合同实施控制的主要任务是收集合同实施的信息，将合同实施情况与合同实施计划进行对比分析，找出其中的偏差。主要包括以下几个方面的内容：

(1) 成本控制

依据各分项工程、分部工程、总工程的成本计划资料以及人力、材料、资金计划资料和实际成本支出情况进行对比判断，对支出偏差进行控制调整，保证按计划成本完成工程，防止成本超支和费用增加。

图 5-2　合同实施控制的程序

(资料来源：成国良，曲艳丽. 旅游景区景观规划设计[M]. 济南：山东人民出版社，2017.)

(2) 质量控制

依据合同规定的质量标准及工程说明、规范、图纸、工作量表等资料对工程质量完成情况进行检查检验、控制，保证按合同规定的质量完成工程，使工程顺利通过验收，交付使用，达到预定的功能要求。

(3) 进度控制

依据合同规定的工期及总工期计划、详细的施工进度计划、网络图、横道图等资料对实际工程进度进行检查，控制调整，保证按预定的进度计划进行施工，按期交付工程，防止承担工期拖延责任。

(4) 其他合同内容的控制

依据合同规定的各项责任对合同履行进行控制，保证全面完成合同责任，防止违约。

二、投资管理

(一)基地投资管理概述

森林康养基地工程建设投资管理,是指在实现森林康养基地工程建设项目总目标的过程中,为使森林康养基地工程建设的实际投资不超过计划投资的管理活动。

具体来说就是在森林康养基地工程建设的几个阶段:决策阶段、设计阶段、招标阶段、施工阶段、竣工阶段上,把森林康养基地建设项目投资的发生,控制在批准的投资限额以内,以保证森林康养基地项目投资管理目标的实现。

森林康养基地工程建设项目投资的主要构成包括:

①设备及工器具投资 它是由森林康养基地工程设备购置费用和工器具、生产家具购置费用组成的;

②建筑安装工程投资 也称"建筑安装工程造价",是由建筑工程费用和安装工程费用两部分组成;

③工程建设其他投资 指从森林康养基地工程筹建到验收竣工整个建设期间,除了设备及工器具投资,建筑、安装工程投资之外的各项费用的总和。大体可以分为森林康养基地工程土地使用费、与项目建设有关的费用和与未来企业生产和经营活动有关的费用等;预备费,包括基本预备费和工程造价调整预备费。基本预备费是指在初步设计以及概算内难以预料的工程和费用。工程造价调整预备费,是指森林康养基地建设项目在建设期间由于价格等变化引起工程造价变化的预测预留费用;建设期贷款利息;固定资产投资方向调节税,是由国家规定,实行差别税率,分为0%、5%、10%、15%、30% 5个档次,森林康养基地各固定资产投资项目按照其工程分别确定适用的税率;铺底流动资金,是项目建成后,在试运转阶段用于购买原材料、燃料、支付工资及其他经营费用等所需的周转资金,一般为流动资金的30%。

森林康养基地工程建设投资控制是投资管理的核心内容,贯穿于建设项目的全过程,即从项目决策阶段的投资估算到设计阶段的设计概算,再到招标阶段的投资控制及施工阶段的施工图预算和工程完工后竣工结算。图5-3反映了森林康养基地工程建设项目投资控制的流程。

图5-3 基地工程建设项目投资控制流程图

(资料来源:董观志.景区运营管理[M].武汉:华中科技大学出版社,2016)

投资控制的关键点在决策阶段。投资可行性研究,是决策最重要的依据。对与森林康养基地工程项目有关的技术、经济、社会、环境等方面进行调查研究,对项目各种可能的拟建方案认真地进行经济技术论证,并作投资风险分析,即分析测算不确定性因素和随机因素,对森林康养基地工程建设项目预期经济效果的影响程度,对建设项目带来的风险的大小,并分析评价建设项目的抗风险能力,进而制定出规避投资风险的对策等,最终形成投资可行性报告。

国内外有关研究证明,在工程决策及设计阶段,影响工程投资实施的可能性为30%~75%,而在施工阶段影响工程投资的可能性只有5%~25%。因此,项目投资建设的关键在于施工以前的投资决策阶段和设计阶段,而在项目做出投资决策之后,控制项目投资的关键就在于设计。因此,设计阶段的投资控制是工程建设全过程投资控制的重点。

(二)基地施工成本的运行管理

在森林康养基地项目施工中,项目经理应根据目标成本控制计划,做好材料物资采购控制、用量等管理,现场设施、机械设备的管理,分包管理达到节约增收,对实际成本进行有效管理。

1. 材料采购供应

一般工程中,材料的价值约占工程造价的70%,材料控制的重要性显而易见。材料供应分为业主供应和承包商采购。

①森林康养基地(业主)供料管理　建设单位供料的供应范围和供应方式应在工程承包合同中事先加以明确,由于设计变更原因,施工中大都会发生实物工程量和工程造价的增减变化,因此项目的材料数量必须以最终的工程结算为依据进行调整,对于业主(甲方)未交足的材料,需按市场价列入工程结算并向业主收取。

②承包企业材料采购供应管理　工程所需材料除部分由森林康养基地(业主)供应,其余全部由承包企业(乙方)从市场采购,许多工程甚至全部材料都由施工企业采购。在选择材料供应商的时候,应坚持"质优、价低、运距近、信誉好"的原则,否则就会给工程质量、工程成本和正常施工带来无穷的后患。要结合材料进场入库的计量验收情况,对材料采购工作中各个环节进行检查和管理。

2. 材料价格的管理

由于材料价格是由买价、运杂费、运输中的损耗等组成,因此材料价格主要应从以下3方面加以管理。

①买价管理　买价的变动主要是由市场因素引起的,但在内部管理方面还有许多工作可做。应事先对供应商进行考察,建立合格供应商名册。采购材料时,必须在合格供应商名册中选定供应商,实行货比三家,在保质保量的前提下,选择最低买价。同时项目监理、项目经理部对企业材料部门采购的物资有权过问与询价,对买价过高的物资,可以根据双方签订的合同处理。

②运费管理　就近购买材料,选用最经济的运输方式都可以降低材料成本。材料采购通常要求供应商在指定的地点按合同约定交货,若因供应单位变更指定地点而引起费用增加,供应商应予支付。

③损耗管理　严格管理材料的损耗可节约成本,损耗可分为运输损耗、仓库管理损耗、现场损耗。

3. 材料用量的管理

在保证符合设计要求的前提下,合理使用材料和节约材料,通过定额管理、计量管理以及施工质量管理等手段，有效控制材料物资的消耗。

①定额与指标管理　对于有消耗定额的材料，项目以消耗定额为依据，实行限额发料制度，施工项目各工长只能依据限额分期分批领用，如需超限领用材料，应办理有关手续后再领用。对于没有消耗定额的材料，按企业计划管理办法进行指导管理。

②计量管理　为准确核算项目实际材料成本，保证材料消耗准确，在采购和班组领料过程中，要严格计量，防止出现差错造成损失。

③以钱代物，包干控制　在材料使用过程中，可以考虑对不易管理且使用量小的零星材料（如铁钉、铁丝等）采用以钱代物、包干管理的方法。根据工程量算出所需材料数量并将其折算成现金，发给施工班组，一次包死。班组用料时，再向项目材料员购买，出现超支由班组自责，若有节约则归班组所得。

4. 现场设施管理

施工现场临时设施费用是工程直接成本的组成部分之一。施工现场各类临时设施配置规模直接影响工程成本。

①现场生产及办公、生活临时设施和临时房屋的搭建数量、形式，在满足施工基本需要的前提下，尽可能做到简洁适用，节约施工费用。

②材料堆场、仓库类型、面积的确定，尽可能在满足合理储备和施工需要的前提下合理配制。

③临时供水、供电管网的铺设长度及容量确定，要尽可能合理。

④施工临时道路的修筑，材料工器具放置场地的硬化等，在满足施工需要的前提下，数量尽可能最小，尽可能利用永久性道路路基，不足时再修筑施工临时道路。

5. 施工机械的管理

合理使用施工机械设备对工程项目尤其是高层建筑的顺利施工及其成本管理具有十分重要的意义。各个施工过程可以采用多种不同的施工方法和多种不同类型的建筑机械进行施工，而每一种方法都有其优缺点，应从若干个可以实现的施工方案中，选择适合于本工程，较先进合理而又最经济的施工方案，以达到成本低、劳动效率高的目的。

在一个建筑工地上，如果机械的类型很多，会使机械修理工作复杂化。为此，在工程量较大、适宜专业化生产的情况下，应该采用专业机械；工程量小而分散的情况下，尽量采用多用途的机械，使一种机械能适应不同分部分项工程的需要。例如，挖土机既可用于挖土，又可用于装卸、起重和打桩。这样既便于工地上的管理，又可以减少机械转移时的工时消耗。同时，还应考虑充分发挥施工单位现有机械的能力，并争取实现综合配套。

所选机械设备必须在技术上是先进的，在经济上是合理有效的，而且符合施工现场的实际情况。

6. 分包价格的管理

现在专业分工越来越细，对工程质量的要求越来越高，对施工进度的要求越来越快。因此工程项目的某些分项就会分包给某些专业公司。分包工程价格的高低，对施工成本影响较大，项目经理部应充分做好分包工作。当然，由于总承包人对分包人选择不当而发生施工失误的责任由总承包人承担,因此,要对分包人进行二次招标,总承包人对分包的企业进行全面认真地分析,综合判定选择分包企业,但分包应征得业主同意。项目经理部确定施工方案的初期就需要对分包予以考虑,并定出分包的工程范围。决定这一范围的控制因素主要是考虑工程的专业性和项目规模。

三、质量管理

(一)工程建设质量管理概述

森林康养基地工程建设质量管理在工程建设中被视为一项很重要的项目。它直接影响到工程的投资效益、产品的寿命和企业的声誉。

森林康养基地工程质量管理的范围涉及工程质量形成全过程的各个环节。在工程建设中,无论决策阶段、设计阶段、施工阶段还是竣工阶段,影响质量的因素主要有人、材料、机械、方法和环境5大方面。因此,为保证工程满足质量要求,就必须对建筑工程这5个方面实施有效的质量控制。

第一,人员的控制。这是森林康养基地工程质量管理的基础。包括:培养队伍的凝聚力、强化队伍的纪律性、培训人员的计划性、培育全员质量意识。

第二,材料的控制。材料(包括原材料、成品、半成品、构配件)是森林康养基地工程施工的物质条件,材料质量是森林康养基地工程质量的基础。

第三,机械的控制。管理人员应制定相应的操作规程、维护管理制度,对各种施工机械定人定岗,专人管理,保证施工机械的正常安全使用。

第四,方法的控制。包括森林康养基地工程项目整个建设周期内对技术方案、工艺流程、组织措施、检测手段、施工组织设计等的控制。

第五,环境的控制。影响森林康养基地工程项目质量的环境因素较多,主要包括:

①工程技术环境,如工程地质、水文、气象等;

②工程管理环境,如质量保证体系、质量管理制度等;

③劳动环境,如劳动组合、劳动工具等。

(二)工程建设质量控制的目标

第一,施工质量控制的总体目标是贯彻执行建设工程质量法规和强制性标准,正确配置施工生产要素和采用科学管理的方法,实现工程项目预期的使用功能和质量标准。这是建设工程参与各方的共同责任。

第二,建设单位的质量控制目标是通过施工全过程的全面质量监督管理、协调和决策,保证竣工项目达到投资决策所确定的质量标准。

第三,设计单位在施工阶段的质量控制目标,是通过对施工质量的验收签证、设计变更、控制及纠正施工中所发现的设计问题,采纳变更设计的合理化建议等,保证竣工项目的各项施工结果与设计文件(包括变更文件)所规定的标准相一致。

第四,施工单位的质量控制目标是通过施工全过程的全面质量自控,保证交付满足施工合同及设计文件所规定的质量标准(含工程质量创优要求)的建设工程产品。

第五,监理单位在施工阶段的质量控制目标是通过审核施工质量文件、报告报表及现场旁站检查、平行检验、施工指令和结算支付控制等手段的应用,监控施工承包单位的质量活动行为,协调施工关系,正确履行工程质量的监督责任,以保证工程质量达到施工合同和设计文件所规定的质量标准。

(三)工程建设质量控制的过程

(1)施工质量控制的过程,包括施工准备质量控制、施工过程质量控制和施工验收质量控制。

施工准备质量控制是指工程项目开工前的全面施工准备和施工过程中各分部分项工程施工作业前的施工准备(或称施工作业准备)。此外,还包括季节性的特殊施工准备。施工准备质量虽然属于工作质量范畴,但是它对建设工程产品质量的形成会产生重要的影响。

施工过程质量控制是指施工作业技术活动的投入与产出过程的质量控制,其内涵包括全过程施工生产以及其中各分部分项工程的施工作业过程。

施工验收质量控制是指对已完工程验收时的质量控制,即工程产品质量控制。包括隐蔽工程验收、检验批验收、分项工程验收、分部工程验收、单位工程验收和整个建设工程项目竣工验收过程的质量控制。

(2)施工质量控制过程既有施工承包方的质量控制职能,也有业主方、设计方、监理方、供应方及政府的工程质量监督部门的控制职能,他们各自具有不同的地位、责任和作用。

自控主体。施工承包方和供应方在施工阶段是质量自控主体,不能因为监控主体的存在和监控责任的实施而减轻或免除其质量责任。

监控主体。业主、监理、设计单位及政府的工程质量监督部门,在施工阶段是依据法律和合同对自控主体的质量行为和效果实施监督控制。

自控主体和监控主体在施工全过程中相互依存、各司其职,共同推动着施工质量控制过程的发展和最终工程质量目标的实现。

(3)施工方作为工程施工质量的自控主体,既要遵循本企业质量管理体系的要求,也要根据其在所承建工程项目质量控制系统中的地位和责任,通过具体项目质量计划的编制与实施,有效地实现自主控制的目标。一般情况下,对施工承包企业而言,无论工程项目的功能类型、结构形式及复杂程度存在着怎样的差异,其施工质量控制过程都可归纳为以下相互作用的几个环节:

①工程调研和项目承接。全面了解工程情况和特点,掌握承包合同中工程质量控制的合同条件。

②施工准备,如图纸会审、施工组织设计、施工力量设备的配置等。

③材料采购。

④施工生产。

⑤试验与检验。

⑥工程功能检测。

⑦竣工验收。

⑧质量回访及保修。

(四)施工质量计划的编制

①按照 GB/T 19000—2016 质量管理体系标准，质量计划是质量管理体系文件的组成内容。

在合同环境下质量计划是企业向顾客表明质量管理方针、目标及其具体实现的方法、手段和措施，体现企业对质量责任的承诺和实施的具体步骤。

②施工质量计划的编制主体是施工承包企业。在总承包的情况下，分包企业的施工质量计划是总包施工质量计划的组成部分。总包有责任对分包施工质量计划的编制进行指导和审核，并承担施工质量的连带责任。

③根据建筑工程生产施工的特点，目前我国工程项目施工的质量计划常用施工组织设计或施工项目管理实施规划的文件形式进行编制。

④在已经建立质量管理体系的情况下，质量计划的内容必须全面体现和落实企业质量管理体系文件的要求(也可引用质量体系文件中的相关条文)，同时结合本工程的特点，在质量计划中编写专项管理要求。施工质量计划的内容一般应包括：工程特点及施工条件分析(合同条件、法规条件和现场条件)、履行施工承包合同所必须达到的工程质量总目标及其分解目标、质量管理组织机构、人员及资源配置计划、为确保工程质量所采取的施工技术方案、施工程序、材料设备质量管理及控制措施、工程检测项目计划及方法等。

⑤施工质量控制点的设置是施工质量计划的组成内容。质量控制点是施工质量控制的重点，凡属关键技术、重要部位、控制难度大、影响大、经验欠缺的施工内容以及新材料、新技术、新工艺、新设备等，均可列为质量控制点实施重点控制。

施工质量控制点设置的具体方法是：根据工程项目施工管理的基本程序，结合项目特点，在制订项目总体质量计划后，列出各基本施工过程对局部和总体质量水平有影响的项目，作为具体实施的质量控制点。例如，在高层建筑施工质量管理中，可列出地基处理、工程测量、设备采购、大体积混凝土施工及有关分部分项工程中必须进行重点控制的专题等，作为质量控制重点；在工程功能检测的控制程序中，可设立建(构)筑物防雷检测、消防系统调试检测、通风设备系统调试等专项质量控制点。

通过质量控制点的设定，质量控制的目标及工作重点就能更加明晰，加强事前预控的方向也就更加明确。事前预控包括明确控制目标参数、制定实施规程(包括施工操作规程及检测评定标准)、确定检查项目数量及跟踪检查或批量检查方法、明确检查结果的判断标准及信息反馈要求。

施工质量控制点的管理应该是动态的，一般情况下在工程开工前、设计交底和图纸会审时，可确定一批项目的质量控制点，随着工程的展开、施工条件的变化，随时或定期进行控制点范围的调整和更新，始终保持重点跟踪的控制状态。

⑥施工质量计划编制完毕，应经企业技术领导审核批准，并按施工承包合同的约定提交工程监理或建设单位批准确认后执行。

(五)施工生产要素的质量控制

1. 影响施工质量的五大要素

劳动主体——人员素质,即作业者、管理者的素质及其组织效果。

劳动对象——材料、半成品、工程用品、设备等的质量。

劳动方法——采取的施工工艺及技术措施的水平。

劳动手段——工具、模具、施工机械、设备等条件。

施工环境——现场水文、地质、气象等自然环境,通风、照明、安全等作业环境以及协调配合的管理环境。

2. 劳动主体的控制

劳动主体的质量包括参与工程各类人员的生产技能、文化素养、生理体能、心理行为等方面的个体素质及经过合理组织充分发挥其潜在能力的群体素质。因此,企业应通过择优录用,加强思想教育及技能方面的教育培训,合理组织、严格考核,并辅以必要的激励机制,使企业员工的潜在能力得到最好的组合和充分发挥,从而保证劳动主体在质量控制系统中发挥主体自控作用。

施工企业控制必须坚持对所选派的项目领导者、组织者进行质量意识教育和组织管理能力训练,坚持对分包商的资质考核和施工人员的资格考核,坚持各工种按规定持证上岗制度。

3. 劳动对象的控制

原材料、半成品、设备是构成工程实体的基础,其质量是工程项目实体质量的组成部分。

因此加强原材料、半成品及设备的质量控制,不仅是提高工程质量的必要条件,也是实现工程项目投资目标和进度目标的前提。

对原材料、半成品及设备进行质量控制的主要内容为:控制材料设备性能、标准与设计文件相符性,控制材料设备各项技术性能指标、检验测试指标与标准要求的相符性,控制材料设备进场验收程序及质量文件资料的齐全程度等。

施工企业应在施工过程中贯彻执行企业质量程序文件中明确规定的材料设备在封样、采购、进场检验、抽样检测及质保资料提交等一系列的控制标准。

4. 施工工艺的控制

施工工艺的先进合理是直接影响工程质量、工程进度及工程造价的关键因素,施工工艺的合理、可靠还直接影响到工程施工安全。因此,在工程项目质量控制系统中,制定和采用先进合理的施工工艺是工程质量控制的重要环节。对施工方案的质量控制主要包括以下内容:

①全面正确地分析工程特征、技术关键及环境条件等资料,明确质量目标、验收标准、控制的重点和难点。

②制订合理有效的施工技术方案和组织方案,前者包括施工工艺、施工方法;后者包括施工区段划分、施工流向及劳动组织等。

③合理选用施工机械设备和施工临时设施，合理布置施工总平面图和各阶段施工平面图。

④选用和设计保证质量和安全的模具、脚手架等施工设备。

⑤编制工程所采用的新技术、新工艺、新材料的专项技术方案和质量管理方案。

为确保工程质量，还应针对工程具体情况，编写气象地质等环境不利因素对施工的影响及其应对措施。

5. 施工设备的控制

对施工所用的机械设备，包括起重设备、各项加工机械、专项技术设备、检查测量仪表设备及人货两用电梯等，应根据工程需要从设备选型、主要性能参数及使用操作要求等方面加以控制。

对施工方案中选用的模板、脚手架等施工设备，除按适用的标准定型选用外，一般需按设计及施工要求进行专项设计，对其设计方案、制作质量和验收应作为重点进行控制。按现行施工管理制度要求，工程所用的施工机械、模板、脚手架，特别是危险性较大的现场安装的起重机械设备，不仅要对其设计安装方案进行审批，而且安装完毕交付使用前必须经专业管理部门验收合格后方可使用。同时，在使用过程中尚需落实相应的管理制度，以确保其安全正常使用。

6. 施工环境的控制

环境因素主要包括地质水文状况、气象变化、其他不可抗力因素，以及施工现场的通风、照明、安全卫生防护设施等劳动作业环境等内容。环境因素对工程施工的影响一般难以避免。要消除其对施工质量的不利影响，主要是采取预测预防的控制方法。

对地质水文等方面影响因素的控制，应根据设计要求，分析基地地质资料，预测不利因素，并会同设计等部门采取相应的措施，如降水、排水、加固等技术控制方案。

对天气气象方面的不利条件，应制订专项施工方案，明确施工措施，落实人员、器材等以备紧急应对，从而控制其对施工质量的不利影响。

因环境因素造成的施工中断，往往也会对工程质量造成不利影响，必须通过加强管理、调整计划等措施加以控制。

（六）施工作业过程的质量控制

建设工程施工项目是由一系列相互关联、相互制约的作业过程（工序）所构成，控制工程项目施工过程的质量，必须控制全部作业过程，即各道工序的施工质量。

1. 施工作业过程质量控制的基本程序

①进行作业技术交底，包括作业技术要领、质量标准、施工依据、与前后工序的关系等。

②检查施工工序、程序的合理性、科学性，防止工序流程错误而导致工序质量失控。检查内容包括施工总体流程和具体施工作业的先后顺序，在正常的情况下，要坚持先准备后施工、先深后浅、先土建后安装、先验收后交工等。

③检查工序施工条件，即每道工序投入的材料，使用的工具、设备，操作工艺及环境条

件等是否符合施工组织设计的要求。

④检查工序施工中人员操作程序、操作质量是否符合质量规程要求。

⑤检查工序施工中产品的质量，即工序质量、分项工程质量是否符合要求。

⑥对工序质量符合要求的中间产品(分项工程)及时进行工序验收或隐蔽工程验收。

⑦质量合格的工序经验收后可进入下道工序施工，未经验收合格的工序不得进入下道工序施工。

2. 施工工序质量控制要求

工序质量是施工质量的基础，工序质量也是施工顺利进行的关键。为达到对工序质量控制的效果，在工序管理方面应做到：

①贯彻预防为主的基本要求，设置工序质量检查点，把材料质量状况、工具设备状况、施工程序、关键操作、安全条件、新材料新工艺应用、常见质量通病，甚至包括操作者的行为等影响因素列为控制点作为重点检查项目进行预控。

②落实工序操作质量巡查、抽查及重要部位跟踪检查等方法，及时掌握施工质量总体状况。

③对工序产品、分项工程的检查应按标准要求进行目测、实测及抽样试验的程序，做好原始记录，经数据分析后，及时作出合格及不合格的判断。

④对合格的工序产品应及时提交监理进行隐蔽工程验收。

⑤完善管理过程的各项检查记录、检测资料及验收资料，作为工程质量验收的依据，并为工程质量分析提供可追溯的依据。

(七)施工质量验收的方法

建设工程质量验收是对已完工的工程实体的外观质量及内在质量按规定程序检查后，确认其是否符合设计及各项验收标准的要求，作为建设工程是否可交付使用的一个重要环节。正确地进行工程项目质量的检查评定和验收，是保证工程质量的重要手段。

1. 工程质量验收程序

工程质量验收分为过程验收和竣工验收，其程序及组织包括：

①施工过程中，隐蔽工程在隐蔽前通知建设单位(或工程监理)进行验收，并形成验收文件。

②分部分项工程完成后，应在施工单位自行验收合格后，通知建设单位(或工程监理)验收，重要的分部分项工程应请设计单位参加验收。

③单位工程完工后，施工单位应自行组织检查、评定，符合验收标准后，向建设单位提交验收申请。

④建设单位收到验收申请后，应组织施工、勘察、设计、监理单位等方面的人员进行单位工程验收，明确验收结果，并形成验收报告。

⑤按国家现行管理制度，房屋建筑工程及市政基础设施工程验收合格后，还需在规定时间内，将验收文件报政府管理部门备案。

2. 工程质量验收标准

建设工程施工质量验收应符合下列要求：

①工程质量验收均应在施工单位自行检查评定的基础上进行。
②参加工程施工质量验收的各方人员，应该具有规定的资格。
③建设项目的施工，应符合工程勘察、设计文件的要求。
④隐蔽工程应在隐蔽前由施工单位通知有关单位进行验收，并形成验收文件。
⑤单位工程施工质量应该符合相关验收规范的标准。
⑥涉及结构安全的材料及施工内容，应有按照规定对材料及施工内容进行见证取样检测的资料。
⑦对涉及结构安全和使用功能的重要部分工程、专业工程应进行功能性抽样检测。
⑧工程外观质量应由验收人员通过现场检查后共同确认。

3. 工程质量验收内容

建设工程施工质量检查评定验收的基本内容及方法：
①分部分项工程内容的抽样检查。
②施工质量保证资料的检查，包括施工全过程的技术质量管理资料，其中又以原材料、施工检测、测量复核及功能性试验资料为重点检查内容。
③工程外观质量的检查。

4. 工程质量处理办法

工程质量不符合要求时，应按以下规定进行处理：
①经返工或更换设备的工程，应该重新检查验收。
②经有资质的检测单位检测鉴定，能达到设计要求的工程应予以验收。
③经返修或加固处理的工程，虽局部尺寸等不符合设计要求，但仍然能满足使用要求的，按技术处理方案和协商文件进行验收。
④经返修和加固后仍不能满足使用要求的工程严禁验收。

（八）质量管理的八项原则

GB/T 19000 质量管理体系标准是我国按等同原则，从 2000 版 ISO 9000 族国际标准转化而成的质量管理体系标准。

八项质量管理原则是 2000 版 ISO 9000 族标准的编制基础，八项质量管理原则是世界各国质量管理成功经验的科学总结，其中不少内容与我国全面质量管理的经验吻合。它的贯彻执行能促进企业管理水平的提高，并提高顾客对其产品或服务的满意程度，帮助企业达到持续成功的目的。质量管理八项原则的具体内容如下。

①以顾客为关注焦点　组织（从事一定范围生产经营活动的企业）依存于其顾客。组织应理解顾客当前的和未来的需求，满足顾客要求并争取超越顾客的期望。

②领导作用　领导者确立本组织统一的宗旨和方向，并营造和保持使员工充分参与实现组织目标的内部环境，因此领导在企业的质量管理中起着决定性的作用。只有领导重视，各项质量活动才能有效开展。

③全员参与　各级人员都是组织之本，只有全员充分参与，才能使他们的才干为组织带来收益。产品质量是产品形成过程中全体人员共同努力的结果，其中也包含着为他们提供支

持的管理、检查、行政人员的贡献。企业领导应对员工进行质量意识等各方面的教育，激发他们的积极性和责任感，为其能力、知识、经验的提高提供机会，发挥创造精神，鼓励持续改进，给予必要的物质和精神奖励，使全员积极参与，为达到让顾客满意的目标而奋斗。

④过程方法　将相关的资源和活动作为过程进行管理，可以更高效地得到期望的结果。任何使用资源的生产活动和将输入转化为输出的一组相关联的活动都可视为过程。2000版ISO 9000族标准是建立在过程控制的基础上的。一般在过程的输入端、过程的不同位置及输出端都存在着可以进行测量、检查的机会和控制点，对这些控制点实行测量、检测和建筑工程项目管理，便能控制过程的有效实施。

⑤管理的系统方法　将相互关联的过程作为系统加以识别、理解和管理，有助于组织提高实现其目标的有效性和效率。不同企业应根据自己的特点，建立资源管理、过程实现、测量分析改进等方面的关联关系，并加以控制。即采用过程网络的方法建立质量管理体系，实施系统管理。一般建立实施质量管理体系包括：确定顾客期望；建立质量目标和方针；确定实现目标的过程和职责；确定必须提供的资源；规定测量过程有效性的方法；实施测量确定过程的有效性；确定防止不合格并清除产生原因的措施；建立和应用持续改进质量管理体系的过程。

⑥持续改进　持续改进总体业绩是组织的一个永恒目标，其作用在于增强企业满足质量要求的能力，包括产品质量、过程及体系的有效性和效率的提高。持续改进是增强和满足质量要求能力的循环活动，促使企业的质量管理走上良性循环的轨道。

⑦基于事实的决策方法　有效的决策应建立在数据和信息分析的基础上，数据和信息分析是事实的高度提炼。以事实为依据作出决策，可防止决策失误，为此企业领导应重视数据信息的收集、汇总和分析，以便为决策提供依据。

⑧与供方互利的关系　组织与供方是相互依存的，建立双方的互利关系可以增强双方创造价值的能力。供方提供的产品是企业提供产品的一个组成部分。能否处理好与供方的关系，涉及企业能否持续稳定的提供顾客满意产品的重要问题。因此，对供方不能只讲控制，不讲合作互利，特别是关键供方，更要建立互利关系，这对企业与供方都有利。

思考题

1. 森林康养基地规划可行性分析的内容包括哪些？
2. 试述森林康养基地规划编制的特点及程序。
3. 查阅资料，试以某知名森林康养基地为例，谈谈其康养基地规划的成功经验与启示。

参考文献

成国良，曲艳丽，2017. 旅游景区景观规划设计[M]. 济南：山东人民出版社.
董观志，2016. 景区运营管理[M]. 武汉：华中科技大学出版社.
王会恩，姬程飞，马文静，2017. 建筑工程项目管理[M]. 北京：北京工业大学出版社.

第六章 森林康养基地启动管理

第一节 森林康养基地开业准备

森林康养基地的开业运营,是企业经营活动的起点,俗话讲"万事开头难",打好基地运行的第一仗至关重要。运营开业的准备甚至要比后续日常经营还要复杂,因此需要经营者格外重视。

森林康养基地正式开始运营,需要做好筹集运营资金、招募并培训员工、实施竣工验收、采购设备物资、制订营销计划、健全规章制度、申办营业许可证7项工作。

一、森林康养基地环境的保育

(一)森林康养基地环境的概念

森林康养基地环境是指所有能影响森林康养基地建筑物的质量及其森林康养业发展状况的各类因素,包括人和物两大要素。基地的环境是基地森林康养价值的重要组成部分,一个拥有良好森林康养环境的基地必然具有较大的森林康养价值以及对游客有较大的吸引力。

(二)森林康养基地环境的构成要素

森林康养基地环境通常包括自然环境、服务环境以及社会环境等几大构成要素。

1. 自然环境

森林康养基地的自然环境是指影响森林康养基地存在和发展的各种自然要素,是与基地森林康养活动相关的各种地球表层因子的总和。这些因子构成了基地存在的基础。基地的自然环境具有自然美的形态、绚丽的色彩、悦耳的声响及动态的美感,它为游客提供了观赏、游览、探险猎奇、避寒避暑以及各种娱乐消遣活动的场所和条件,可使游客感受到大自然的壮美神奇,开阔视野,增长知识,丰富情感,身心得到积极的休息。基地的自然环境主要包括生态环境和自然资源两个方面。

(1)生态环境

生态环境是构成基地生态系统的各种要素的集合,主要包括大气、水、土壤、地质、植被、野生动物等,是构成森林康养基地基本结构的基础。

(2)自然资源

自然资源在这里特指影响森林康养开发的自然资源,包括自然景观资源和自然能源(包括风能、太阳能、潮汐能、波能等)。自然景观资源是森林康养基地发展的重要物质支撑,它是森林康养基地吸引力的构成要素。

2. 服务环境

服务环境是指为了森林康养基地的生存和发展而由人工进行设计、开发所形成的硬件服务设施与基地服务人员所提供的服务的总和，它包括设施和服务两部分。

（1）设施

基地设施是专为森林康养活动而建造，供森林康养者使用的专门设施，在基地管辖的地域范围乃至其外围保护地带内，为游客的森林康养活动提供饮食、住宿、交通、游览、购物及文娱、体育活动而建造的人工设施，统称为基地森林康养设施。基地设施包括基地内的各种市政设施，如给排水设施、供电设施、供暖设施、电信设施；各种交通工具和设施，如电瓶车、步行道、游船码头等；各种基地导识设施；基地环境景观设施；各种服务设施，如住宿、餐饮、购物、娱乐设施等。基地设施是为森林康养者提供服务的平台和手段，基地设施质量的高低直接关系到森林康养者的切身感知。

（2）服务

服务主要指工作人员所提供的软服务。森林康养基地是向民众宣传环境保护的重要和有效的窗口，也是展示一个国家或一个地区公民文明程度的集中地。因此，服务质量是森林康养基地的生命，优质的基地服务能够带给森林康养体验者较高的满足感。基地服务主要包括环境与卫生、售票、游览接待、信息指示、公共厕所、停车场、餐饮、交通、购物、休憩、电信、照明、安全、医疗救护等方面的内容。

具有相当素质的从业者，尤其是高水平的管理者是基地服务质量提高的根本所在。从优化基地服务环境的角度考虑，基地应加强对员工服务质量和服务意识的培养。

3. 社会环境

社会环境是指人类生存及活动范围内的社会物质、精神条件的总和。森林康养基地的社会环境是指对基地存在和发展产生影响的社会因素，一般由基地所在区域的社会和人文积淀构成社会环境，主要包括：

（1）人文环境

人文环境包括当地的文化习俗、历史古迹及居民对森林康养开发的态度和承受力等。

（2）经济环境

经济环境主要是指森林康养开发的经济背景和能力，包括当地社会生产和生活水准、就业及经济条件等。

（3）管理环境

管理环境包括当地政府机关及森林康养业的管理服务状况和治安环境以及当地的社会管理、森林康养政策、森林康养气氛。

（4）游客与居民环境

游客与居民环境主要包括游客与居民的心理、居民的生活方式、游客的文化素质及审美情趣。

从上述的分析可以看出，森林康养基地环境是一个综合的概念，它既包括自然因素，也包括社会因素；既包括内部环境，也包括森林康养基地的周边和外部环境森林康养基地环境，是一个包含着众多方面要素的复杂系统。它由许多相关联的影响因素所构成，其中有森林康养客体，有森林康养主体，也有连接主客体的中介——森林康养服务业。作为森林康养主体的广大游客，他们多以个体或群体（森林康养团体）的形式出现，也应成为森林康养环境的一部分。基地环境又是一个开放系统，它与外部环境不断发生着信息、物质及能量的交流。基地环境系统像其他环境系统那样具有自适应性，这种自适应性可以使系统在受到外部干扰时，进行自我调剂，以使系统维持良好状态。

（三）森林康养基地存在的环境问题

1. 环境污染

（1）水污染

工业废水、生活废水及森林康养区废水不加净化或净化不达标便排入区内水体，会使水体内的森林康养资源受到严重污染。这些污染使河水不再清澈，使湖泊富营养化，造成水生生物无法生存，严重破坏了水生态系统的平衡。2007年的太湖，一场蓝藻诱发的生态灾难让两百万无锡市民守着太湖却要抢购纯净水饮用，昔日的"鱼米之乡"成了鱼的"坟墓"。除太湖外，我国还有巢湖、滇池等地，水体污染都极其严重。

为了防止森林康养基地水污染，森林康养基地必须建设污化池和沼气池，以实现污水相对集中处理，保障森林康养生活污水处理率达到规定的要求。

（2）大气污染

森林康养者从居住地移动到森林康养基地离不开交通工具，而汽车尾气在空气中四处弥漫，不仅污染空气，而且对人体也极为有害。森林康养基地附近的居民燃烧原煤，森林康养基地内的企事业单位、宾馆饭店和餐饮经营单位产生的油烟都会对森林康养基地大气造成污染。

（3）噪声污染

为了防止噪声扰客，森林康养基地应该规定基地内各经营场所、各住户在规定的时间段必须将音量调低，对外音量排放不得超过规定值。

（4）固体废物污染

森林康养基地配套设施不完备及森林康养体验者本身素质较低等，可能致使森林康养基地产生大量固体废物不加处理或处理不当便丢弃于基地，严重污染基地环境。

森林康养基地产生的生活垃圾要实行可降解、不可降解和危险固废分类处理，应指定地点堆放，并建立密闭的垃圾收集站，由当地环卫部门用专门的设备收集和定时清理，保证日产日清，送垃圾填埋场进行卫生填埋，或全部运出基地处理，不得随意丢弃。

（5）土壤污染和土壤板结

森林康养基地内含有各种有害物质的废水、废渣会对基地土壤造成污染，致使土壤中所含的营养成分越来越少，盐碱化、土壤呈酸性等现象越来越严重。

森林康养活动对地表植物所赖以生存的土壤有机层往往有很严重的冲击，如露营、野餐、步行等都会对土壤造成严重的人为干扰。土壤一旦受到冲击，物理结构、化学成分、生物因子等都会随之发生变化,并最终影响土壤上植物的繁衍与生长,昆虫、动物也会随之迁徙或减少。游人在基地的超负荷活动加剧了土壤的板结化,加快了古树名木的死亡速度,土壤板结也导致地表土进一步流失和侵蚀。

2. 生态破坏

生态破坏(又称环境破坏)是指人类不合理地开发、利用自然资源和兴建工程项目而引起的生态环境的退化及由此而衍生的有关环境效应,从而对人类的生存环境产生不利影响的现象,如水土流失、土地荒漠化、土壤盐碱化、生物多样性减少等。生态环境是最宝贵的森林康养资源,是森林康养业发展的重要基础和必备条件。由于生态系统具有整体性、不可逆转性和长期性,一旦遭受破坏,所带来的损失是巨大的,甚至有些生态损失是不可弥补的。森林康养基地中存在的主要生态破坏有:

(1)植被破坏

人类的森林康养活动对地表植被和植物的影响可分为直接影响和间接影响两大类。直接影响行为包括移除、踩踏、火灾、采集等;间接影响包括外来物种引入、营养盐污染、车辆废气、土壤流失等问题。这些都会影响植物的生长和健康。

在森林康养活动对植物的影响中,游客践踏是最普遍的形式。只要游客一踏上公园或绿地,他的双脚就可能施压于植物身上,游客对植物的践踏行为会引起一系列的相关反应,如会影响到植物种子发芽,因土壤被踩实而导致幼苗无法顺利成长;对于已成长的植物,则可能因踩踏而导致其生理、形态等发生改变;步行道规划设计不合理,也可能影响到濒危植物物种生长;游客所搭乘的交通工具常会留下车痕,造成植物组成的改变。

采集也是对植物的一种伤害行为。游客最常见的采集动机是想摘下某朵漂亮的花,或想尝尝果实的滋味,或是想带一部分植物回家种植。此外,许多游客迷恋植物的疗效,一到野外看见药用植物就摘,使许多药用植物的天然族群越来越少。

此外,由于游客不慎或管理不善导致的森林火灾,致使植被覆盖率下降;任意砍伐树、竹做木屋、竹屋和烧柴等,毁坏了一些幼木,改变了森林树龄结构;大量垃圾堆积,导致土壤营养状态改变,还会造成空气和光线堵塞致使生态系统受到破坏等。

(2)资源的过度开发

在一些森林基地,为了盲目追求经济利益的最大化,通过依靠增加景点,加快资源开发利用强度和速度来扩大森林康养规模,不合理地开发利用自然资源,砍伐森林,破坏植被,从而导致水土流失。不少森林康养基地过多兴建基础设施与建筑物等均对基地的生态环境造成了严重破坏。

(3)对野生动物的保护构成威胁

森林基地的开发可能会破坏野生动物的栖息地或庇护所,游客到达森林康养基地后,无论是森林康养活动本身或是游客所制造的噪声都会干扰野生动物的生活和繁衍,而且一般游客总喜欢"又吃又拿",嗜吃各种山珍海味,又偏爱收集各类野生动物制品,这样野生动物的生命就受到了威胁。

3. 景观破坏

近年来,森林康养基地的人工化、商业化、城市化使基地越来越受到建设性的破坏。有的森林基地出于经济目的，热衷于旅店、宾馆的建设，盲目扩大森林康养区，修建森林康养设施，破坏了景观环境。

为了节省游人体力，方便游人，不少山区森林康养基地都修建了客运索道，盘山公路也差不多修到了地形条件再也不允许修筑公路的地方，山地之巅或核心基地盖起了星级宾馆。尽管在建索道、铺电缆、修公路、盖宾馆的过程中力求不改变山体形态，但开山炸石、剥离地表植被都是不可避免的。森林康养交通和服务设施建设带来的景观问题并非少见，开山炸石、剥离地表植被直接破坏景观，开挖生石面和倒石堆有碍观瞻，剥离地表植被引起水土流失。如果开挖面使上部岩体失去支撑，遇震动或足够的降水还有可能引发滑坡、塌方、危岩崩落，造成交通中断甚至人员伤亡。

（四）森林康养基地环境的保护措施

森林康养业发展中，要把森林康养资源保护放在首位，在思想观念上要重视。森林康养资源开发的目的是利用资源而不是破坏资源，在森林康养资源开发的同时，一定要注意保护森林康养资源，开发交付使用时，也要制定出一套相应的保护措施。在森林康养资源管理中，宏观上要严格按法规条例执行；微观上还需有一套适合当地特点的保护管理措施，真正把森林康养管理保护工作落到实处。

同时，要加强森林康养资源保护知识的宣传和教育，必要时还要开发可替代物。通过各种途径大力宣传森林康养资源的价值及其保护知识，提高全民素质，他们即可了解森林康养资源是千百年的自然造化和人类文化遗产的精髓，是人类精神需求的宝贵财富；森林康养资源是脆弱的，一旦破坏，将难以复原。有时还需改变人们的陈旧观念，如中国人很迷信冬虫夏草等中药，认为它可治百病，故而使西南地区大面积的冬虫夏草被挖，如此一来，不但使冬虫夏草遭殃，而且破坏了当地脆弱的生态环境。

二、运营启动准备

（一）运营资金的筹集

运营资金是企业流动资产和流动负债的总称。流动资产减去流动负债的余额称为净运营资金。运营资金的筹措与能否到位，直接关系到森林康养基地是否能够正常开业与运转。开业前运营资金的筹集主要集中在资金的筹集、预算、分配和管理等方面。

第一，资金筹集。森林康养基地在开业之初没有收入的情况下，却需要持续投入运营的资金。这部分资金是需要通过特定渠道进行筹集的。

运营资金的来源渠道有多种，包括森林康养基地自有资金（总投资中预留的流动资金等）、政府财政型资金、国内外银行等金融机构的信贷资金、国内外证券市场资金、国内外非银行金融机构的资金等。森林康养基地筹资时应先进行筹资规模的计算，然后从多种筹资渠道中根据资金成本率、资金可得性、资金流动性等指标选择合理的筹资渠道。

第二，资金预算。这是企业运营十分重要的一环，是计划工作的重要内容。资金预算按时间长短可分为长期预算和短期预算。长期预算是指一年以上的预算，又称为战略性预算。它服务于森林康养基地的长期战略目标。短期预算则是森林康养基地在一定时期内（通常是一年内)经营或财务方面的开支预算。

森林康养基地资金的预算要完成两个方面的工作：一是预算的编制，主要是对日后经营过程中的收入、费用、人力需求和设备需求进行估算；二是预算的审查，是对预算目标、资本预算和经营预算的审查。

第三，资金分配。与任何项目实施相同，森林康养基地在开业前也需要一定的启动资金作为企业发动机的点火器。启动资金的分配主要集中在3个方面：业务周转金、营业成本和期间费用。

业务周转金又称"备用金"，是由财务部门拨给有关部门的日常零星开支准备，用来保证日常经营的正常进行；营业成本是指森林康养基地在经营过程中直接支出的各项费用，包括营业过程中的原材料成本和人员成本等；期间费用包括营业费用、管理费用、财务费用、销售费用等。

第四，资金管理。为管理好森林康养基地的资金，森林康养基地有必要建立行之有效的资金管理制度。森林康养基地资金管理主要包括流动资金管理和固定资金管理。

流动资金是森林康养基地流动资产的货币表现形式，是森林康养基地最具流动性的资金形式。它具有两大特点：波动性和增值性。森林康养基地流动资金的波动性特点要求经营管理人员和财务人员掌握流动资金需求的变化规律，综合考虑流动资金的来源和取得方式，合理安排资金供求，及时解决资金供需矛盾。流动资金增值性特点要求经营管理者和财务管理人员灵活运用流动资金，促进资金流动，进而取得更大的经济效益。

固定资金是固定资产的货币表现形式。固定资产是指使用年限在一年以上，并在使用过程中保持原有实物形态的资产，如建筑物、机器、机械、运输工具和其他与生产经营有关的设备、器具、工具等。固定资金循环一次的周转期较长，一般通过折旧的方式得到补偿。要加强固定资金的使用和管理，首先要确定固定资金的使用标准和计划，根据计划制定详细的固定资产核算制度，并加强固定资金的日常管理工作。

(二)招募、培训员工

森林康养基地是服务性企业，主要通过高质量的服务来为游客创造一种愉悦的环境。员工的态度和能力会对服务的质量产生极其重要的影响，从而也会直接影响游客游玩的兴趣和对森林康养基地的印象。可以说，人力资源管理是森林康养基地所有管理中最重要的一个方面。

基地运行管理各类人力资源的准备，是森林康养基地启动运行四大基础条件(环境、设施、资金和人员)之一。而员工招聘和岗前培训，则是影响康养基地人力资源管理效率的重要环节，需要做好针对性的规划和计划。

(三)运营启动期的营销

森林康养基地开业前的营销除了具有一般营销的性质外，与经营管理阶段的营销相比，它更具有推广性和战略性为一体的特点，这个阶段的营销目标是在短时间内引起消费者关注。

在市场分析与定位方面，森林康养基地经营者需要根据规划提出的市场分析，结合现实的市场信息，对相关市场的动态和趋势进行进一步研究分析，同时综合相关利益集团特别是竞争者的情况，对森林康养基地的业务进行市场定位，提出目标市场。

在市场营销手段方面，广告是一种有效而迅速的广播媒介，新开业的森林康养基地往往因为知名度低而更适合采用广告的形式来进行宣传推广。同时，也应当积极发挥多样化的宣传途径的作用，包括公共计划的利用。

森林康养基地在筹建过程中有6个时机可以获得公众的注意，按照时间顺序这6个时机依次为：①发布建造计划时；②奠基典礼；③工程竣工庆祝会；④管理机构和营销部门组成时；⑤开业前的新闻发布会或记者招待会；⑥森林康养基地开业庆典。因此，企业可以充分利用这些机会，进行良好的公关策划和公关活动，将对森林康养基地知名度的扩大，为森林康养基地树立良好的市场形象，为开业后的正式经营奠定有利的基础。

（四）森林康养产品开发设计

森林康养产品，包括物质性产品和非物质性服务项目，是森林康养基地满足顾客生态需求的载体。森林康养产品的开发设计，是企业运营的出发点，也是决定康养企业市场吸引力和竞争力的关键要素。

森林康养产品开发设计的过程可以概括为4个阶段：①分析现状，确定方向；②收集构思，筛选方案；③测试分析，研制试销；④投放市场，评价修正。4个阶段循环往复，又是森林康养基地产品不断创新的过程。

第一，分析现状，确定方向。主要是对森林康养企业自身的资源及经营能力状况和康养市场的需求状况进行综合分析，发现并分析问题原因，确定产品开发的方向。例如，企业的森林资源环境特点是生物多样性突出，地势平缓，景观丰富，比较适合老年人休闲养生活动，就可以考虑按照养老方向设计产品。

第二，收集构思，筛选方案。确定森林康养基地产品开发方向后，就要设计产品创新的方案。一是针对找出的问题收集各方人员（如员工、旅游者、当地居民、旅游专家）的意见；二是对所收集的资料和意见进行归纳与整理，并在此基础上设计出各种可能的方案；三是对各种方案进行筛选，挑选出最合适、最可行的方案。对方案进行选择是森林康养基地产品创新过程中最关键的步骤。在此步骤中，森林康养基地决策者要分析森林康养基地的资源与设施设备状况，分析森林康养基地是否有足以发展所设定的新产品的能力，分析新产品能否符合旅游市场需要，分析市场竞争状况及相关环境因素。通过综合分析，使所选择的森林康养基地新产品构思符合森林康养基地的发展规划和目标。

第三，测试分析，研制试销。构思后的新产品并非具体产品，而是森林康养基地希望提供给市场的一个产品设想，属于概念性产品。所谓测试就是与适当的目标市场一起考核所构思的新产品，确定其对目标市场的吸引力。分析则是对产品的销售量、成本、利润率等进行预测。同时，森林康养基地要收集社会和竞争等各方面的相关信息，以便进一步研制、试销。

测试分析之后就要对产品进行研制与试销。在此过程中，可请旅游专家进行测评，也可请有关人士进行新产品的试验性旅游，并请他们提意见，修改完善新产品方案。然后对森林康养基地新产品在几个细分市场上进行试销，检验旅游者可能做出的反应，以确定主要目标市场。

第四，投放市场，评价修正。森林康养基地新产品试销成功后，即可投放市场。在此阶段，森林康养基地要将新产品方案落实到位，并运用恰当的价格策略、促销策略、渠道策略等市场营销手段来尽量扩大新产品的市场占有份额，提高产品的销售量和利润率。

新产品投放市场后，不能一劳永逸，还必须跟踪调查，进行最终的新产品评价与修正。森林康养基地经营者要不断地从森林康养基地新产品的使用者处了解他们对新产品的反应，及时发现问题与不足，并尽快修正，努力使森林康养基地产品日益完善。

（五）规章制度的建设

制度是一种可以产生比较优势的资源，制度优劣，决定了社会组织达成目标的效率。

森林康养基地规章制度，是指由基地有关部门制定的，以书面形式表达的，并以一定方式公示的非针对个别事务处理的规范、规定的总称。

健全的规章制度可以保障森林康养基地的运作有序化、规范化，降低基地经营运行成本，可以防止管理的任意性，保护员工的合法权益，满足职工公平感的需要。

规章制度的建设把握 3 个原则：

一是要把握好规章制度的有效性、实用性、强制性以及详略问题；

二是注意规章制度制定的规范性，并在充分听取执行者意见的基础上不断完善和更新，以增强可操作性；

三是尽量做到协调统一，形成体系，避免各部门之间制度出现相互矛盾。

第二节　森林康养基地运营保障管理

一、标识系统保障

森林康养基地的标识系统，是由各种动植物标志、景观介绍图板和各种文化符号组成的实现康养供给的辅助系统。

标识系统是顾客康养活动质量的重要保障，起着引导顾客的游览、养生、康复和接受教育的活动，为顾客在康养过程中提供隐性服务，使顾客在体验身体康养效应的同时，又能得到心理体验的满足等的重要作用。

例如：景点介绍牌、景点说明牌、森林康养基地解说系统等，能增强顾客对森林康养基地景点的了解，激发顾客搜索康养体验的兴奋点；而路径指示牌、导游线路牌、安全标识牌、顾客休息区指示牌等，则能使顾客对路径、景点等进行准确的析出和恰当的组合，帮助顾客优化康养活动的性价比，提高顾客对森林康养基地景点、设施的满意度。

一般说来，森林康养基地标识系统，由交通导引标识系统、解说系统、游客中心的服务 3 个部分组成。

交通导引标识系统，不仅包括地图、路标、游览线路标识图等，还包括路口提醒、公交车次通告等。森林康养基地，无论是以动态康养为主还是静态康养为主，都要布局内部的交通网络，因此，交通标识就至关重要。如自然保护历史较早国家的自然公园和保护地，一般在主要道路两侧、路面都有明显的导视标志或英语文字说明。除此之外，其他如路口提醒、交通设备使用说明、乡野地区的路牌等都从游客需要角度加以设计。

森林康养基地解说系统，包括景点说明、导游画册、广播通知系统、幻灯片、语音解说、资料展示栏、公共信息标识系统等。该系统一般由软件部分如导游员、解说员、咨询服务等能动性的解说，与硬件部分如导游图、导游画册、牌示、录影带、幻灯片、语音解说、资料展示柜等多种表现手段构成。一般认为，只有导游才具备旅游说明功能，实际上顾客一进入森林康养基地，森林康养基地就应该为顾客提供最佳的游览服务，让顾客"读懂"森林康养基地。

顾客服务中心，主要是为顾客提供各类信息服务的问询部门。也是标识保障系统的组成部分，一般设置在森林康养基地的入口或交通站点。顾客中心设置康养项目介绍室、设立导游接洽室、旅游纪念品商店等设施，并为顾客提供消费建议；还可以在游客中心增加广播通知系统，提供信息通知和寻人等各项服务，同时也可向顾客免费提供宣传印刷品。

阅读资料：基地标牌

标牌是一种载有图案、标记符号、文字说明等内容的提供解说、标记、指引、广告、装饰等服务的功能牌。其特征是直观简洁、易于标记。基地标牌是向游客传递信息的服务系统，是基地不可缺少的基本构件。

一、标牌的分类

按照解说对象和内容，可分为吸引解说标牌、旅游设施标牌、环境解说标牌和旅游管理标牌；按照标牌制作选用材料，可分为天然材料标牌和人工合成材料标牌；按照标牌的功能，可分为解说功能标牌、指示引导功能标牌、警示提醒功能标牌和宣传功能标牌。

二、标牌的布局

(一) 标牌布局原则

1. 各类标牌数量充足，不宜杂、多、滥

从美学和实用的角度出发。标牌摆放要美观醒目。各类型标牌按其功能和需要，位置合理，数量充足。不能因标牌过多而阻挡景观，失去美感，破坏游览氛围。在推陈出新的同时，要"活而不乱"。

2. 布局选址应服从环境，融于自然

各类标牌的布置应顺应自然，与自然环境和谐相融，不妨碍观赏景物，不遮挡景观，避免喧宾夺主。

3. 标牌应有适宜的布局地点、安放高度和角度

标牌要有合适的布局地点，注意安放高度、角度和与观赏者的距离，确保游客能以最佳的观赏角度和最舒适的方式观看。公路沿线的标牌设置尤其要考虑高度、距离，让过往的车辆能及时看到各介绍牌和指示牌的内容。

(二)标牌的选址

标牌主要分布在基地出入口、景观周围、通往基地道路沿线处,游客服务中心、基地服务设施集中地等处。

1. 基地入口处

主要有基地导游全景图、风光图、游客须知等,全景指示图提供游览线路安排建议,设置于客流聚集处、旅游信息服务中心、停车场及主要基地(点)入口或内侧开阔处,内容包括基地的平面图与概况。

①基地导游全景图 设置于基地大门外售票处附近,与基地简介、游客须知并排摆放。内容包括基地平面布局图、游览道路和服务设施分布(如游览车换乘地、商亭、餐厅、公厕等)及主要景点的文字、图片介绍。

②游客须知 售票处明显位置应悬挂票价表、购票须知、营业时间、项目介绍和游览须知等服务指南。一些重要提示如"禁止烟火"的标志应醒目地安放在基地入口,强化游客防火意识和环境保护意识。

2. 景点出入口处

主要有出入口标志、景点名牌和景点介绍牌等。

3. 基地道路沿线

在基地内步游道沿线游客便于停留的地方,如观景台、观景点,设立环境解说牌,让游客获得信息;基地内各主要通道、岔路口处设置向导标牌和各类交通标志牌;根据需要设置友情提示牌,如提示该处负氧离子浓度、勿喧哗和勿乱扔垃圾等;在游道沿线设置安全标志。基地风光牌设置于干道通往基地的交通节点,以展示基地最佳风光为主,辅以简明的基地形象导语,向过往游客传播基地形象,对前往基地的游客起提示作用。

基地不同地方的标牌各不相同,不同内容的标牌在不同地方的聚集程度也有所不同。景观标牌聚集在景观分布密集处,功能提示牌出现在景点出入口处,导示牌出现在景点出入口处、步游道转弯处和岔路口处,为游客指引游览线路。安全提示牌、公益提示牌、友情提示牌等根据景点情况酌情布局。

资料来源:郑耀星. 旅游基地开发与管理[M]. 北京:旅游教育出版社,2010.

二、安全系统保障

森林康养基地安全保障,是依据国家和地方有关部门关于森林康养基地安全的制度、政策和法规,结合森林康养基地自身的特点,研究森林康养基地各类活动中的安全问题,发现森林康养基地存在的安全隐患,采取适当有效措施进行控制管理的一系列活动。

具体来说,森林康养基地安全管理主要是对人身安全、消防安全、设施安全、治安、节假日安全和停车场安全的管理。

(一)人身安全管理

这是人类最基本的需求,是森林康养基地安全管理的重中之重。森林康养基地人身安全管理，包括顾客人身安全管理和员工人身安全管理。

①顾客人身安全的保障，包括交通、活动和餐饮安全的保障。第一，要合理规划森林康养基地的交通游览线路，统一管理森林康养基地内的营运车辆和路政设施，严格管理森林康养基地内的游船、缆车、索道等设施；第二，要定期进行森林康养基地游乐和各类运动、养生等设备的检测和维修；第三，对森林康养基地内的餐饮业及副食经销单位进行卫生检查登记，并建立严格的监督管理机制，保证餐饮品的质量；第四，多渠道、多方式监督旅游商品销售点的经营行为，防止宰客、欺客行为的发生。

②员工的人身安全主要体现为生产安全，对员工人身安全的管理主要有新员工的安全教育和培训、岗前安全教育和培训以及现场督导等。

(二)消防安全管理

对具有植被覆盖率高、木构建筑多、火灾引发因素多等特点的森林康养基地来说尤为重要。森林康养基地的特殊资源与地理状况，又使得消防安全保障的难度非常大，需要建设行之有效的制度和机制保障。要严格按照国家有关规定合理设置消防水源、消防设施和消防器材，并按国家标准设置消防安全标志；要严格贯彻《中华人民共和国消防法》《古建筑消防管理条例》等消防法规，建立消防制度及奖惩制度，组织防火检查，及时整改火灾隐患，制定灭火和应急疏散预案，组建消防队伍，并定期组织消防演练；森林康养基地内的消防器材应登记造册，有专人负责管理、检查、维修和保养等。

(三)应急救援保障

森林康养基地应当按照"以人为本，救援第一；属地救护，就近处置；及时报告，妥善沟通"的原则，以保障旅游者生命安全为根本目的，尽一切可能为旅游者提供救援、救助。应急救援保障包括：组织保障、机制保障和队伍保障。

①组织保障　森林康养基地应当成立事故应急救援"指挥领导小组"，由总经理、保安部经理及设备、卫生、物资等部门领导组成，下设应急救援办公室。日常工作由保安部门监管。

②机制保障　建立灾害、突发事件等应急机制和预案。根据森林康养基地紧急事件的风险程度，建立基地与外部、基地内部各部门、各部门活动的各环节之间联动响应机制和处理紧急事件的预案。合理布置一定数量的医务室、救护车；医务室配备抢救设备、气管插管箱、外伤包、诊箱、搬运设备等医疗救护设备；针对森林康养基地可能发生的意外情况，配备必要的药品和急救物品等。

③队伍保障　根据实际需要，同时要建立各种不脱产的专业救援队伍，包括抢险抢救队、医疗救护队、义务消防队、通信保障队、治安队等。救援队伍是应急救援的骨干力量，担负森林康养基地各类重大事故的处置工作。在平时，要加强对各救援队伍的培训。指挥领导小组要从实际出发，针对危险源可能发生的事故，每年至少组织一次模拟演习，把指挥机构和各救援队伍训练成一支思想好、技术精、作风硬的指挥班子和抢救队伍。一旦发生事故，指挥机构能准确指挥，各救援队伍能根据各自任务及时有效地排除险情、控制并消灭事故、抢救伤员，做好应急救援工作。

三、设施设备的维护与保养

(一)森林康养基地设施设备的概念

森林康养基地的设施设备是构成基地固定资产的各种物质设施设备,是森林康养基地各种产品的物质基础和经营的依托。森林康养基地的设备是指单一的物质产品,而基地的设施是由单设备组成的系统整体。

(二)森林康养基地设施设备的类型

森林康养基地设施类型多样,根据其性质和功能,可分为基础设施、服务设施、娱乐活动设施3个大类。3个设施大类还可以进一步细分为不同的亚类,并包含了具体的设施内容,详见表6-1。

表6-1 森林康养基地设施的类型

设施大类	设施亚类	设施内容
基础设施类	道路交通设施	车行道、停车场、步行道、特殊交通道
	给排水及排污设施	蓄水系统设置、输水管道设置、排水系统设置、污水处理系统设置
	电力通信设施	电力系统设施、预备供电系统、电话网、移动信号基站、宽带信息网络、电话服务点、邮政
	绿化环卫设施	树木、花卉、草坪、旅游厕所设施、垃圾箱、垃圾收集站、垃圾处理设施等
	游览安全设施	闭路监控设施、消防监控设施、安全警告标志、危险地带安全防护设施、救护设施设备等
服务设施类	住宿设施	包括各种住宿建筑设施及服务设施
	餐饮设施	餐饮建筑设施及餐饮服务设施
	商业设施	商业网点建筑及商业服务设施
	康娱设施	康娱建筑及辅助服务设施
	导游设施	引导标志、导游全景图、景物介绍牌、标志牌、旅游信息触摸屏、游客服务中心等
娱乐活动设施类	水上娱乐设施	浴场、游泳池、水上乐园、游船、游艇、垂钓池、漂流、竹筏等
	陆上娱乐设施	动植物园、娱乐中心、游览车、儿童乐园、博物馆、展览馆、高尔夫球场、滑雪场、速降、蹦极、攀岩等
	空中娱乐设施	热气球、小型飞机、滑翔伞、索道等

资料来源:高润,陈薇薇.景区开发与管理[M].西安:西安交通大学出版社,2015.

1. 基础设施类

森林康养基地基础设施看似与对游客服务没有直接联系,但它却是森林康养基地正常运行的基本保障。没有它,游客无法实现森林康养基地内的空间转移,所有的旅游、康养服务几乎都无法提供。同时,景观协调、富于美感的基础设施还是构成森林康养基地吸引力的重要因素。因此，基地基础设施的完备程度、质量高低与森林康养基地运营紧密相关。森林康养基地的基础设施主要包括道路交通设施、给排水及排污设施、电力通信设施、绿化环卫设施、游览安全设施等。

(1) 道路交通设施

道路交通设施是保证游客在基地正常合理流动的前提条件，在基地中起到贯穿全局的作用，是森林康养基地游客使用最普遍、最基本的设施，为旅游者提供导向。森林康养基地道路交通设施主要包括车行道、步行游道、停车场和特殊交通通道，如索道、缆车、踏步电梯、水面交通工具、空中交通工具等。

(2) 给排水及排污设施

旅游者在森林康养基地内开展的旅游活动离不开水源的提供。因此森林康养基地内必须具备足够的水源或蓄水、提水工程设施，并且有完善的供排水管道系统设施。同时，为保证对环境的影响降至最低，还必须有污水处理设施与污物处理排放的系统。

(3) 电力通信设施

电力设施是森林康养基地其他设施的动力源泉和夜间照明的光源。通信设施是森林康养基地内游客和管理者与外界联系的基本保证。因此，森林康养基地内拥有能保质、保量、安全可靠的供电、输电网以及方便、快捷的通信设施才能保证整个森林康养基地正常地为游客提供服务。森林康养基地的电力设施主要包括电力系统设施、预备供电系统；通信设施有电话网、移动信号基站、宽带信息网络、电话服务点、邮政等。

(4) 绿化环卫设施

森林康养基地内的绿化设施除了能满足基地内功能配置的需要之外，也是营造良好景观效应的一种需要；同时，规划得体的绿化设施还具有隐蔽、遮掩有碍景观的建筑，平衡生态和改善森林康养基地环境质量的作用。环卫设施则起到保持森林康养基地环境整洁、卫生的作用，森林康养基地的绿化设施主要是各种绿化花木；环卫设施主要包括厕所、垃圾箱和垃圾处理站等。

(5) 游览安全设施

森林康养行业对安全的敏感度远高于一般产业和社会系统。严重事故、恐怖活动、不良治安、自然灾害等都会严重阻碍森林康养基地的可进入性。游客的人身安全是旅游者进行旅游活动的前提。因此，必须消除一切可能的危险因素，为广大游客营造一个舒适、安全、环境优越的森林康养基地。森林康养基地游览安全设施包括闭路监控设施、消防监控设施、安全警告标志、危险地带安全防护设施、救护设施设备等。

2. 服务设施类

(1) 住宿设施

住宿设施主要指森林康养基地内为游客提供住宿服务的宾馆、饭店、疗养院、度假村、民居旅馆、野营地等设施。

(2) 餐饮设施

餐饮设施主要指森林康养基地内为游客提供食品、酒水饮料的快餐店、中餐厅、西餐厅、风味餐厅、咖啡厅和酒吧等设施。

（3）商业设施

商业设施是指为游客提供日常用品和旅游商品购买的商业网点。既包括森林康养基地内分散的商业网点，又包括商业服务设施较为集中、完善及标准较高的商业服务中心。

（4）康娱设施

康娱设施是指为满足人们康娱需要，进行康娱活动而兴建的建筑、设施设备等综合体的统称，如桑拿城、足浴馆、健身房、温泉泡池以及各类球场(馆)。

（5）导游设施

森林康养基地导游设施是基地解说系统的重要组成部分。它包括游客引导设施和解说设施两种类型。游客引导设施是指对游客行为具有提示、引导性的文字、符号或图案等。基地解说设施是对基地总体以及主要景点进行讲解、介绍的图文解说和多媒体解说系统等。

3. 娱乐活动设施类

（1）水上娱乐设施

除了传统意义上的浴场、游泳池、水上乐园等水上娱乐活动设施以外，还包括游船、游艇、垂钓池、漂流、竹筏等设施。

（2）陆上娱乐设施

陆上娱乐设施主要是指动植物园、娱乐中心、游览车、儿童乐园、博物馆、展览馆、高尔夫球场、滑雪场、速降、蹦极、攀岩等在陆地上进行的各种娱乐活动所依托的设施。

（3）空中娱乐设施

空中娱乐设施主要包括热气球、小型飞机、滑翔伞、索道等。

(三) 森林康养基地设施设备管理工作的任务

1. 负责森林康养基地设施设备的配置

不论是开发新的森林康养基地还是改造旧的森林康养基地，只要增加新的设施设备，都要遵循"技术上先进，经济上合理，经营上可行"的原则进行选购、运输、安装和调试设备。

2. 保证森林康养基地设施设备的正常运转和使用

使森林康养基地的各项设施设备处于良好状态是保证森林康养基地正常运转的前提条件。要保证设施设备处于良好的状态就要使操作者和使用者了解设施设备的性能、功效和使用方法，以便能正确操作。

3. 森林康养基地设施设备的检查、维护、保养与修理

森林康养基地设施设备的检查、维护、保养与修理是森林康养基地日常管理的重要组成部分。通过检查可以发现设施设备的问题并及时处理，以防止事故发生。通过维护与保养，可以提高设施设备的使用率，延长其使用寿命。

4. 森林康养基地设施设备的更新改造

对老的设施设备进行改造或更新的管理工作有：制订更新改造计划；对要更新改造的设施设备进行技术经济论证；落实更新改造资金来源；合理处理老设备。

5. 森林康养基地设备的资产管理

森林康养基地设备的资产管理是指对设施设备进行分类、编号、登记、建档等管理，以

避免资产流失和管理混乱，使设备管理规范化。

（四）森林康养基地设施设备的维护与保养

1. 设施设备的维护制度

（1）加强森林康养基地配套公共设施的日常维护管理

首先，要建立日常维护管理工作机制，发现设施损坏或被盗的，要及时维修和恢复，消除隐患，保持基地配套公共设施有效、安全，避免因维护管理缺位而引起负面影响。

（2）采取多种措施，加强森林康养基地公共设施的长效管理

一是制定并落实维护管理人员的值班巡查制度及责任，强化巡查管理；二是不断改进和加强防范措施，采取人防与技防相结合的手段，注重技防手段在公共设施中的运用，要结合公共设施的分布现状和价值大小情况，因地制宜加强技术防范管理。

（3）加强森林康养基地治安管理工作

森林康养基地要加强治安管理人员的管理、教育，增强治安管理人员的责任心，日常治安巡逻和日常维护管理中，治安管理部门与物业管理部门要加强信息沟通，互通情况，及时掌握动态信息情况，一旦发现森林康养基地公共设施毁坏、被盗等情况，要及时通报，及时做好维护、维修管理。

2. 设施设备的点检制度

设施设备点检的分类：日常点检、定期点检、专项点检。

设施设备点检的优越性：提高维修保养的针对性和主动性，减少盲目性和被动性。各个项目明确且量化，保证维修工作质量，培养维修技术人员的分析能力和判断能力，提高其专业技术水平。制定严格的点检线路，使用规范化点检表，便于实行点检考核，增强工作人员的责任感，提高工作效率。采用点检记录卡，积累设备的原始资料，有利于充实和完备设备技术档案，为设施设备信息化管理奠定基础。设施设备点检的方法和步骤如下：

①确定设施设备检查点和点检路线，检查点应确定在设施内一些重点设备的关键部位和薄弱环节上。

②确定点检项目和标准。

③确定点检的方法。

④确定点检周期，制定点检卡。

⑤落实点检责任人员。

⑥开展点检培训。

⑦建立和利用点检资料档案。

⑧对点检工作进行检查。

第三节　运营管理信息化建设

一、"智慧基地"的内涵

智慧森林康养基地，是建立在数据驱动基础上整体呈现人工智能特点的人机协同体系。

智慧森林康养基地要求站在企业整体的角度，强化物联网建设、深化大数据挖掘、推进管理变革创新，将先进的信息技术、工业技术和管理技术深度融合，实现森林康养基地所有要素的数字化感知、网络化传输、大数据处理和智能化应用，从而使森林康养基地运营呈现出风险识别自动化、决策管理智能化、纠偏升级自主化的柔性组织形态和新型管理模式。

智慧森林康养基地的"智慧"体现在管理的智慧化、服务的智慧化和营销的智慧化三大方面。

（1）管理的智慧化

智慧森林康养基地将实现传统森林旅游管理方式向森林康养管理方式转变。通过信息技术，可以及时准确地掌握顾客的康养活动信息和康养企业的经营信息，实现行业监管从传统的被动处理、事后管理向过程管理和实时管理转变。

如果管理创新1.0是沿袭工业时代的面向生产、以生产者为中心、以技术为出发点的相对封闭的创新形态，那么管理创新2.0则是与信息时代、知识社会相适应的面向服务、以用户为中心、以人为本的开放的创新形态。森林康养的人与自然和谐共生共存的性质，以及以消费者为中心的理念，都要求管理的智慧化应当建立在管理创新2.0的基础上。

（2）服务的智慧化

智慧森林康养基地从顾客需求出发，通过信息技术提升康养体验和康养服务的品质。顾客在信息获取、计划决策、产品或服务预订支付、享受康养产品和服务、回顾评价消费的整个过程中，都能感受到智慧森林康养基地带来的全新服务体验。

（3）营销的智慧化

智慧森林康养基地通过康养舆情监控和数据分析，挖掘康养热点和顾客兴趣点，引导康养企业策划对应的康养产品和服务，制定对应的营销主题，从而推动森林康养行业的产品创新和营销创新。智慧森林康养基地通过量化分析和判断营销渠道，可以筛选更加稳定和有效的营销渠道。智慧森林康养基地还充分利用新媒体传播特性，吸引顾客主动参与康养信息的传播和营销，并通过积累顾客数据和产品消费数据，逐步形成自媒体营销平台。

二、"智慧基地"的总体架构

信息化建设是"智慧基地"建设的基础和核心内容。信息化建设能加快信息的收集、传递、加工和处理速度，实现对森林康养基地更透彻的感知、更广泛的互联互通和更深入的智能化，及时、准确、全面地为基地管理决策提供科学依据。其建设内容主要包括信息基础设施、数据中心、信息管理平台和综合决策平台。

（一）信息基础设施

信息基础设施需要在国家信息基础设施建设的基础上，根据森林康养基地保护与发展的需要进行延伸，要能够实现人与人、人与物、物与物之间的通信，使彼此之间按需进行信息获取、传递、存储、认知、决策和使用。这不仅需要将电信网、互联网和有线电视网三网融合，还需要在基地推广使用物联网技术。森林康养基地可以将各种传感设备（射频传感器、位置传感器、能耗传感器、速度传感器、热敏传感器、湿敏传感器、气敏传感器、生物传感器等)嵌入森林康养基地物体和各种设施中,并与互联网相互连接,使物体和设施通过自组织来实现环境感知、自动控制,可实现对游客、社区居民、工作人员和森林康养基地基础设施、服务设施、地理事物、自然灾害等进行全面、透彻、实时的感知,从而实现森林康养基地智能化管理。

(二)数据中心

数据中心是基地信息资源数据库的存储中心、管理服务中心和数据交换中心,是基地信息化建设的基础。数据中心的建设不仅要能实现基地管理各环节间的信息共享,消除各系统之间的数据孤岛,还应为公众提供智能服务,使不同用户能够通过资源共享平台,根据其权限获取他们所需的数据。森林康养基地在建设数据中心时还需努力统一数据标准,使数据能深度整合,要能确保数据安全可靠,富有弹性。此外,森林康养基地还可以通过使用虚拟数据库和云计算技术减少能耗,降低成本。

(三)信息管理平台

森林康养基地信息管理平台要能实现资源监测、运营管理、游客服务和产业整合等功能。它主要由以下系统构成:

1. 地理信息系统

它是建立资源管理、环境监测、智能监控、高峰期游客分流等系统的基础和前提,通过它不仅能更直观地将游客行迹、视频监控、环境监测等数据以图形化真三维方式展示出来,还能把多媒体技术、数字图像处理、网络远程传输、卫星定位导航技术和遥感技术有机地整合在同一平台,为森林康养基地管理决策提供重要的支持。

2. 旅游电子商务平台和门禁系统

通过旅游电子商务平台,森林康养基地可以为游客提供旅游资源、旅游线路、基地文化等信息,实现航空、酒店、基地门票、绿色观光车、保险等网上预订。不仅可以方便游客出行,还能限制游客人数、整合区域旅游资源、打造区域旅游品牌。此外,由于网络技术的高速发展,游客了解旅游信息也越来越倾向于使用网络搜索。门禁系统可以缩短游客排队时间,降低门票成本,避免伪造门票,实时记录和分析进入基地的游客数据,提高游客管理水平。

3. 基地门户网站和办公自动化系统

门户网站是基地网络营销的窗口,可以搭起基地与游客沟通的桥梁,能够帮助上级主管部门及时掌握基地最新动态。办公自动化系统可以减少或缩短办事流程,提高信息发布速度,降低办公成本,提高办事效率。

4. 高峰期游客分流系统

高峰期游客分流系统可以均衡游客分布,缓解交通拥堵,减少环境压力,确保游客的游览质量。基地可以通过预订分流、门禁分流和交通工具分流实行三级分流。首先,通过旅游电子商务平台对团队游客进行分流。当团队游客预订数量接近最大环境容量时,就会停止网上预订。其次,通过门禁系统对游客进行分流,让游客分时段进入基地。最后,通过对交通工具的灵活调度对游客进行实时分流,这需要运用RFID,全球定位、北斗导航等技术实时感知游客的分布、交通工具的位置及各景点游客容量,并借助分流调度模型对游客进行实时分流。

5. 其他配套系统

基地要实现智能化管理,还需要建设其他配套系统,如规划管理系统、资源管理系统、环境监测系统、智能监控系统、LED 信息发布系统、多媒体展示系统、网络营销系统和危机管理系统等。

(四)综合决策平台

为实现管理和服务深度智能化,森林康养基地需要搭建综合决策平台。该平台建立在信息管理平台和众多业务系统之上,能够覆盖数据管理、共享、分析和预测等信息处理环节,为基地管理高层进行重大决策提供服务。该平台还应将物联网与互联网充分整合起来,使基地管理高层可以在指挥中心、办公室或通过智能手机全面、及时、多维度地掌握基地实时情况,并能及时发号施令,以实现基地可视化、智能化管理。

三、"智慧基地"建设的路径

智慧森林康养基地的建设路径主要由信息化建设、学习型组织创建、业务流程优化、战略联盟和危机管理构成,是一个既需要利用现代信息技术,又需要将信息技术同科学的管理理论集成的复杂系统工程。

信息化建设和业务流程优化能够帮助森林康养基地实现更透彻的感知和更广泛的互联互通,提高管理的效率和游客满意度;创建学习型组织和战略联盟有利于提高森林康养基地管理团队的创新能力,培养企业的核心竞争力;危机管理可以提高森林康养基地的危机对应能力,降低危机发生的概率和减少危机造成的损失。

其中信息化建设为重中之重,智慧森林康养基地建设工作,要重点做好规划管理、资源保护、经营管理、服务宣传、基础数据 5 个方面的信息化建设。

四、"智慧基地"建设注意的事项

"智慧基地"建设不是一蹴而就之事,需要长期不懈努力,需要集结众人智慧,需要整合各方资源。因此,建设"智慧基地"还需要注意以下问题:

①建设"智慧基地"不仅需要技术的突破,还需要组织结构的变革,是一个复杂的系统工程,需要在制定总体规划的基础上有计划、分阶段地实施。

②建设"智慧基地"是运用科学的管理理论和现代信息技术对原有制度、业务流程进行变革和优化,需要协调不同部门、不同单位、不同利益群体之间的关系,需要基地一把手重视和牵头成立专门部门来组织全员参与。

③建设"智慧基地"是为了实现对生态环境更好的保护,旅游经济更快的发展,为游客提供更优质的服务,为社会创造更大的价值,需要运用系统思想来处理保护与发展的关系、近期建设与长远发展的关系。

思考题

1. 现阶段我国森林康养基地开发中存在哪些问题？应该怎样解决？
2. 康养基地开业前应该做好哪些准备？
3. 请阐述"智慧基地"的基本概念与内涵。

参考文献

董观志，2016. 景区运营管理[M]. 武汉：华中科技大学出版社.

高润，陈薇薇，2015. 景区开发与管理[M]. 西安：西安交通大学出版社.

吴翔，付邦道，2013. 景区开发与管理[M]. 北京：国防工业出版社.

第七章　森林康养企业产品开发管理

第一节　森林康养产品和服务

一、产品概念

森林康养产品，是指森林康养基地为满足旅游者多样化的需求而提供的有形产品和无形服务的总和。一般可以从需求和供给两个角度诠释这个概念。

首先，从需求角度看，大多数学者认为森林康养产品是顾客的一种经历，这种经历从享受森林康养基地服务的动机和制订旅行计划开始，然后进入森林康养基地服务的消费过程，包括前往森林康养基地和离开森林康养基地的旅行以及在森林康养基地里的活动，从而最终形成了顾客对森林康养基地产品的整体印象。

其次，从供给角度看，森林康养产品是指森林康养基地提供的、专门为满足旅游者游览、康复、养生、学习、体验和度假等多种康养需求而设计并提供的，并被现有的和潜在的顾客所认同的事物。

森林康养产品除了自然景观、建筑、游乐项目等有形物质产品之外，还包括大量的服务产品，如接待、导游、健康服务、疗养服务和信息咨询服务等。按照旅游康养活动的不同阶段，服务可以分为售前服务、售时服务和售后服务。售前服务是指森林康养基地经营者在森林康养活动开始前的准备性服务，包括旅游线路编排、产品和服务项目设计、宣传促销、旅游保险等；售时服务是指森林康养基地为顾客在康养活动过程中所提供的食、住、行、游、娱、购等方面的服务；售后服务是指森林康养基地在顾客森林康养活动结束后所提供的服务，包括交通服务、委托代办服务和跟踪调查等。

二、产品层次

根据马斯洛的需求层次理论，不同的人对森林康养的需求是不一样的。有些是维持身体健康的需求，有些是修复身体健康的需求，有些是寻求心理健康的需求，有些是寻求身心健康的需求。因此，森林康养应该以不同人群的康养需求为导向，有针对性地设置能够满足不同需求的康养项目，开发不同类型的森林康养产品。

森林康养产品同其他产品一样，是核心产品、形式产品、延伸产品3个层次的整体产品概念。

(一)核心产品

是指顾客在森林康养过程中所追求的基本效用和利益。顾客购买康养产品是为了得到它所提供的审美和愉悦、康体和康复、观赏和享用或体验和表现的实际利益,满足自己愉悦心情、放松身心、康体健身、丰富阅历的需要。

(二)形式产品

实体物品,它在市场上通常表现为产品和服务的质量,物质产品的外观特色、式样、品牌名称和包装等。产品的基本效用只有通过某些具体的形式才得以实现。森林康养基地的形式产品是指森林环境氛围、森林的生态效应、休闲娱乐设施和场所、餐饮与购物、康养和导游服务等满足顾客利益的实体和服务形式。

(三)延伸产品

延伸产品是消费者购买有形产品时所获得的全部附加服务和利益,包括提供信贷、免费送货、保证、安装、售后服务等。森林康养基地的延伸产品指顾客在森林康养基地获得的各种额外服务,包括交通条件、停车场、声誉保证和跟进保障等。

森林康养产品是3个层次,共同构成产品的整体概念。这是森林康养产品设计的基本遵循理念。在3个层次中,核心产品体现的是消费者的实际利益,追求顾客利益的最大化,是森林康养企业应有的核心价值观。形式产品则是核心产品的载体,其多样化和适宜性为顾客利益的实现提供了实际的保障。而延伸产品则是使核心产品和形式产品的效果更加完美、更加完善的努力。三者缺一不可,共同构成森林康养的整体产品。

三、产品特性

森林康养业态是建立在森林资源和生态环境友好基础上的满足人们健康、养生、体验和学习需求的,多业融合的综合性业态。森林康业业态的这些特性,决定了森林康养产品的特性。

(一)综合性

顾客在森林康养基地消费康养产品的过程中,会产生多方面的需求,而不同旅游者的旅游需求也不尽相同,具体表现在食、住、行、游、娱、购等多个方面。因此,森林康养基地产品包含的内容十分广泛,多数为组合性产品,具有综合性的特点。森林康养基地产品的综合性既体现为物质产品与服务产品的综合,也表现为森林康养基地资源、森林康养基地设施、森林康养基地服务的结合。

(二)无形为主、有形为辅性

森林康养供给的产品,既包括有形的产品,也包括无形的产品,具有无形为主、有形为辅的特点。与一般产品不同,森林康养产品分为狭义与广义两个层次。狭义层次的产品主要指森林康养提供的有形的物质产品,如食品、纪念品、康养工具等;广义层次的产品则是指森林康养提供的物质产品和服务项目的总和。通常考察森林康养产品,都是广义角度的产品。一般说来,由于森林康养供求的特性,决定了其产品更多的是以无形的服务型产品存在。无形产品的特点,也决定了顾客在购买森林康养服务性产品时,无法通过数量、大小等来衡量产品的质量，只有在消费森林康养产品的过程里，才能体会其价值的大小和质量的高低。

(三) 生产与消费同步性

表现在森林康养产品的生产、交换、消费同时进行。这是由其主要产品的无形性特点所决定的。当顾客进入森林康养基地时，森林康养产品的生产便随即开始；当顾客离开森林康养基地时，森林康养基地产品的生产也随之结束。在森林康养产品的生产过程中，由于生产与消费的同步性，顾客消费就等于参与了生产。因此，森林康养基地需要认真设计和管理顾客的参与过程，以保证产品的质量和顾客的满意度。

(四) 不可储存性

由于森林康养产品的生产与消费的同步性，森林康养产品不像一般产品那样生产出来可以储存。随着时间的推移，如果森林康养基地产品得不到及时的消费，实现其价值，那么为其生产所耗费的资源、财力、人力等都会成为浪费，其价值损失也将得不到相应的补偿。因此，没有顾客就没有产品，为产品生产所做准备的投入就没有产出，所以顾客是森林康养基地生存的关键。

(五) 空间上不可转移性

森林康养产品在空间上不可转移，是其另一特点。森林康养产品的资源基础，如森林环境、景观环境以及旅游康养设施等，具有很强的地域性和空间固定性，据此资源生产的产品往往远离消费者的日常居住地。因此，森林康养产品本身难以通过移动去接近消费者，而是需要消费者移动去接近产品。这就决定了森林康养产品需要更高强度的宣传推广活动来保持其对消费者的吸引力。因此，森林康养基地和企业的品牌建设至关重要。

(六) 销售上重复性

销售上重复性是指森林康养的无形产品在销售上具有重复性，即在同一时空里可以把同一种产品销售给多位顾客，而且在不同时空里可以重复销售。因为顾客所购买的森林康养产品只是具有观赏、体验权和一定时空里的使用权，从中获得身体和精神上的享受、印象与记忆，而买不到产品的具体物质与所有权，所以森林康养基地产品可以重复销售。

案例研究：串起一条链，洪雅县培育森林康养丰富业态

洪雅县地处四川盆地西南，幅员1896平方千米，年平均气温16.9℃，负氧离子平均浓度达国家Ⅰ级标准，年空气质量优良天数超300天，拥有纬度神奇、温度适中、高度适宜、绿化度高、洁静度好、负氧度浓、精气度足、优产度强的天然"八度优势"，是四川省距离省会(成都)最近、生态环境最优的区县，被誉为"绿海明珠""天府花园"。

多业态发展，打造森林康养产业链

推动度假、旅游、体验、康养等多元业态发展，把分散的森林康养基地、有机食药材基地、生态工业基地串联成链，形成重点突出、特色鲜明、功能互补的森林康养业态。

依托中部玉屏山，打造洪雅森林康养产业核心

玉屏山被列入全国首批森林康养基地试点单位以来，投入1.5亿元进行升级改造，精心打造了森林自然教育学校、森林博物馆、玻璃栈道、滑翔伞基地、丛林穿越等一系列极具吸引力的体验项目，设计了一套独特的森林康养标识标牌和解说体系。正在制订全国首个森林康养服务"玉屏山（企业）标准"。该基地改造完成后，住宿床位将达 500 个，森林康养体验日接待 3000 人，将真正成为中国森林康养的目的地。

依托南部瓦屋山打造森林康养度假区

邀请成功打造瑞士少女峰、圣莫里茨等景区经典的瑞士施泰内尔设计公司整体策划，云麓小镇、温德姆酒店、蜀山古村康养项目加快推进。依托峨眉半山七里坪打造森林康养抗衰区，建成半山康养小镇、温泉养生中心、森林养生禅道、健康管理中心等项目，开发了五色五味黄帝餐、不老泉等绿色抗衰食疗套餐。

依托北部丘陵田园，大力发展农林特色产业

北部丘陵田园种植道地药材 5000 余亩，茶叶 28 万亩，无公害以上农产品基地占耕地总面积的 62.8%。开发了高山笋、雅连茶、幺麻子藤椒、高庙白酒等康养食品。

资料来源：眉山市洪雅县人民政府. 体验森林康养［EB/OL］. http：//www.schy.gov.cn/list2.jspurltype=tree.TreeTempUrl&wbtreeid=1182，2021.10.31

第二节　森林康养产品的设计

一、产品设计原则

森林康养产品设计，是指按照一定的规则，配置森林、环境、资源，把康养服务加入其中，并以一定的主题、内容、形式和价格表示出来的过程。森林康养产品设计适当合理，首先要贯彻以下原则。

(一) 生态保护性原则

森林康养产品本质上是生态产品，是以生态资源，主要是以森林资源为依托的，满足人们生态需求的有形和无形产品。产品生产和消费的同时，是生态资源与环境保护和消费价值创造与实现的统一过程。森林康养的核心产品是生态保护和消费利益的统一体。因此，产品设计遵循的首要原则，是森林资源和环境的保护原则。

(二) 市场性原则

森林康养产品的设计必须建立在正确把握市场需求的基础之上，根据相关消费者对森林康养的需求状况，开发符合这些需求的产品，以需定产。因此，重视市场的调查和预测，全面掌握顾客的购买动机与需求特征，是开发森林康养产品的出发点。

(三) 特色性原则

森林康养的本质是使人融入自然，让消费者追求与自己原来生活环境、生活习俗不同的感受与观感。越是富有特色性和地域性的康养产品，越能满足顾客"新异刺激"的需求。因此，森林康养产品的创新必须要突出自身特色，做到"有的放矢、人无我有、人有我精"，才能使森林康养基地的吸引力与竞争力得到增强。

(四)和谐性原则

人们对森林康养产品具有需求,一个重要的原因就是希望暂时躲开嘈杂繁忙的日常生活环境,回归绿水青山的大自然,体验森林带来的美好享受。因此,森林康养产品的设计与开发、康养设施的配备与布置等,需要特别强调产品与周边环境的和谐性,在不破坏原有景观的完整性基础上,保持产品设计与已有环境特点的协调一致。切忌画蛇添足,破坏森林康养供给的本来面貌。

(五)效益统一原则

经济效益与社会效益、生态效益相统一,是森林康养业态的重要特征。森林康养企业或基地的运行,既是创造企业经济效益的过程,同时也是生态保护和社会服务的过程。因此,产品设计需要体现林业三大功能,即经济功能、社会功能和生态功能相统一的要求,在产品三层次内涵中注入经济效益、社会效益和生态效益兼顾的理念。

二、产品设计过程

(一)资源评价与挖掘

资源评价与挖掘是产品设计和项目开发的出发点和基础。森林康养产品设计,首先要对以森林资源为主体的自然资源和一定的历史文化资源的价值进行评价与挖掘。通常,资源的价值分为本体价值和开发价值两个层次。本体价值是资源固有的价值基础,开发价值则是资源价值创造或增值的潜力。资源价值的评价和挖掘,就是要对现有资源的本体价值水平和开发价值的增值潜力进行分析研究过程。

首先,本体价值评价与挖掘包括:景观观赏价值;科学价值;文化价值;游乐价值;康疗价值;体验价值。

其次,开发价值评价与挖掘包括:资源定位、独特性及其吸引力评价;可进入性与进入条件评价;基础设施条件及投入评价;展示条件与观赏条件评价;游乐、康疗与体验条件评价;产品现状评价。

由于森林康养资源的区域分布性特征,不同区域由于其所处的自然、经济和社会条件不同,其森林康养资源的特点和特色以及森林康养的需求也不尽一致,需要从宏观上对不同区域的森林康养发展进行差异化的分区。指导、引导不同区域利用其自身的森林康养资源,积极发展突出自身特色和特点的森林康养产业。不同的森林康养实体,由于其资源禀赋如森林覆盖率、湿度、温度、负氧离子含量等不一样,按照其满足森林康养人群的需求来划分,其主导功能和主导产品也是不一样的,需要从宏观上对森林康养实体进行科学分类。

(二)市场调研

市场决定着产品设计和开发的方向,产品市场的分析和研究,决定着产品定位的合理与否。市场分析研究内容包括:产品市场的总体供求情况,产品或服务项目市场的细分,目标市场定位的范围,市场核算与运作策划(收入模式设计、营销策划、市场效果判断、效益估算等)的可行性、可操作性分析等。

(三)产品定位

产品定位,是确定企业将要提供的森林康养产品或服务项目的过程。产品定位是要在目标客户的心目中为产品创造一定的特色，赋予一定的形象，以适应顾客一定的需要和偏好。森林康养产品的服务性决定了其定位的内容。第一，主题定位。森林康养产品主要是服务性产品或者是服务项目，因此产品定位通常需要进行主题定位，即：明确康养产品的服务性质，如养生或是康复，养老或是运动体验等，以对顾客形成独特的吸引力。第二，市场定位。企业根据竞争者现有产品在市场上所处的位置，针对顾客对该类产品某些特征或属性的重视程度，为此企业产品塑造与众不同的、给人印象鲜明的形象，并将这种形象生动地传递给顾客，从而使该产品在市场上确定适当的位置。根据市场调研分析结论，确定产品或服务的具体市场。第三，功能定位。在目标市场选择和市场定位的基础上，根据潜在的目标消费者需求的特征，结合企业特定产品的特点，对拟提供的产品应具备的基本功能和辅助功能作出具体规定的过程，其目的是为市场提供适销对路、有较高性能价格比的产品。

产品定位要遵循适应性原则和竞争性原则。适应性原则包括两个方面：一是产品定位要适应消费者的需求，投其所好，给其所需，以树立产品形象，促进购买行为发生；二是产品定位要适应企业自身的人、财、物等资源配置的条件，以保质保量、及时顺达地到达市场位置。竞争性原则，也可以称之为差异性原则。产品定位不能一厢情愿，还必须结合市场上同行业竞争对手的情况（如竞争对手的数量、各自的实力及其产品的不同市场位置等）来确定，避免定位雷同，以减少竞争中的风险，促进产品销售。

（四）要素配置与布局

森林康养产品主要是多项因素制约的服务性项目，产品的消费过程通常是多项要素发生作用的过程。这些要素配置和布局的合理与否，直接关系到服务项目的质量。例如，森林康养基地内部的旅游线路、交通、土地利用、康养设施布局等，必须符合康养游憩规律，符合地形地貌与景观环境特征，符合自然资源保育和土地合理利用要求，符合环境与文物保护的要求等。因此，产品设计需要将综合要素的合理配置和布局作为产品的内容之一。

（五）商业模式设计

企业与企业之间、企业的部门之间、乃至与顾客之间、与渠道之间都存在各种各样的交易关系和联结方式，称之为商业模式。商业模式是森林康养项目开发与经营的具体方法和途径。

其内容包括收入模式、经营模式、营销模式、管理模式、投资分期、资本构架、融资模式等。随着经济社会的发展，商业模式也在不断地创新，特别是"互联网+"的兴起，产生了众多新的商业模式，如共享单车、快递等。任何一个商业模式都是一个由客户价值、企业资源和能力、盈利方式构成的三维立体模式。

森林康养是新兴的业态，在商业模式上也应当有更多的创新。无论何种创新，都应充分体现森林健康与人的健康两个目标的要求，同时也是硬件与软件、产品与服务的完美结合。

三、森林康养的产品类型

从产品内容看，森林康养产品可以分为森林主导康养、森林运动康养、森林体验康养、森林辅助康养、森林科普宣教康养、健康管理服务 6 种（图 7-1）。

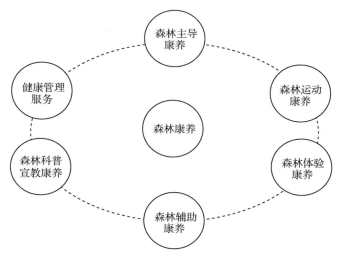

图 7-1　森林康养产品分类

(一) 森林主导康养产品

森林主导康养产品是指以森林自身良好的环境和景观为主体，开展以森林生态观光、森林静态康养为主的康养活动。让游客置身于大自然中，感受森林和大自然的魅力，陶冶性情，维持和调节身心健康。以森林资源基地建设为基础，融合森林旅游休闲项目，将森林自然景观与人们游憩休闲相结合以放松身心。不同林木释放的芬多精疗效等，发挥森林康养精神与物质的双重作用。具体产品有森林观光、森林浴、植物精气浴、负氧离子呼吸体验、森林冥想和林间漫步等。

(二) 森林运动康养产品

森林运动康养产品是指游客通过在优美的森林环境中主动地通过肌体的运动，来增强机体的活力和促进身心健康的康养活动。其依托森林资源与环境，融合健康运动项目，将森林空间环境与人们不同运动项目相结合以促进健康升级，如森林瑜伽、森林太极、森林徒步、森林户外拓展等，推动体育运动健康与森林产业融合发展。具体产品有丛林穿越、森林瑜伽、森林太极、森林 CS、定向运动、森林拓展运动、山地自行车、山地马拉松、森林极限运动、森林球类运动等。

(三) 森林体验康养产品

森林体验康养产品是指游客通过各种感官感受、认知森林及其环境、回归自然的康养活动。森林体验康养主要包括森林食品体验(康养餐饮、森林采摘)、森林文化体验(森林体验馆、康养文化馆)、回归自然体验(森林探险、森林烧烤)、森林休闲体验(森林露营、森林药浴)、森林住宿体验(森林康养木屋、森林客栈)等。

(四) 森林辅助康养产品

森林辅助康养产品是指针对亚健康或不健康的游客，依托良好的森林环境，辅以完善的人工康养设施设备，开展着以保健、疗养、康复和养生为主的康养活动。其将森林资源与医疗服务业相融合，搭建基于森林环境、气候、资源等的调理疗养项目，一方面利用森林环境进行身心疾病的防治，改善人们亚健康状态；另一方面挖掘不同林木资源独有的医疗效果，如中医药药膳的开发。具体产品项目有森林康复中心、森林疗养中心、森林颐养中心、森林养生苑等。

（五）森林科普宣教康养

森林科普宣教康养产品主要是指对游客开展森林知识、森林康养知识、养生文化和生态文明教育等活动。以森林资源蕴含的丰富知识为纽带，融合科教文化项目，将森林旅游与健康运动进一步升级为思想意识的提升，如通过森林教育深化人们对森林及生态环境的认知，进而从人们需求层次提升森林康养效果；通过森林科技文化带动森林资源的信息与服务业融合发展，主要由政府及相关部门与企事业单位相互融合，通过"互联网+"的方式，对森林康养信息与服务的供给与需求进行跟踪和对比，对森林康养信息进行有效整合和宣传、服务及管理等，以促进森林康养高层次融合。具体产品项目有森林教育基地、森林野外课堂、森林体验馆、森林博物馆、森林康养文化馆、森林康养宣教园和森林课堂等。

（六）健康管理服务产品

健康管理服务产品主要是指为游客开展健康检查、健康咨询、健康档案管理、健康服务的活动。具体产品项目有健康检查评估中心、健康管理中心和康养培训学校等。

第三节　森林康养产品的质量管理

一、森林康养产品质量及管理内涵

（一）森林产品质量概念

产品质量是指产品满足规定需要和潜在需要的特征和特性的总和。产品质量要求反映产品的特性和特性满足顾客和其他相关方要求的能力。顾客和其他质量要求往往随时间而变化，与科学技术的不断进步有着密切的关系。这些质量要求可以转化成具有具体指标的特征和特性，通常包括使用性能、安全性、可用性、可靠性、可维修性、经济性和环境舒适等几个方面。

森林康养产品质量是一个综合概念，是由资源环境质量、景观文化质量、服务项目和服务活动质量、物资产品质量等构成的总体性质量概念。

（二）森林产品质量管理概念

森林康养产品质量管理，是在康养产品和服务质量方面指挥和控制组织的协调活动，通常包括制定质量方针、目标以及质量策划、质量控制、质量保证和质量改进等活动。实现质量管理的方针目标，有效地开展各项质量管理活动，必须建立相应的管理体系，即质量管理体系。它可以有效进行质量改进，如 ISO 9000 是国际上通用的质量管理体系。

（三）森林康养产品质量管理体系及特点

质量管理体系是企业内部建立的、为保证产品质量或质量目标所必需的、系统的质量活动。森林康养产品质量管理体系是根据企业特点选用若干体系要素加以组合，加强森林康养产品或项目的设计、销售、服务和使用全过程的质量管理活动，并通过相应的制度建设和标准建设，成为企业内部质量工作的要求和活动程序。

质量管理体系的特征主要体现在：

第一，质量管理体系应具有符合性。即符合相应的质量标准。

第二，质量管理体系应具有唯一性。质量管理体系的设计和建立，应结合组织的质量目标、产品类别、过程特点和实践经验。

第三，质量管理体系应具有系统性。质量管理体系是相互关联和作用的组合体，包括：①组织结构——合理的组织机构和明确的职责、权限及其协调的关系；②程序——规定到位的形成文件的程序和作业指导书，是过程运行和进行活动的依据；③过程——质量管理体系的有效实施，是通过其所需过程的有效运行来实现的；④资源——必需、充分且适宜的资源包括人员、资金、设施设备、料件、能源、技术和方法。

第四，质量管理体系应具有全面有效性。质量管理体系的运行应是全面有效的，既能满足组织内部质量管理的要求，又能满足组织与顾客的合同要求，还能满足第二方认定、第三方认证和注册的要求。

第五，质量管理体系应具有预防性。质量管理体系应能采用适当的预防措施，有一定的防止重要质量问题发生的能力。

第六，质量管理体系应具有动态性。最高管理者定期批准进行内部质量管理体系审核，定期进行管理评审，以改进质量管理体系；还要支持质量职能部门采用纠正措施和预防措施改进过程，从而完善体系。

第七，质量管理体系应持续受控。质量管理体系所需过程及其活动应持续受控。

第八，质量管理体系应最佳化。组织应综合考虑利益、成本和风险，通过质量管理体系持续有效运行使其最佳化。

二、森林康养服务质量管理意义与原则

(一) 森林康养服务质量管理意义

森林康养服务质量是指森林康养的服务所能满足顾客显性或隐性需求、物质或精神需求的特性的总和，包括服务质量、环境质量、景观质量及顾客意见评价。

森林康养服务质量管理是指围绕森林康养基地服务质量所进行的一系列管理工作，包括森林康养基地交通、接待、游览、餐饮、住宿、购物、娱乐、游客投诉、综合管理等方面的内容。

森林康养基地经营的成功与否，除受资源的特色优势、环境状况、设施设备情况、市场营销能力等因素的影响外，服务质量起着非常关键的作用。服务质量是森林康养基地的生命线，服务质量的提高是森林康养基地管理各项职能充分发挥作用并相互协调的结果。服务质量也是森林康养基地综合管理水平的反映，从服务质量的好坏就可以判断出森林康养基地经营管理水平的高低。

森林康养服务质量评价带有明显的主观性与不确定性,取决于顾客的满意度。顾客对森林康养服务满意与否,很大程度上又取决于森林康养服务提供主体与顾客之间在服务质量问题上的互动程度。这种互动关系反映出游客的满意度不仅受实际感知的服务质量影响,而且还受到其自身所期望的服务质量的影响。通常情况下,顾客希望所选择的森林康养服务是"物超所值"。这样,森林康养基地就有一个如何将"物有所值"的产品转化成游客"物超所值"的感知的问题。

森林康养企业是以森林环境和自然、文化景观为资源基础提供康养服务的经营主体,其产品也是由硬件、软件、流程性材料和服务4类要素组合而成的产品,不同的是,这4个要素中的软件和服务是森林康养产品的主体要素。因此,服务质量是实现森林康养服务"物有所值"转化成"物超所值"的主要因素。

(二) 森林康养基地服务质量管理原则

第一,以顾客满意为首位原则。在服务感知的基础上,顾客会用自己所享受到的服务对森林康养基地进行评价,并加以宣传。因此,从发展战略的角度而言,森林康养基地应该将追求顾客满意放在管理决策的首要位置,理解顾客当前和未来的需求,并把它转化为具体的森林康养基地服务质量要求。

第二,构建良好的互动关系。游客与森林康养基地之间的沟通和互动对于提高游客的满意度具有重要的作用。所以,处理好森林康养基地与游客之间的互动关系,有助于塑造森林康养基地产品与服务在游客心目中的优质形象。

第三,管理和控制系统化。系统化控制与管理是指森林康养基地在实施服务质量管理的过程中要将所有相关因素考虑进去,将其作为一个系统性的整体进行分析。此外,在制订服务质量管理方案时,要利用要素间的相互关联性,构筑高效的质量管理体系。

第四,过程管理。森林康养基地在进行服务质量管理时,应将顾客需求作为森林康养基地运作的输入过程,将为顾客提供服务作为产品的输出过程,将信息反馈作为测量游客满意度的一种方式,来评价森林康养基地服务质量管理的效果。因此,森林康养基地管理人员应注重对上述过程进行督导和监控,如针对重要服务过程可设置若干督导员,对运行过程中的服务质量进行监督,从而保证整个服务过程的优质性。

第五,全员参与。森林康养基地服务是由人来提供的,人是服务中的能动性主体。所以,每个工作人员都是森林康养基地服务质量管理的参与者,只有全体员工充分参与,才能发挥他们的创造才干为森林康养基地带来最大的收益。因此,森林康养基地应对全体员工进行质量意识、顾客满意意识及爱岗敬业的教育,激发他们的积极性与责任感。

第六,持续改进。持续改进是森林康养基地服务质量管理的重要原则。在服务质量管理系统中,改进是指森林康养基地产品质量、服务过程及服务系统的有效性与效率的提高。森林康养基地服务质量管理应深刻分析服务质量现状及存在的问题,并根据游客需求建立持续改进的目标,通过实施质量提升方案来推动森林康养基地服务质量的不断进步。

三、森林康养基地服务质量标准

一般来说,质量的评价总是以标准来衡量,但森林康养基地服务由于其特殊性,使标准本身受到许多因素的影响，具有明显的可变性与复杂性。高质量的服务不仅要符合服务工作本身的客观规律，还要使顾客得到最大程度的满意。森林康养基地完成其服务工作所必需的要求与规范构成衡量森林康养基地服务质量的内部标准，而顾客通过亲身体验做出的对服务质量的感知评价则构成衡量森林康养基地服务质量的外部标准。

(一) 内部标准

森林康养基地服务质量内部标准是指符合服务工作规律，适合顾客需求特点的服务规范与质量标准，是森林康养基地提供优质服务的基本保证。国家林业局于 2018 年颁布的《森林康养基地质量评定》对旅游森林康养基地制定服务规范起了引导和推动作用。但是，国家标准主要是涉及一些共性因素的评价，而每个森林康养基地都有区别于其他森林康养基地的不同特点。因此，森林康养基地内部质量标准的制定还应考虑到森林康养基地的实际情况和森林康养基地本身的一些特点，如资源特色、资源等级及保护的要求、当地风俗文化等的不同，目标客源市场需求的不同，森林康养基地性质、功能、服务规模的不同等，这样才能制定出具体、全面、具有可操作性的、重点突出的、满足顾客需求的内部参考标准。

一个好的服务质量内部标准应该满足以下 4 个方面的要求：①满足顾客的需求；②符合森林康养基地自身状况，能为员工所接受；③重点突出，具有挑战性；④能及时修改，以使与内外部条件变化相适应。

(二) 外部标准

旅游服务具有无形性和非常规性等特点，使森林康养基地服务产品质量的衡量无法采用其他物质产品的统计检验技术。此外，森林康养基地产品及服务即使符合内部质量标准，也并不一定被认为是优质产品和服务，必须同时得到顾客的认可，即森林康养基地服务质量还需通过顾客满意度这一外部标准来进行衡量。外部质量标准仅以顾客满意度来区分显得过于笼统，而且满意度中隐含有很大的可变性与主观性，不同的顾客、不同的时间都可能导致服务质量感知的差异性。因此，为了使外部评价方法更具有鉴别力和针对性，需对顾客满意度做进一步的定量分析，如采用综合模糊评价方法分析，可以找出影响顾客满意度的环节，从而得以及时改进质量。

四、森林康养基地服务质量评估视角

对森林康养基地服务质量的评估可以按照 360° 评价的思路将森林康养服务质量的评估划分为顾客评价、基地评价、第三方评价 3 种。

(一) 顾客评价

顾客是酒店服务的接受者和购买者，森林康养的经营管理是紧密围绕如何满足顾客的需求而进行的，对顾客的评价、分析与解剖是管理者发现问题、找到顾客期望的服务与顾客感知的服务之间的差距，促使管理者加强对"真实瞬间"的管理，也就是弥补顾客与森林康养基地在接触过程中的不足之处的依据。因此，顾客对森林康养服务质量的评价在酒店管理中起着十分重要的作用。森林康养基地应该结合实际情况建立一套顾客评价体系，尤其将重点顾客的评价与顾客管理系统相连，紧密掌握重点顾客对酒店服务质量的评价。具体的做法包括酒店年终针对重点顾客组织的鸡尾酒会、重点顾客访谈等形式,也包括森林康养基地设计将顾客意见调查表放置于基地内或其他营业场所中易于被客人取到的地方,由客人自行填写,让顾客填写服务质量调查问卷。总之,让顾客评价服务质量的方式方法很多,森林康养基地应该针对顾客分类、评价回收等情况综合考虑使用。

(二)森林康养基地评价

除了顾客评价,森林康养基地自身也会建立相应的评价部门,进行服务质量的自我评价和控制,如森林康养基地设置的服务质量检查部、服务质量管理委员会等。这些机构会对森林康养基地的各个部门、每一个员工的服务质量进行综合的评价,以达到服务质量提高、为部门及人员提供考核依据等目的。同时,森林康养基地的自我评价除了专项评价,如服务承诺评价、服务投诉处理情况评价等,森林康养基地的中高层管理者也可以随时随地深入到森林康养基地的某些部门进行"暗评",对发现的每一个问题都应予以重视并及时纠正。

(三)第三方评价

既不代表接受服务的顾客利益,也不代表服务提供者的森林康养基地利益的第三方评价,具有客观性很强的特点,其评价结果能让大众信服。第三方评价的主要形式包括:等级认定、质量体系认证、行业组织的评比等。由第三方专业机构起草并执行相关森林康养服务质量标准。例如,应该制定并执行《森林康养资源调查技术规程》《森林康养基地建设标准》《森林康养基地规划导则》《森林康养师培训达标认证评估标准》《森林康养基地建设成效评价标准》《森林康养基地有效管理评价标准》等。

五、森林康养基地服务质量评估范围

森林康养基地服务质量的评估范围涉及森林康养的服务结果、服务过程,与顾客接触的真实瞬间,这些要素共同构成了森林康养基地服务质量的评价内容。

(一)服务结果

服务结果即服务的产出质量,是指顾客从森林康养基地服务中得到的东西。对于顾客而言,森林康养基地的第一要务是给顾客提供舒适的环境,安静温馨的氛围,这些都属于服务的结果,顾客比较容易感知,也便于评价。

(二)服务过程

森林康养基地顾客对服务质量的评价是以一个整体概念来判断服务质量的优劣,他们不会把服务分成若干阶段或者若干部分分别加以判断,而是在评价过程中对整个服务过程进行综合评价。因此,森林康养基地服务是一个满足顾客需求的过程,顾客不仅看重服务结果,也看重服务的过程,森林康养基地服务质量的管理是对整个服务过程的管理。

(三)真实瞬间

真实瞬间是指酒店与顾客接触的关键时刻,这些关键时刻是顾客评价森林康养基地的关键点,也是森林康养基地展示自己的关键要素。从顾客到达森林康养基地开始的每一个环节都存在着顾客评价质量的关键时刻,重视服务过程中每一个关键时刻是森林康养基地控制和提高服务质量的前提。

六、森林康养基地服务质量 PDCA 体系设计

森林康养基地服务质量 PDCA 体系是一个复杂的动态系统,其设计要遵循森林康养基地服务质量管理的 PDCA 法,即要紧密围绕森林康养基地服务管理必须经过的 4 个过程:计划(plan)、执行(do)、检查(cheek)、处理(action),将森林康养基地服务保证体系划分为森林康养基地服务策划与设计系统、服务组织与实施系统、服务质量控制与信息系统、服务质量评价和改进系统,如图 7-2 所示。

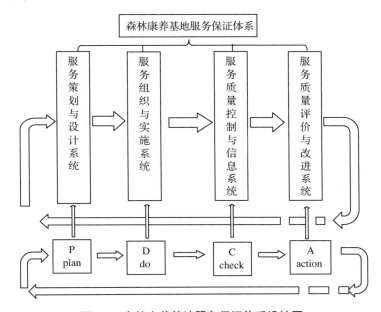

图 7-2 森林康养基地服务保证体系设计图

(一)服务策划与设计系统

服务策划与设计系统是 PDCA 环的 P(plan)环节,是森林康养基地为了满足顾客需要去设计开发服务产品和运作过程的活动,致力于制定森林康养基地服务质量目标并规定必要的运行过程、相关资源、相关部门以实现森林康养基地质量管理的目标。该系统要确定森林康养基地服务的理念、方针、目标,并且制定森林康养基地服务设计的原则,涵盖森林康养基地服务设计及改进的详细目标、计划及人员方案等。

(二)服务组织与实施系统

本系统主要是确保森林康养基地服务设计的传达与实施。森林康养基地服务组织实施系统涉及的面最广,涵盖接待、康养、教育等部门,因此各部门的协调配合成为了该系统能否顺利运行的关键,即服务传递顾客接触的每一个环节,系统内分工明确且协调配合以确保服务设计的预期完成,确保森林康养基地服务理念、方针和目标的实现。

(三)服务质量控制与信息反馈系统

森林康养基地服务质量控制对应 PDCA 环的 C(cheek)环节,该系统的主要目标是对服

务传递与实施过程中的质量进行监控和信息的反馈，是服务质量提高与改进的重要基础。因此，森林康养基地有必要设置专门的组织机构全方位监控森林康养基地的服务质量，同时调查顾客的消费心理、评价反馈等信息，为森林康养基地的服务质量的测评和服务质量的改进提供重要的依据和保障。同时，针对顾客的评价，尤其是顾客投诉，该系统要设置专门的顾客投诉处理机制，并且与森林康养基地服务策划与设计系统、森林康养基地服务组织实施系统紧密相连，通过处理顾客的投诉发现森林康养基地服务策划与设计及服务组织实施的问题，以不断提高森林康养基地服务的标准和对服务传递的过程的控制，达到多个系统的联动，不断提高森林康养基地的服务质量。

(四)服务质量评价与改进系统

森林康养基地服务质量评价与改进系统，对应着 PDCA 环的 A（action）环节，该环节的目的是修正，是对 C(cheek)环节的结果进行评价和处理，依据评价的结果对森林康养基地服务质量控制的成功经验加以肯定，并进行服务标准化，对于控制过程中失败的教训也要总结问题，引起重视，并以此作为森林康养基地服务质量改进的重要依据和着手点。同时森林康养基地服务质量评价与改进系统其实包含着质量评价和质量改进两个环节，两个环节相辅相成、相互促进，构成该系统。服务质量评价环节是衡量和改进森林康养基地服务质量的基础，同时也是前几个系统运行效果的检验，森林康养基地应该建立科学的服务质量评价体系，围绕着顾客的满意度和森林康养基地的实际运营情况，运用科学的方法搜集顾客，尤其重视重点顾客对森林康养基地服务质量的真实评价，对于评价不好的方面，森林康养基地应制订改进措施和方案，并推进改进方案的实施，对于没有解决的问题，也不应该忽视，应提交给下一个 PDCA 循环中去解决。

第四节　森林康养产品品牌建设

一、品牌建设意义

步入 21 世纪，人类社会高速运转的旋律将企业间的竞争推向白热化，塑造品牌、在消费者心中树立独特的品牌个性成为企业产品区别于竞争对手产品的利器。进行品牌营销是企业获得竞争优势的战略工具。

从本质上讲，品牌具有"质量"与"诚信"两个最根本的属性。"质量"是品牌的生命之根。品牌质量从本质上反映了一个国家的科技水平和人才水平，是决定一个企业、产业乃至国家竞争优势最重要的因素，品牌强国战略是创新驱动强国战略，科技强国战略和人才强国战略的综合体现。"诚信"是品牌的发展之源。品牌诚信从本质上反映了一个国家的信用体系和市场经济契约关系，品牌强国战略是通过品牌建设，建立健全市场契约关系，使社会主义市场经济走上更公平、更正义和更法制的轨道，这也是现代市场的一个基本需要。经济内生性增长的关键就在于"实现高质量发展，提高全要素生产率"。作为一种无形资产，在新经济时代，品牌要素乃至品牌资本能够并将成为基础性生产要素与战略性资源。

林业产业作为国民经济的重要组成部分，一直以来受到党和国家的高度重视。当前，我国林业产业正处于转型升级的关键时期，供给侧结构性改革任务繁重。着力实施品牌发展战略，加快林业品牌建设，充分发挥林业品牌引领作用推动林业产业供需结构升级成为了必然选择。国家林业局为全面落实《质量发展纲要(2011—2020年)》《国务院办公厅关于发挥品牌引领作用推动供需结构升级的意见》和《林业产业发展"十三五"规划》等要求。为着力实施品牌发展战略，加快林业品牌建设，成立了国家林业局林业品牌工作领导小组，并任命国家林业局局长张建龙担任组长。结合林业品牌建设与保护实际，加快培育、提升、壮大林业品牌，形成推动品牌建设与保护的长效机制，促进林业提质增效，先后印发了国家林业局《关于加强林业品牌建设的指导意见》和《林业品牌建设与保护行动计划(2017—2020年)》的通知。

文件要求要充分发挥品牌引领作用，推进供给侧结构性改革，按照要求，加快推进林业标准化生产，强化林产品质量监管，培育林业品牌建设主体，加强林业品牌保护监管，加大品牌产品营销和宣传力度，完善林业品牌服务体系。通过完善林业品牌建设与评价标准体系以及品牌价值评价体系，加大品牌建设与培育力度、加强品牌创新能力建设、提升品牌的质量保障能力等，建立一套林业品牌评价、培育、保护、宣传的管理体系和机制，激发全社会参与林业品牌建设的积极性和创造力，形成一批林业国内外知名品牌，培育优势、特色林产品集群品牌。

(一)品牌的内涵

从狭义角度考察，品牌是制造商或经销商加在商品上的标志。它由名称、名词、符号、象征、设计或它们的组合构成。一般包括两个部分：品牌名称和品牌标志。

从广义角度考察，品牌是通过以上这些要素及一系列市场活动而表现出来的结果所形成的一种形象认知度、感觉、品质认知，以及通过这些而表现出来的客户忠诚度，总体来讲它属于一种无形资产，所以这时候品牌是作为一种无形资产出现的。

品牌化，是指对产品或服务设计品牌名、标识、符号、包装等可视要素，以及声音、触觉、嗅觉等感官刺激，以推动产品(或服务)具备市场标识和商业价值的整个过程。品牌化，是创建和培育品牌的起点，也是品牌管理者的常规性工作。品牌化过程的关键是要让消费者认识到品类中不同品牌之间的差异。

品牌资产，是附加在产品和服务上的价值，这种价值可能反映在消费者思考、感受某一品牌并做出购买行为，以及该品牌对公司的价值、市场份额和盈利能力的影响。品牌资产是与企业的心理价值和财务价值有关的重要无形资产。

基于顾客的品牌资产是指消费者对某一品牌的营销效应的差异化反应。当顾客对产品或服务以及它的推销方式有积极反应时，这个品牌就拥有正面的给予顾客的品牌资产；当顾客对相同条件下产品的营销活动做出不积极的反应时，这个品牌就拥有负面的基于顾客的品牌资产。该定义中有3个重要组成部分：差异化反应、品牌知识和顾客对营销活动的反应。研究表明，顾客品牌知识的不同对品牌资产的差异产生作用最为明显。

(二)品牌建设的意义

品牌是与其他竞争者的产品和服务相区别的一个名称、标记，或是它们的综合，是一个包括产品与服务功能要素(如品质、用途、包装、价格等)、企业与产品形象要素(如图案、色调、音乐、广告等)和消费者心理要素(如对企业及其产品和服务的认知、感受、态度、体验等)在内的多维综合体;是在营销或传播过程中形成的,继人力、物力、财力、信息之后的第五大经营资源;是一种超越生产、商品及所有有形资产以外的无形资产,这种无形资产能给拥有者带来溢价并产生增值。品牌一般由品牌名称和品牌标志两部分组成。商标是品牌的一部分,是品牌识别的基本法律标记。名牌是具有较高知名度、美誉度和市场占有率等特点的著名品牌。

品牌的出现可追溯到19世纪早期,酿酒商为了突出自己的产品,在盛威士忌的木桶上打出区别性的标志,品牌概念的雏形由此而形成。早期的品牌界定主要强调品牌是一个区别其他产品的标志,其内涵相对狭窄。随着品牌营销实践的不断发展,品牌的内涵和外延也在不断扩大。如果说品牌最初只是一个区别性的标志,那么当今时代的品牌已成为消费者的价值源泉。一个品牌凝聚着消费者的综合印象,在消费者心中发挥着重要的经济职能。品牌的价值在于它在消费者心中独特的、良好的、令人瞩目的形象。例如,苹果手机品牌不只是手机上的苹果名称和标识,而是苹果的名称及标识能在消费者心中唤起的对该品牌手机的一切美好印象之和。这些印象既有有形的,也有无形的,包括社会的或心理的效应。

品牌是促进全要素生产率提升的重要创新要素。在传统研究中,品牌通常被定义为市场营销领域的概念。但在以创新竞争为核心的现代市场经济条件下,品牌已成为继土地、劳动力、资本等传统要素后,与技术创新、管理、制度等新要素同等重要的核心与稀缺性资源。伴随社会生产力的快速发展,土地、劳动、资本等制约经济增长的短板逐渐被克服之后,技术创新、管理、制度、企业家、品牌等创新要素对于生产规模扩大和生产效率提升的作用逐渐被认可。尤其是在经济全球化日益深入发展的趋势下,品牌在促进生产力与全要素生产率提升上所起到的作用将日趋显著。在市场竞争中,质量和品牌始终是有机统一的——品牌是质量的象征,质量提升最终要体现在品牌的美誉度上;成功的产品品牌、企业品牌、区域品牌都能使相关生产者获得溢价收益。无论是产品品牌、企业品牌,还是产业品牌、区域品牌乃至国家品牌,其本质与核心都是为经济发展服务的,最终都是要挖掘经济增长的内在潜力。经济内生性增长的关键就在于"实现高质量发展,提高全要素生产率"。因此,从这个视角来看,以品牌为核心,整合各种创新要素,优化资源配置,是加快实现"三个转变"、增强经济质量优势的题中之义,而品牌一定是推动全要素生产率提升的重要创新要素之一。

品牌已成为一种强有力的武器,不仅能改变一个行业的前景,一些强势品牌甚至能深深根植于整个民族的心智,成为民族文化的一部分。如可口可乐快乐的、自我的品牌理念已成为美国文化的象征。

从对企业经营的实际考察来看,品牌建设的意义对消费者和经营者意义是不同的。

首先,从消费者利益的角度看:一是有助于消费者识别产品的来源或产品制造厂家,从而有利于消费者权益的保护;二是有助于消费者避免购买风险,降低消费者购买成本。品牌是一种外在标志,把产品中无形的,仅靠视觉、听觉、嗅觉和经验无法感觉到的品质公之于众,给消费者安全感。品牌代表着产品的品质、特色,认牌购买缩短了消费者的购买过程;

三是品牌能彰显消费者的身份和地位。品牌的社会象征意义，可以显示出消费者与众不同的个性特征，加强和突出个人的自我形象，从而帮助消费者有效地表达自我；可以获得消费同种品牌的消费者群体的认同，或产生与自己喜爱的产品或公司交换的特殊感情，从使用该品牌的过程中获得一种满足。

其次，从经营者利益角度看：一是培养消费者的忠诚度。品牌一旦形成一定的知名度和美誉度后，企业就可利用品牌优势扩大市场，促成消费者品牌忠诚，品牌忠诚能使销售者在竞争中得到某些保护，并使他们在制定市场营销企划时具有较大的控制能力。知名品牌代表一定的质量和拥有的其他性能，这比较容易吸引新的消费者，从而降低营销费用，所以有人提出品牌具有"磁场效应"和"时尚效应"；二是保持稳定产品的价格。强势品牌能减少价格弹性，增强对动态市场的适应性，减少未来的经营风险。由于品牌具有排他专用性，在市场激烈竞争的条件下，一个强势品牌可以像灯塔一样为不知所措的消费者在信息海洋中指明"避风港湾"，消费者乐意为此多付出代价，这能保证厂家不用参与价格大战就能保障一定的销售量。而且，品牌具有不可替代性，是产品差异化的重要因素，能减少价格对需求的影响程度。如国际品牌可口可乐的价格均由公司统一制定，价格弹性非常小；三是降低新产品投入市场的风险。一个新产品进入市场，风险是相当大的，而且投入成本也相当高，但是企业可运用品牌延伸将新产品引入市场，借助已成功或成名的名牌，扩大企业的产品组合或延伸产品线，采用现有的强势品牌，利用其知名度和美誉度，推出新产品。采用品牌延伸，可节省新产品广告费，而在正常情况下使消费者熟悉一个新品牌名称花费是相当大的。国际研究认为，创造一个名牌，一年至少需要2亿美元的广告投入，且成功率不足10%。目前我国一些知名企业大都采用品牌延伸策略，"娃哈哈"这一品牌就延伸到该公司的许多产品系列上，如该公司的八宝粥、果奶、纯净水等。品牌延伸策略同时也存在着风险，新产品可能使消费者失望并可能降低公司其他产品信任度，而且如果推出的新产品和已有产品关联度低的话，可能就会使原有品牌失去在消费者心目中的特定定位。所以公司在采用品牌延伸策略时，必须研究原有品牌名称与新产品关联度如何，以免造成两败俱伤；四是有助于企业抵御竞争者的攻击，保持竞争优势。新产品一推出市场，如果畅销，很容易被竞争者模仿，但品牌是企业特有的一种资产，它可以通过注册得到法律保护，品牌忠诚是竞争者通过模仿无法达到，当市场趋向成熟，市场份额相对稳定时，品牌忠诚是抵御同行业竞争者攻击的最有力的武器，另外，品牌忠诚也为其他企业的进入构筑壁垒。所以，从某种程度上说，品牌可以看成企业保持竞争优势的一种强有力工具。可口可乐公司总经理伍德拉夫曾扬言："即使我的工厂在一夜之间烧光，只要我的品牌还在，我就马上能够恢复生产。"可见，品牌价值是如此之大。

二、森林康养基地品牌建设内容

(一)品牌管理的内容

越来越多的组织开始认识到，最有价值的资产之一是与各种产品和服务相联系的品牌。虽然各类消费者面对的品牌越来越多，但是实际上他们进行选择的实践时间越来越短，也就

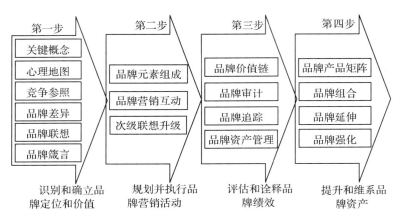

图 7-3　品牌管理内容

是说明了品牌的市场价值越来越被消费者行为所体现。下文通过品牌管理活动的过程说明品牌管理的主要内容，如图 7-3 所示。

1. 识别和确立品牌定位和价值

品牌定位是企业在市场定位和产品定位的基础上，对特定的品牌在文化取向及个性差异上的商业性决策，它是建立一个与目标市场有关的品牌形象的过程和结果。品牌定位维度包括：市场定位、价格定位、形象定位、地理定位、人群定位、渠道定位等。

2. 规划并执行品牌营销活动

品牌营销是通过市场营销运用各种营销策略使目标客户形成对企业品牌和产品、服务的认知—认识—认可的一个过程。品牌营销从高层次上就是把企业的形象、知名度、良好的信誉等展示给消费者或者顾客，从而在顾客和消费者的心目中形成对企业的产品或者服务的品牌形象，这就是品牌营销。

品牌营销的关键点在于为品牌找到一个具有差异化个性、能够深刻感染消费者内心的品牌核心价值，它让消费者明确、清晰地识别并记住品牌的利益点与个性，是驱动消费者认同、喜欢乃至爱上一个品牌的主要力量。

3. 评估和诠释品牌绩效

评估和诠释品牌绩效是通过概述在各类新闻媒体上发布品牌评估及评价资料，展示企业品牌形象，向上级主管部门、投资者、广大终端消费者传递企业实力和企业发展能力，为促进企业全面发展提供价值参考，并通过细分公允价值评估方案达到资产—股权—资本的运作目的。主要有品牌价值评估、企业价值评估等。

4. 提升和维系品牌资产

通过多种手段提升并维系品牌资产，主要从以下几方面着手：品牌溢价能力维系与提升、品牌盈利能力维系与提升。在品牌资产金字塔中，最终能够为品牌主带来丰厚的利润，获取更多市场份额的便是品牌忠诚度和品牌溢价能力两大资产。品牌忠诚度和品牌的溢价能力属于结果性的品牌资产，是伴随品牌知名度、认可度、品牌联想这三大品牌资产创建后的产物。

(二)品牌定位

品牌管理的首要任务是对品牌进行定位,品牌定位是品牌营销的前提和基础。品牌定位是为市场确定并塑造品牌整体形象,并通过功能利益和情感利益占据消费者心智并存留特定位置的全过程。即为企业的品牌在市场上树立一个明确的、有别于竞争对手的、符合消费者需要的形象,其目的是在消费者心中占领一个有利的位置。

品牌定位就是以某种方式使产品或服务适合广泛市场中的一个或几个细分市场,使顾客感受、思考和感觉该品牌不同于竞争者的品牌的一种方式,可以通过目标顾客、顾客需求、品牌利益、原因、竞争性框架以及品牌特征来描述。以上所列6个元素分别从不同的方面对品牌定位进行界定:①目标顾客,指通过市场细分来筛选出品牌所要满足的潜在的顾客。②顾客需求,指通过识别或创造顾客需求,以明确品牌是要满足顾客的哪一种需求,是功能性需求还是情感性需求。③品牌利益,指品牌所能提供给顾客的、竞争对手无法比拟的产品益处或情感益处,这样的益处能有效地吸引顾客。④原因,指为品牌的独特性定位提供的有说服力的证据,如产品采用了独特的配方还是新颖的产品设计、包装等。⑤竞争性框架,指明确品牌的产品所属的类别以及品牌的竞争者。⑥品牌特征,指品牌所具有的独特的个性,可以说是给顾客提供一个选择本品牌的理由。

(三)品牌设计

作为品牌外部视觉形象设计的品牌设计,是品牌定位全过程中的一个核心环节。没有顾客乐于接受的品牌外部视觉形象,就不能有效地进行品牌传播,诱使顾客购买品牌标定的商品,品牌整体定位就失去了意义。因此,品牌设计可谓意义重大。品牌设计的内容主要包括品牌名称、品牌标志、品牌个性、品牌形象、品牌传播、品牌文化和品牌更新。

第一,品牌名称。是品牌构成中可以用文字表达并能用语言进行传播与交流的部分。

品牌名称提供了品牌联想,最大限度地激发消费者的"直接联想力",这是成功品牌名称的基本特征之一。品牌名称作为品牌之魂,体现品牌的个性和特色,它使消费者自然而然地产生一种很具体、很独特的联想。一提到某一品牌名称,人们会很快对该品牌所代表的产品质量、形象、售后服务等产生一个总体的概念。例如:贵州茅台、同仁堂代表了丰富的中国文化意蕴;三一、徐工代表了高质量的工程机械;华为、小米象征先进的移动智能电话技术等。

第二,品牌标志。是指品牌中可以被识别、但不能用语言表达的部分,即运用特定的造型、图案、文字、色彩等视觉语言来表达或象征某一产品的形象。品牌标志的设计就是品牌形象的创意形象化的过程。品牌标志分为标志物、标志色、标志字和标志性包装,它们同品牌名称等都是构成完整品牌概念的基本要素。品牌标志自身能够创造消费者认知、消费者联想和品牌偏好,进而影响品牌标志所体现的产品品质与顾客的品牌忠诚度。

第三,品牌个性。是指品牌所具有的特殊的文化内涵和精神气质,也是产品或品牌特性的传播以及在此基础上消费者对这些特性的感知。

品牌个性可从输入和输出两方面进行解释。从品牌执行者角度来看,品牌个性是品牌执行者期望通过沟通所要达到的目标,是传播者把设计好的品牌个性植入消费者大脑的输入过程；而站在消费者角度，品牌个性是消费者实际对设计好的品牌个性的感知、认可能力的再现，是消费者对该品牌的真实感受与想法，这是品牌个性输出的过程。

第四，品牌形象。品牌形象是消费者对传播过程中接收到的所有关于品牌的信息，在进行个人选择与加工之后，存留于头脑中的关于该品牌的印象和联想的总和。

第五，品牌传播。是向目标受众传达品牌信息以获得他们对品牌的认同，并最终形成对品牌的偏好的过程。品牌传播的效果不仅取决于传播的数量，如广告和公共关系活动的次数以及促销预算的多少，还取决于各种传播策略的选择和设计，常见的品牌传播策略有广告、销售促进、公共关系以及人员推销。为了取得品牌传播的最佳效果，要求进行整合的传播活动。

第六，品牌文化。品牌文化是品牌营销者关于品牌与消费者关系的基本理念，包括品牌提供给目标消费者何种利益的理念、品牌与消费者建立何种关系的理念等。消费者对品牌文化的感知是品牌经营者的一系列品牌营销行为。品牌文化要素分内外两层：内层要素包括品牌利益认知、情感属性、文化传统和品牌个性等；外层要素表现为产品、名称、标记、符号、品牌口号、品牌管理方式、品牌传播方式、品牌营销方法等。

品牌的背后是文化。品牌作为强有力的市场竞争手段，有着极其丰富的文化内涵。某些知名品牌本身就代表了一种文化：全聚德烤鸭代表了北京的饮食文化；王老吉凉茶代表了中华传统养生智慧的文化；五菱汽车则代表了艰苦创业、自强不息的文化。品牌和文化密不可分，任何品牌都有其一定的文化属性，优秀的品牌更沉淀了深厚的文化底蕴。品牌的文化内涵才是品牌的核心资源。

第七，品牌更新。品牌更新是全部或部分调整或改变品牌原有品牌形象使品牌具有新形象的过程。随着企业经营环境的变化和消费者需求的变化，品牌的内涵和表现形式也要不断变化发展，以适应社会经济发展的需要。品牌更新是品牌自我发展的必然要求，是克服品牌老化的唯一途径。品牌形象的更新，是企业创新的重要内容，主要包括以下5个方面：

一是品牌形象更新。形象更新，顾名思义，就是品牌不断创新形象，适应消费者心理的变化，从而在消费者心目中形成新的印象的过程。品牌形象更新主要有：更改品牌名称、变换品牌标识。

二是营销策略更新。品牌营销策略更新主要有：产品与技术创新、改进产品包装、广告创新、促销活动更新。

三是定位的修正。从企业的角度，不存在一劳永逸的品牌；从时代发展的角度，要求品牌的内涵和形式不断变化。品牌从某种意义上就是从商业、经济和社会文化的角度对这种变化的认识和把握。所以，企业在建立品牌之后，会因竞争形势而修正自己的目标市场，有时也会因时代特征、社会文化的变化而引起修正定位。

四是管理创新。"管理创新是企业生存与发展的灵魂"。企业与品牌是紧密结合在一起的，企业的兴盛发展必将推动品牌的成长与成熟。品牌的维系从根本上说是企业管理的一项重要内容，管理创新是指从企业生存的核心内容来指导品牌的维系与培养，它含有多项内容，如与品牌有关的观念创新、技术创新、制度创新、管理过程创新等。

五是增强企业的创新意识。企业通常的创新途径有：找出新的用途、进入新的细分市场、增加新产品或服务等。

案例研究：探索森林康养指数标准，助力森林康养品牌发展

2017年中国四川第三届森林康养(冬季)年会在四川西昌举行。年会以"阳光湿地魅力西昌·森林康养大美凉山"为主题，在开幕式上首次发布了全国"森林康养指数"，上线启动了全国首创的"森林康养一卡通"。中国绿化基金会主席陈述贤宣布年会开幕。

年会采取研讨交流和参观体验相结合的方式，通过举办学术论坛、市场研讨、成果展示、招商推介、参观体验、信息发布等多种形式，推广凉山、西昌的地域品牌、城市品牌、康养品牌、生态品牌、旅游品牌、文化品牌。年会开幕式颁布并授牌了一批四川省森林康养基地、森林康养人家、生态文明教育基地。年会期间，举办了品邛海泸山·享绿色生活——环邛海健康走活动、大规模绿化全川(冬季行动)植树活动、森林康养产业发展推介暨招商引资会、"森林康养+精品酒店"融合发展探讨会等活动。

年会发布的全国首个森林康养指数包括邛海湿地公园、攀枝花花舞人间、峨眉半山七里坪等森林康养基地的温度、湿度、高度、人气度、舒适度、通畅度6项康养指数，用数据诠释吃、住、行、游、养、娱的动态信息。森林康养产业联盟将免费为各基地实时更新指标数据，并在康养宝APP上发布。

资料来源：国家林业和草原局官网：http://www.forestry.gov.cn/main/72/content-1061427.html.

思考题

1. 森林康养产品有哪些特征？
2. 森林康养企业在设计主要的产品和服务时应注意哪些要素？
3. 请简述品牌建设对森林康养企业的意义。
4. 如果让你来设计森林康养指数，你认为需要考虑哪些因素或指标？

参考文献

崔文丹, 2012. 基于价值构成理论的林业企业品牌价值评价研究[D]. 哈尔滨：东北林业大学.
戴维·阿克, 2012. 管理品牌资产[M]. 吴进操, 常小虹, 译. 北京：机械工业出版社.
高丹丹, 王姝雅, 刘鹏, 等, 2019. 消费者对森林康养产品购买意愿研究[J]. 林业经济, 41(03)：27-32.
高磊, 2016. 消费心理[M]. 北京：人民教育出版社.
高磊, 刘丽丽, 郝越, 2016. 酒店服务质量管控[M]. 上海：上海交通大学出版社.
兰海军, 2016. 旅游公共服务质量改进研究[D]. 厦门：厦门大学.
李应军, 唐慧, 杨结, 2019. 旅游服务质量管理[M]. 武汉：华中科技大学出版社.
刘雯雯, 高磊, 郝越, 2019. 管理学[M]. 上海：上海交通大学出版社.

马跃如,易丹,胡韩莉,2020. 基于服务质量控制的养老服务供应链协调研究[J/OL]. 管理工程学报:1-10[2020-06-30]. https://doi.org/10.13587/j.cnki.jieem.2020.04.012.

潘洋刘,曾进,刘苑秋,等,2019. 基于不同类型的森林康养资源评价研究[J]. 林业经济问题,38(6):83-88,110.

邱玮,2010. 服务品牌内化的构成要素与过程机制[D]. 天津:南开大学.

宋维明,2018. 管理学[M]. 北京:中国林业出版社.

宋维明,2020. 关于森林康养产业发展必然性与路径的思考[J]. 林业经济,42(1):3-8.

王海燕,2014. 服务质量管理[M]. 北京:电子工业出版社.

王海忠,2014. 品牌管理[M]. 北京:清华大学出版社.

王信章,2012. 旅游公共服务体系与旅游目的地建设[J]. 旅游学刊,27(1):6-7.

王彦勇,徐向艺,2013. 国外品牌治理研究述评与展望[J]. 外国经济与管理,35(1):29-36.

吴后建,但新球,刘世好,等,2018. 森林康养:概念内涵、产品类型和发展路径[J]. 生态学杂志,37(7):2159-2169.

徐立新,2007. 森林旅游产品品牌管理问题研究[D]. 哈尔滨:东北林业大学.

薛永基,孙宇彤,2016. 游客对自然游憩品牌认知、感知质量与品牌忠诚的关系研究——以北京市为例[J]. 资源科学,38(2):344-352.

杨佳利,2014. 区域旅游产业集群品牌构建的风险与对策——以粤北区域为例[J]. 开发研究(4):77-80.

张慧琴,翟绪军,何丹,2019. 基于产业共融的森林康养产业创新发展研究——以黑龙江省为例[J]. 林业经济,41(8):56-61.

ANDERSON J C, NARUS J A, 1999. Business Market Management:Understanding, Creating and Delivering Value[M]. Englewood Cliffs NJ:Prentice-Hall.

George Allen, 2007. Place branding:New tools for economic development[J]. Design Management Review(2):60-68

Philip Kotler, David Gertner, 2002. Country as Brand, Product, and Beyond:A Place Marketing and Brand Management Perspective [J]. Journal of Brand Management, 9(4/5):249-261.

Shariful Alam, 2013. A Study on Service Quality and Customer on in Bangladesh Tourism:a Paradigm Relationship Marketing[D]. Wuhan:Wuhan University of Technology.

第八章　森林康养的市场需求与消费者行为

第一节　森林康养市场和市场调查

一、森林康养市场的概念

森林康养市场是指为满足个人或家庭休闲娱乐消费需要，而购买森林康养物质产品和非物质产品所形成的市场。在市场经济条件下，分析、研究森林康养市场，对于企业来讲有如下重要意义：

第一，分析、研究森林康养市场需求，是森林康养企业顺利开展经营活动的必要条件。按照现代营销学的观点，市场是企业进行经营活动的起点而非终点。森林康养企业要开展经营活动，首先必须分析、研究森林康养市场的需求及其发展变化趋势，分析森林康养企业的营销环境，结合企业自身的资源条件，决定经营产品类型，提供符合市场需要的森林康养产品，企业的再生产才能顺利进行，企业才能不断得到发展。如果不去分析、研究消费者市场需求，企业的经营就会产生盲目性，在市场竞争中必然导致失败，企业将难以生存下去。

第二，分析、研究森林康养市场需求，是森林康养企业制订营销计划、进行营销决策的重要依据。森林康养市场营销计划是企业计划的中心，它涉及企业内部各个主要环节，在企业的运营中处于十分重要的地位。森林康养企业在经营中需要作出多种营销决策，如新景区开发决策、品牌决策、价格决策、促销决策等。森林康养营销决策是否正确，对森林康养企业来讲关系重大。这就要求企业对森林康养市场需求进行深入的分析和研究，摸清森林康养市场需求的动态，充分掌握森林康养消费者心理、行为及其变化规律，充分了解森林康养市场的现实需求和潜在需求，为企业制订营销计划和进行营销决策提供科学的依据，使森林康养企业作出切合实际的、富有成效的营销决策和营销计划方案，有利于企业成功地开展营销活动。

第三，分析、研究森林康养市场需求，可以使森林康养企业更好地引导森林康养消费者的合理消费。森林康养消费者在何时、何地购买什么样的森林康养产品，采用何种消费方式，不仅取决于自身因素，还会受到外在因素的影响。森林康养企业分析、研究森林康养市场，通过广告、公关、营业推广、人员推销等促销手段，如实地向森林康养消费者宣传森林康养景点知识，介绍森林康养景点线路，指导消费者合理安排森林康养行程，使消费者真正了解接受本企业服务的好处和利益。

第四，分析、研究森林康养市场需求，可以促使森林康养企业不断地提高营销水平，在满足消费者需要的前提下获取更好的经济效益。森林康养企业要想使自己的经营活动适应森林康养消费需求的变化，必须连续不断地对森林康养市场需求进行分析和研究，必须不断地提高自己的营销水平，真正以"森林康养消费者需要为中心"来开展经营活动，以更好地满足森林康养消费者需要，这样企业才能获得更好的经济效益，不断地向好发展。

二、森林康养市场调查

(一)森林康养市场调查目的

森林康养企业进行森林康养市场调查，克服人为的主观臆断，客观地收集森林康养市场需求信息及相关影响因素信息，以便在森林康养产品开发时进行正确的规划和实施，在森林康养产品经营过程中赢得市场。森林康养市场调查的主要目的如下：

第一，确定森林康养项目可行性。通过对森林康养市场的客观调查评估，分析出该项目对森林康养者吸引力的大小，从而确定其市场前景。

第二，通过调查获得的可靠信息，可为森林康养经营管理部门的决策者制定政策、进行预测、做出决策和制订计划提供重要依据。

(二)森林康养市场调查内容

1. 森林康养市场环境调查

①政治环境　包括社会安定状况，政府、政局变化，一定时期内政府对森林康养业及相关行业的法令法规，与境外客源地有关的关税、外汇、政策等情况。

②经济环境　包括人口情况、国民生产总值、收入水平、城市居民储蓄存款情况、消费水平与消费结构、物价水平、森林康养资源状况等。

③社会文化环境　指当地的民族、民俗状况，民众受教育的程度和对森林康养的认识程度以及职业种类等。

④自然地理环境　指的是对地理位置、气候条件、植被覆盖和地形地貌的了解。

2. 森林康养市场需求调查

森林康养市场需求调查包括以下内容：

①森林康养者对森林康养地的印象以及对森林康养活动的了解程度，包括对自身利弊的影响。

②按森林康养者家庭情况、同游情况以及消费习惯，划分出不同的层次，以便于日后的分析研究。

③森林康养者休闲时间及居住地。

④森林康养者对森林康养产品的反应。

⑤森林康养者未来的期望。

⑥森林康养者的森林康养目的或动机。

(三)森林康养市场调查步骤

森林康养市场调查通常分为3个阶段。

第一阶段明确调查的问题；第二阶段提出问题的假设；第三阶段计划并实施调查研究的方案。具体来讲，这3个阶段共包括以下8个步骤：

①确定调查目标　即确定所要调查的问题，包括调查总目标与具体目标。这一步是以后各工作的前提与基础。

②试探调查　对调查目标进行一般性摸底了解，力求了解问题全貌，并根据已掌握的情况进行初步分析，确定调查研究的范围。

③确定调查项目　有些问题在初步调查时，即可找出问题的原因，而有些问题往往需要作进一步了解，这就需要假设发生问题的原因，并通过调查进行确定。

④拟订调查方案　为提高调查的效率及实用性，就要确定进行调查的方案。包括调查对象、方法、地点、时间、资料整理、原则和要求等。

⑤实施方案，进行调查　根据调查项目和方案，制订询问的具体问题，拟订调查表格。在设计表格和提出询问时，要注意简明易懂。

⑥整理资料，处理数据　对调查来的原始资料，进行校对、整理和必要的加工，为具体分析做好准备。

⑦得出结论，提出调查报告　调查报告是市场调查的成果，既要对问题有客观的分析，又要提出可行性建议，供解决问题、进行决策时参考。

⑧评估调查报告　邀请有经验的市场调查专家和学者对调查报告进行评估，分析调查结果的科学性和存在的问题，以便科学决策和不断提高市场调查水平。

客观现实情况往往错综复杂、多种多样，进行调查时要从实际出发，灵活运用八步法，可简则简，可合则合。总之，要讲求实效，切不可使调查形式化，那样一来，便失去了市场调查最根本的意义。

（四）森林康养市场调查方法

森林康养市场调查的方法一般有询问法、观察法和实验法3种。

1. 询问法

询问法是通过询问的方式收集市场信息，也就是向被调查者提出询问，以获得所需资料的一种方法。按调查者与被调查者之间接触方式的不同，可分走访调查、信访调查和电话调查3种形式。

（1）走访调查

走访调查是调查者走访被调查者，当面向被调查者提出有关问题，以获得所需资料。走访调查根据调查者和被调查者人数的多少，可分为个别走访和小组座谈等形式。走访调查的优点是：

①真实性　走访获得的资料，其真实性较高，回答率也较高。

②灵活性　走访询问时，可以按调查表发问，也可以自由交谈。可以当场记录，在取得被调查者同意后，也可录音。如发现被调查者不符合样本要求，可立即终止访问。

③直观性　走访调查可以直接观察被调查者所回答的问题是否正确，而用其他方式调查则无观察核对的机会。

④激励性　有些被调查者对走访调查很感兴趣，因为有向他人发表意见的机会，以达到个人情绪上的满足，或与他人讨论问题获得知识上的满足，因此具有激励效果。

走访调查的缺点：调查费用高，被调查者有时受调查者态度、语气等影响产生偏见。

（2）信访调查

信访调查是调查者将所拟定的调查表通过邮局寄给被调查者，要求被调查者填好后寄回给调查者。此法的优点是：调查范围可广泛；被调查者不受调查者的影响，可以没有偏见；调查费用较低；被调查者可以有充分的时间考虑作答。

信访调查的缺点：回收率低；时间花费较长；填表者可能不是目标被调查者，致使真实性差；回答问题较肤浅。

（3）电话调查

电话调查是调查者根据抽样要求，用电话按调查表内容询问意见的一种方法。此法的优点：迅速及时，资料统一性程度高。有些不便面谈的问题，在电话调查中可能得到回答。

电话调查的缺点：对问题不能深入地讨论分析，往往受到通话时间等限制。

2. 观察法

观察法是调查者在现场从旁观察被调查者行动的一种调查方法。观察法的优点：被调查者的一切动作均极自然，因而所收集的资料准确性较高。其缺点：观察不到被调查者的内在因素，有时需要作较长时间的观察才能得到。

3. 实验法

实验法是指从影响调查问题的若干因素中，选择一两个因素，将它们置于一定的条件下进行小规模试验，然后对实验结果作出分析，研究是否值得大规模推广的一种调查方法。市场调查中的实验法和自然科学的实验法是有差别的。一般讲，自然科学的实验结果比较确定，而市场实验的结果比较概括，因为市场上不可控因素太多。尽管如此，实验法仍不失为一种有用的方法，因为通过此法，能直接体验营销策略的效果，而这种优点是询问法所不能提供的。

上述3种市场调查方法，究竟采用哪一种或结合使用几种，主要视调查的问题或所需资料而定。

三、森林康养市场预测的技术方法

由于市场预测的对象、内容、要求各不相同，所采用的预测方法也是多种多样的，基本上可以分为3类，即定性预测方法、时间序列预测方法和因果关系预测方法。时间序列预测方法和因果关系预测方法都属于定量预测方法。常用的定性预测方法有：

（一）个人判断法

个人判断法是指由森林康养企业决策人根据对客观情况的分析和自己的经验，对市场需求的情况作出主观判断，预测未来的情况。这种方法在缺乏预测资料时特别有用。如果森林康养企业决策者有较丰富的经验和分析判断能力，并且对各方面的情况比较熟悉，就可以得到较好的预测。该方法的优点：预测时可以综合考虑各方面的因素，并且简单、快速。缺点：预测结果有可能根据不足，从而发生判断错误。

(二)综合判断法

综合判断法是指由森林康养企业负责人召集所有部门的负责人，在广泛交换意见的基础上各自进行预测，然后将不同人员的预测值进行综合得出预测结果。综合判断法的优点：方法简便易行，能吸收多数人的意见，可提高预测的准确性，特别是市场变动剧烈时更是如此。其缺点：容易受预测者所了解情况的局限，以及某些权威、外界气氛的影响。

(三)专家调查法(德尔菲法)

专家调查法是利用通信方式，就所需要预测的问题征求专家意见，经过多次信息交换，逐步取得一致意见，从而得出预测结果。这种方法适用于新市场的开拓，或难以用定量方法进行预测的项目。专家调查法的具体做法如下：

1. 拟定预测的问题

由预测组织者拟定需要预测的问题，列成调查表并附有背景材料。一次调查的问题不宜过多、过杂。

2. 选择专家

专家应具有与预测问题相关的专业知识、工作经验预见分析能力和一定的声望。

3. 通讯调查

将调查表邮寄给已选定的专家，请他们在规定的时间内填好并寄给预测组织者。等第一轮调查表收回后，由预测组织者将各种不同意见综合整理，汇总成新调查表，再寄给专家征求意见，作出新的判断。如此反复经过几轮探讨。

4. 预测结果的定量处理

在预测过程中，对每一轮调查所得专家意见，都要进行综合整理，并尽可能定量处理，以便获得有用的信息。定量处理的方法一般有以下2种：

①中位值法　如果调查的问题要求专家作出定量回答，调查结果可用中位值法处理。

②直方图法　将预测意见分组，算出各组专家的比重，用直方图表示预测结果的趋势。

第二节　消费者行为

一、消费者行为概念及特点

(一)消费者行为的概念

消费者行为一般是指消费者为获取、使用、处置消费物品或服务所采取的各种行动，包括先于且决定这些行动的决策过程。

随着市场营销的深入，人们越来越认识到消费者行为是一个整体，是一个过程，获取或者购买只是这一过程的一个阶段。因此，研究消费者行为，既应调查、了解消费者在获取产品、服务之前的评价与选择活动，也应重视在产品获取后对产品的使用、处置等活动。只有这样，对消费者行为的理解才会趋于完整。

森林康养市场上的消费者行为，就是围绕着获取、使用和处置森林康养产品或者服务所采取的一系列行动，包括购买康养产品和服务的决策过程、消费过程和消费后评价、反馈过程。

对森林康养企业来说，研究消费者行为可以指导设计森林康养新产品和改进现有产品。任何科学的企业管理，在开发新产品或在生产周期的起始阶段，务必明确该产品将服务于什么对象，即满足哪些消费者的哪些方面的需求，不能盲目地开发新产品和调整生产周期。同时，研究消费者行为可以有效地制定市场策略，有助于森林康养企业根据消费者需求变化组织经营服务活动，提高市场营销活动效果，增强市场竞争力。

（二）消费者行为特点

消费者行为受到消费者对待购买的产品或服务的态度的深刻影响。消费者的态度是指消费者对消费对象客体、属性和利益的情感反应，即消费者对某件商品、品牌或公司经由学习而有一致的喜好或不喜欢的反应倾向。

森林康养消费者的购买行为，在很大程度上受康养消费者对所购森林康养产品态度的支配，森林康养消费者的心理活动集中表现在购买活动中，并影响其购买行为。一般来讲，消费者对于森林康养产品和服务的购买具体有如下一些行为表现。

1. 求新

即重视森林康养服务的过程和社会流行风尚，讲求享受新颖、独特、引领潮流的森林康养服务。森林康养企业在推出产品和服务时要有创新思维，做到不断推陈出新，做好森林康养产品和服务的升级换代。

2. 求美

即讲究森林康养环境，希望在消费森林康养过程中获得视觉、听觉、触觉、嗅觉等优美的感官享受。随生活水平的提高，康养消费者必然提高对森林康养过程中美感和舒适度的追求。森林康养企业在选择森林康养活动场域时要格外关注场地的美感、环境、空气质量等因素，按照森林康养基地建设标准设置相关场域。

3. 求名

康养消费者通常较重视森林康养过程的商标与知名度，对品牌、优质服务产品有一种信任感，乐意认购著名企业和品牌旗下的森林康养过程产品和服务。做好企业品牌建设是森林康养企业赢得更多的市场份额的重要途径，好的企业品牌需要高质量的产品和服务作保障，因此，归根到底还是要完善产品和服务本身。

4. 求廉

康养消费者中一大部分为老年人群体，他们对森林康养过程价格极为敏感，视其为选择森林康养过程的重要因素。他们在购买森林康养过程时，希望付出较少的货币，获得较大的物质利益和精神享受，即价廉物美、经济实惠。

5. 求实

森林康养的消费群体多以老年人、亚健康人群、慢性病患者等有生理和心理健康需求的人群为主，在购买森林康养产品和服务时渴望得到身心恢复、疾病治愈、焦虑缓解等切实的疗效。森林康养企业在生产康养产品、提供康养服务时应该充分考虑产品和服务的科学性和医疗特性，增加专业性研发，提升产品和服务质量。

6. 求安全

安全问题是参与森林康养的消费者们最为关切的基本问题，森林康养活动多在自然环境中开展，远离城市，接近森林环境，一些野外安全隐患随之而来。因此，消费者对森林康养安全的关注应该得到更多的重视。这就要求森林康养企业在带领室外活动之前做好防护工作，在活动中要做好风险管控，如遇突发情况要妥善安排脱险和救险工作。

二、影响消费者行为的因素

森林康养消费者购买行为不是一个孤立的行为，而是受一系列相关因素影响的连续行为。虽然森林康养需要是森林康养消费者购买行为发生的重要因素或条件，但是来自文化、社会、个人和心理等各方面的因素，也会对康养消费者购买行为产生较大的影响。

(一) 文化因素

文化形成于人们的社会实践，它包括价值观念、伦理道德、风俗习惯、宗教信仰、审美观、语言文字、学历水平等。文化背景不同，人们的需求就会不同，购买行为也会出现差异，有些差异还很大。对于森林康养企业来讲，必须重视文化因素对康养消费者购买行为的影响。

(二) 社会因素

社会因素主要包括相关群体因素和家庭因素。

首先，相关群体因素。相关群体也称为参考团体，是指在形成一个人态度、意见、购买行为时给其以影响的群体。按与康养消费者的关系，可以将相关群体分为初级群体、次级群体和渴望群体。初级群体主要是邻居、同事和朋友等。这一群体与康养消费者之间的关系比较密切，且经常进行信息沟通，因此这一群体对康养消费者购买行为产生直接的影响，且影响力较大。次级群体是指康养消费者及相关的社会团体、职业协会、学会等。这一群体成员之间的联系不如初级群体密切，只能在一定程度上影响康养消费者购买行为。渴望群体是指康养消费者推崇的一群人，如电影明星、体育明星、社会名流等。这一群体尽管与康养消费者没有什么直接关系，但康养消费者往往将渴望群体的生活方式和消费行为作为自己的参照。

相关群体影响一般表现在四个方面：一是相关群体为康养消费者提供了一定消费行为或生活方式的模式；二是影响康养消费者个人态度和自我观念导致产生新的购买行为；三是引起人们的仿效欲望，产生仿效行为；四是促使人们的行为趋于某种"一致化"，影响康养消费者对森林康养产品服务和康养方式的选择。

其次，家庭因素。在现实生活中，许多森林康养过程和服务是以家庭为"购买单位"的。因此，家庭对康养消费者购买行为的影响是至关重要的。康养消费者一生中所经历的家庭一般可分成两种：一是从诞生而来的家庭，也就是父母的家庭；二是个人的衍生家庭，也就是自己的家庭。康养消费者在进行购买决策时，一般受第一个家庭的影响是间接的，而且影响力较小；受第二个家庭的影响是直接的，而且影响力比较大。

(三) 个人因素

1. 年龄

森林康养消费者的需求与其年龄的关系很大，人们随着年龄的增长而购买不同的产品和服务，不同年龄的人对森林康养产品会有不同的需要和偏好。

2. 职业

不同职业的人，生活方式和工作需要不同，对康养服务的需要也不同。

3. 经济状况

包括收入情况、储蓄及资产情况、借款能力、对消费及储蓄的态度等。

4. 生活方式

生活方式是指一个人在生活方面所表现出的兴趣、爱好、观念以及参加活动的方式。不同生活方式的人，对森林康养类型的喜好程度有很大的不同，例如：体育爱好者对动态森林康养项目感兴趣；而喜欢安静的人则对静态森林康养项目更关注等。

5. 个性和自我观念

个性是指森林康养消费者的个人性格特征，如内向、外向、保守、开拓、固执、随和等。自我观念也就是自我形象。每一个人都会在心目中为自己描绘一幅形象，尽管自我形象是主观的，但森林康养消费者在实际购买森林生态旅游过程中，如果认为该森林康养服务过程与自己心目中的形象一致，往往就会决定购买；反之，则拒绝购买。

6. 心理因素

第一，购买动机。森林康养消费者购买动机，是推动其实行某种购买行为的一种愿望或念头，它反映了消费者对某种森林康养产品或服务的需要。购买动机既有生理的也有心理的。康养消费者购买行为不仅受生理动机的驱使，还受到心理动机的支配。森林康养需求的高层次性，决定了其购买动机的心理性比之生理性影响更大。例如，由道德、集体感、美感、愉悦感、幸福感等人类高级情感动机所引起的购买行为，一般具有较大的稳定性和深刻性，往往可以从购买中反映森林康养消费者精神面貌。

第二，消费者的注意。森林康养消费者在购买森林康养过程中，通过直接的感觉得到对森林康养产品和服务的印象并引起注意，进而进行综合分析，然后才能决定是否购买。因此，森林康养消费者的注意，是影响消费行为的重要因素。心理学认为，人的注意是有选择性的。一般来讲，有3种注意过程：选择性注意、选择性扭曲和选择性记忆。选择性注意是指个人每天都会面临着许多刺激物，但他不可能注意到所有的刺激物，大部分刺激物都会被忽略掉，引起注意的只是少数。即使是少数注意，也并非都能正确地理解和认识，而往往按照其先入为主的观念或某种偏见加以曲解，使之与自己头脑中的想法相吻合，这就是选择性扭曲。选择性记忆就是人们会忘掉大部分所了解的东西，而主要记忆那些符合自己信念、态度的东西。

第三，消费者的习得行为。习得行为是指人们后天学习所表现出的行为，人类除本能驱使力支配的行为外，其他行为皆属习得行为。习得行为是某一刺激物与某一反应之间建立联系时所发生的行为。人类的需要和欲望是5种因素互相作用的结果，即驱使力、刺激物、提示物、反应和强化。

对于森林康养企业来讲，要扩大森林康养产品销售，不仅要了解自己的产品和服务（刺激物）与森林康养消费者驱使力的关系，而且要向森林康养消费者提供诱发需求的广告宣传（提示物），并且要根据森林康养消费者的动态（反应），调整广告和宣传的方式和强度（强化），形成森林康养消费者购买森林康养产品和服务的驱使力。

三、消费者购买行为过程

消费者购买行为过程应当被看作一个循环往复的持续过程，包括了购前、购中和购后3个阶段。在3个阶段中又包含了认知需求、收集信息、判断选择、购买决策和购后评价5个步骤。

第一，认知需求。所谓认知需求是指消费者识别能够得到满足需求的行为过程。对森林康养消费者来说，就是在森林康养产品和服务中识别是否有自己需要的内容。

第二，收集信息。收集信息是指消费者认知需求之后，通过各种渠道收集能够满足这种需求的相关资料的行为过程。例如，希望通过森林康养满足养老需求者，则需要通过各种渠道搜寻相关的信息。

第三，判断选择。消费者在收集到各种资料之后，将这些资料进行分析对比的过程叫做判断选择。消费者在收集到与自己需求有关的各种资料之后，便会将这些资料进行分析整理，从资料中得到自己所需的相关信息，并根据自己的理解对其属性进行横向对比，并对自己有利的信息加以判断，为购买决策提供参考。

第四，购买决策。是消费者经过对产品的评价和判断之后所产生的一种购买意图，但不一定是最终的实际购买行动。消费者的购买倾向在实施的过程中还会受到一些其他因素的影响，最终才能完成购买决策。

第五，购后评价。是指消费者在购买森林康养产品后，对各方面的感受和评价的过程。消费者在购买了森林康养产品和服务之后，会进一步与市场上的同类森林康养产品和服务就质量、价格、形式和售后服务做出横向比较，也会通过相关群体对自己的购买决策做出满意或不满意的评价。评价的结果如何将会对确立产品的信誉、树立品牌形象、促成下次购买和带动相关群体的购买产生十分重要的影响。

认知需求、收集信息和判断选择阶段属于购前过程，购买决策阶段属于购中过程，购后评价阶段属于购后过程。在实际当中，消费者并不一定在购买每个产品时都要经过这5个步骤，也可能跃过其中的某个阶段或倒置某个阶段，但总体而言，消费者购买行为离不开上面讲述的购前、购中、购后几个阶段。

思考题

1. 森林康养的消费者有哪些特点？
2. 哪些因素可能会对森林康养消费者的行为产生影响？

3. 请结合实际情况，选定一个森林康养基地设计一套完整的消费者调查问卷。

参考文献

秦勇，李东进，2016. 企业管理学[M]. 北京：中国发展出版社.

王力峰，2006. 森林生态旅游经营管理[M]. 北京：中国林业出版社.

第九章 森林康养企业的市场营销

第一节 森林康养市场需求

把握市场需求是开展森林康养市场营销各项工作的最基础的工作。如果不能正确分析、把握森林康养市场需求,则会使市场营销工作迷失方向。

一、市场需求的概念

市场需求是指一定的顾客在一定的地区、一定的时间、一定的市场营销环境和一定的市场营销计划下对某种商品或服务愿意而且能够购买的数量(有支付能力的需求)。森林康养市场需求,则是指特定的顾客对森林康养产品和服务愿意而且能够购买的数量。

二、市场需求的特点

(一)非营利性

森林康养市场是为个人或家庭提供最后的、直接的森林康养产品和服务的市场,因此这个市场上顾客的购买是一种最终性购买,即人们购买森林康养产品或服务,不是为了转卖或盈利,而是为了获得某种愉悦和享受,以满足自身非营利性的需要。

(二)高层次性

美国著名心理学家马斯洛提出,人们的需求按满足的先后而排列成由低到高的5个层次,即:生理需求、安全需求、社交需求、尊重需求和自我实现需求。从森林康养需求的性质考察,它显然是属于高于生存需求层次的需求,应当是兼有安全、社交、尊重和自我实现层次需求性质的需求。满足这种需求的应当是高质量高水平的产品和服务。

(三)多样性

由于森林康养消费者的民族传统、宗教、信仰、经济收入、文化程度、生活方式、风俗习惯、兴趣爱好、情感意志以及性别、年龄、职业等方面存在着差异,面对不同类型的人群,如老年人、亚健康人群、慢性病患者、青少年等,其对森林康养产品和服务等方面的需求必然是千差万别。

(四)情感性

由于森林康养产品或服务是兼具物质和精神性质的供给,决定了森林康养消费者很难对森林康养产品或服务,如某些医学性较强、文化内涵丰富的产品和服务,有专业性的把握和了解。在多数情况下，需求的理性不够而受情感影响较强，因此广告宣传导向性更强。

（五）高弹性

消费者购买森林康养产品，在数量、品级、方式等方面往往会随购买力水平的变化而变化，随价格的高低而转移，在收入和价格作用下发生弹性需求，并且需求弹性较大。一般来讲，当货币收入增多，购买力水平提高，或者森林康养产品价格降低，人们对森林康养产品和服务的需求会明显增加；反之，就会减少。

（六）季节性

从森林康养消费实际考察，森林康养产品和服务受季节、气候、节假日等因素影响较大，表现出市场需求较强的季节性和周期性。

三、市场需求的类型

（一）健康需求

健康需求是指顾客从实际健康状况出发判断其应该获得的服务量，是顾客依据自己的实际健康状况与"理想健康状态"之间存在的差距而提出的对预防、保健、医疗、康复等服务的客观需求，包括个人观察到的需要和由医疗卫生专业人员判定的需要，有时两者一致，有时不一致。从经济角度考察，森林康养的健康需求是人们愿意并且有消费能力的健康相关的服务需求。

在经济社会高速发展的今天，人们面临的健康问题已经成为关系未来发展的重大问题。这些问题的产生和不断扩大，使得人们的健康需求也在迅速地提升。目前看，主要表现在两个方面：

一是亚健康人群需求。亚健康是指人体处于健康和疾病之间的一种状态。处于亚健康状态者，不能达到健康的标准，表现为一定时间内的活力降低、功能和适应能力减退的症状，但不符合现代医学有关疾病的临床或亚临床诊断标准。导致亚健康的主要原因有：饮食不合理、缺乏运动、作息不规律、睡眠不足、精神紧张、心理压力大、长期不良情绪等。

目前我国至少有80%的人群处于亚健康，至少30%的人群属于亟待医疗保健范围，而需要医疗保健的超过3亿人。在现实中，不少疾病来自亚健康，亚健康往往会导致重大疾病的爆发。因此，应从源头消除疾病的产生，防止各类疾病的爆发。森林康养服务所涉及的要素，与解决亚健康问题所要求的要素有着非常密切的联系，即森林康养服务实际上是一种从增强自身免疫力角度入手，从根本上提供坚实的预防功能的健康供给，非常适合亚健康人群的身心调养和恢复。这也正是森林康养产业最基本也是最可靠的需求基础。

二是慢性病人群需求。慢性病全称是慢性非传染性疾病，不是特指某种疾病，而是对一类起病隐匿，病程长且病情迁延不愈，缺乏确切的传染性生物病因证据，病因复杂，且有些尚未完全被确认的疾病的概括性总称。常见的慢性病主要有心脑血管疾病、糖尿病、慢性呼吸系统疾病，其中心脑血管疾病包含高血压、脑卒中和冠心病等。

在我国，预计有超过4.5亿人患有高血压、高血脂、高血糖，三高人群大量出现的根源是这类人群日常作息起居缺乏规律性和科学性。目前看来，森林康养服务能够让三高人群回归大自然，在森林这一特殊环境下，从改变三高人群的生活方式入手，利用食物调节、睡眠调节、休息调节、锻炼调节、心情调节等综合手段，从根本上增强三高人群的免疫力，解决医药解决不了的问题，具有强大的医疗价值，充分体现了预防为先的理念，与《黄帝内经》的"治未病"思想不谋而合。

（二）养生需求

养生，原指道家通过各种方法颐养生命、增强体质、预防疾病，从而达到延年益寿的一种医事活动。养，即调养、保养、补养之意；生，即生命、生存、生长之意。现代意义的"养生"指的是根据人的生命过程规律主动进行物质与精神的身心养护活动。养生需求则是人们愿意和有能力支付的对身心养护活动的需求。

人的生命只有一次，没有生命，也就没有一切。养生需求是建立在生存需求满足基础上的高层次生命需求，是提高生命质量的需求。森林康养服务的本质决定了它是一种全系列、多形式、多工具的提高生命质量的供给，这些供给体现在：

一是森林食品，让人们能够享受到纯天然、纯绿色的生态饮食；

二是森林体验，让人们在森林中获得特殊的自然感受，切身体验宁静的自然环境、美丽的山水景观、奇妙的生物多样性。林间运动锻炼、植物精气辅助的睡眠等，都为实现养生目标提供了不可替代的作用；

三是森林游憩休闲，森林山水景观与区域历史文化积淀的融合，是森林康养产品和服务的重要特色，它将自然之美与文化、旅游、修身养性等结合起来，使人们在感受自然的美丽与民族优秀文化的魅力过程中，修身养性、陶冶情操，促进身体与精神健康的协调发展，使养生到达更高的境界。

（三）养老需求

按照联合国的标准，60岁以上的人口超过人口总数的15%即为老龄社会。2017年，我国60岁以上的人口占比已经达到17%，这意味着我国已进入了老龄化社会，我国目前有1.5亿老人需要养老，值得注意的是城市养老问题正在成为社会发展的重大问题。老年人最重视的就是健康长寿，而森林康养活动能够最大程度地满足老年人健康长寿的需求。森林康养提供的环境、条件和服务项目，都可以与养老需求紧密结合起来，给有一定经济实力的老年群体提供最舒适、最健康的养老条件。老年人喜欢宁静的环境，森林正好可以满足这一需求，在森林中感受大自然的魅力是不少老年人的心愿。

（四）旅游需求

旅游是现代生活方式的重要组成部分，随着生态文明建设的推进，生态旅游更是越来越受到国人的追捧。据统计，当前我国每年的旅游人次超过60亿，其中森林旅游人数超过18亿人次。人们喜欢到森林中旅游，接受特殊的森林体验，这是人类回归自然的本能需求。由此便构成了森林康养又一重要的社会需求基础。

（五）家庭幸福需求

家庭幸福需求是追求家庭成员和谐美满的需要，家庭是社会的细胞，家庭美满幸福是所有人的最大希望，家和万事兴。家庭美满幸福的状态，直接影响着个人幸福指数高低。家庭幸福美满，首先应当是家庭和睦，一家老小健康快乐。这就是一种家庭幸福的需求，它既包括物质的也包括精神的高层次需求。森林康养应当是满足这种需求非常适合的供给形式。

例如，森林康养基地可以满足一家老小各个年龄段的特殊需要，老人可以享受森林宁静的环境，感受传统文化的魅力，在富氧环境里放松心情，静态养生；中年人可以进行森林锻炼项目，增强自身的免疫力，还可以在自然环境中忘却压力、陶冶性情，同时利用宁静的机会思考事业、感悟人生；小孩可以在森林环境下接触自然、感知自然、学习自然，培育爱护自然、探索自然的兴趣等。

（六）教育需求

目前，针对普遍存在于社会各类群体中的自然缺失症的问题，各类围绕森林环境资源展开的自然教育正在我国社会广泛兴起，自然教育机构如雨后春笋般涌现出来。森林的教育功能逐渐凸显，森林康养活动本身就是一种动植物文化、古树木文化、中医文化、森林文化的集合体，通过森林康养，丰富个人综合素质，已经成为社会各界人士一项重要的教育选择。

第二节　森林康养企业的市场营销

一、森林康养营销环境

在第二章中，已经对企业经营环境进行了阐述。实际上，森林康养企业的经营环境与企业市场营销环境是重叠在一起的，只是后者的研究和分析更加具体，以便为市场营销决策提供更加科学有效的依据。把握森林康养企业的营销环境，同样要从两个层次着手，即：宏观营销环境和微观营销环境。宏观营销环境，即森林康养企业在市场营销过程中面临的政治、经济、社会和技术的环境；微观营销环境，即与企业自身目标、策略、产品、营销策略等因素有关的环境要素。

（一）森林康养市场营销宏观环境

1. 政治环境

首先是发展森林康养的大背景，即生态文明建设的战略布局，乡村振兴战略和大健康战略的实施等国家发展战略为森林康养事业发展提供的宏观机遇；其次是林业产业高质量发展和践行"绿水青山就是金山银山"理念，为森林康养提供的行业营销环境，成为森林康养市场营销最突出的政治环境。

近年来，国家卫生健康委员会、国家林业和草原局、中医药管理局、民政部四部委联合发布了关于发展森林康养产业的重要文件。这表明，森林康养这一新型业态已经得到国家层面的关注，相关的政策性文件已经陆续出台。《林业发展"十三五"规划》明确指出："要做大做强森林等自然资源旅游，大力推进森林体验和康养，发展集旅游、医疗、康养、教育、文化、扶贫于一体的林业综合服务业。"这为森林康养产业发展和市场环境的改善提供了政治保障。

2. 经济环境

随着社会整体生活水平的提高，人们的生态需求不断增长，特别是与生命健康紧密相关的生态需求，正在成为体现人们生活质量的重要标志。这就为提供生态供给的森林康养事业开辟了广阔的市场空间。进入21世纪后，我国国民的收入水平持续增长，2019年全国居民人均可支配收入30 733元。其中，城镇居民人均可支配收入为42 359元，农村居民人均可支配收入为16 021元，同比增速均超过7.9%。城乡居民收入均保持了高速增长，旅游对于百姓而言已不再是奢侈品，外出旅游成为衡量幸福生活的关键指标之一。2017年国内旅游总人次约为50亿，人均出游次数约为37次，2016—2017年度居民的旅游幸福指数为93.6，外出旅游大大提高百姓生活的幸福指数。

从居民消费情况来看，2019年全国居民人均消费支出21 559元。其中，城镇居民人均消费支出28 063元，农村居民人均消费支出13 328元。表明人们的消费能力随着收入提高在同步提升，城乡差距进一步缩小。从2019年居民人均消费支出结构可以看出，衣食住行与通信仍然是居民的主要消费支出方面，但医疗保健与教育文化娱乐支出约占总支出的20%，这也说明健康与教育文化等方面也开始受到广大居民的重视，成为日常生活中不可缺少的一部分。

3. 社会环境

目前，我国社会主要矛盾已经转化为人民日益增长的美好生活需要和不平衡不充分的发展之间的矛盾。在我国全面实现小康目标的背景下，人们不仅对物质生活提出了更高要求，而且在民主、法治、公平、正义、安全、环境等方面的要求也在提高。

特别是在城市人群亚健康化和人口老龄化的社会发展大背景下，随着人们生活水平的提高，全民对保健养生的认识水平也在不断提高。有关调查显示，56.1%的受访者最青睐森林养生，而其中72.8%的人选择了森林保健旅游。目前，我国全年法定休息日已超过110天，闲暇时间不断延长，带薪年假制度的落实，为人们回归自然、走进森林进行康养提供了时间上的可能性。在森林中感悟生命、提升健康水平将成为提高生活质量的重要选择，由此就形成了巨大的消费群体和消费市场。

4. 技术环境

森林康养市场营销的技术环境，包括市场上产品与服务技术革新与应用的状态，企业市场营销手段和方法的创新，消费者在森林康养信息掌握、服务质量的判断和消费目标的选择等方面的技术进步等。例如，在森林康养项目技术创新上，关于森林康养的医学临床实验已经广泛开展，森林的疗愈属性已经被大量的医学实验所证实。

森林康养关于康复、保健等的技术，与按摩、催眠和针灸一样，均属于替代疗法。其功能主要包含治疗、康复、预防和保健4个属性。治疗属性主要集中在心理疾病领域。认知障碍、自闭症等心理疾病患者长期或定期进行森林疗养，其精神和情感表现为安定化，恐慌行为减少，交流行为增加；预防属性主要针对生活习惯。在城市紧张生活中，由不良生活习惯所造成的亚健康状态，包括肥胖、高血糖、高血压、过敏、头痛、抑郁、男性ED等；康复属性是指疾病治疗之后的健康恢复过程。人与森林有一种天然亲和感，森林里的溪流和植物光合作用可释放大量负离子，为病人提供了符合康复要求的身心环境；保健属性以高端休闲业态存在。政府、公众和研究机构都非常关注森林保健功能，研究表明，森林中高浓度的负氧离子可起到调节中枢神经、降低血压、改善内分泌功能等作用，而植物芬多精则可杀死细菌和真菌，增加自然杀伤细胞活性，提高人体免疫力。

（二）森林康养市场营销微观环境

除了宏观营销环境，对森林康养的市场营销微观环境分析，同样是确定市场营销策略的重要依据。与一般企业市场营销的微观环境一样，森林康养企业的微观环境也由6个要素构成，即：企业自身、供应商、营销中介、顾客、竞争者和公众。关于市场营销微观环境的分析，在第二章企业经营环境分析中已经阐述，这里不再赘述。

（三）分析营销环境的意义

1. 营销环境隐含着机会和威胁

首先，环境给企业营销带来的机会。营销环境会滋生出对企业具有吸引力的领域，带来营销的机会。对企业来讲，环境机会是开拓经营新局面的重要基础。为此，企业加强应对环境的分析，当环境机会出现的时候善于捕捉和把握，以求得企业的发展。其次，环境给企业营销带来的威胁。营销环境中会出现许多不利于企业营销活动的因素，由此形成挑战。如果企业不采取相应的规避风险的措施，这些因素会导致企业营销的困难，带来威胁。为保证企业营销活动的正常运行，企业应注重对环境进行分析，及时预见环境威胁，将危机减少到最低程度。

2. 营销环境为企业营销活动提供资源

市场营销环境是企业营销活动的资源基础。企业营销活动所需的各种资源，如资金、信息、人才等都是由环境来提供的。企业生产经营的产品或服务需要哪些资源、多少资源、从哪里获取资源，必须分析研究营销环境因素，以获取最优的营销资源满足企业经营的需要，实现营销目标。

3. 营销环境是企业制定营销策略的依据

企业营销活动受制于客观环境因素，必须与所处的营销环境相适应。但企业在环境面前绝不是无能为力、束手无策的，能够发挥主观能动性，制定有效的营销策略去影响环境，在市场竞争中处于主动，占领更大的市场。

二、森林康养市场营销策略

森林康养市场营销活动，是一种系统性活动。这种活动表现为一系列市场营销策略有机结合、有效实施的过程。因此，森林康养的市场营销策略，是市场细分、市场定位、市场价格、营销渠道和市场促销等策略的组合。

（一）森林康养市场细分策略

市场细分是指营销者通过市场调研，依据消费者的需要和欲望、购买行为和购买习惯等方面的差异，把某一产品的市场整体划分为若干消费者群的市场分类过程。每一个消费者群体就是一个细分市场，每一个细分市场都是具有类似需求倾向的消费者构成的群体。森林康养市场营销市场细分的原则、标准和步骤如下。

1. 市场细分的原则

市场细分是森林康养企业选择目标市场的前提。不同的森林康养企业，由于经营服务定位的不同，市场营销方向和目标也不同。但是，市场细分却是不同企业都需要进行的营销环节。科学的市场细分，需要坚持以下原则：

第一，可衡量性原则。森林康养企业选定细分市场的依据应该是可以量化的。有时一些心理、行为等因素很难用数字衡量，这要求森林康养企业在细分依据的选择上要有创造性，并且掌握一些定量的技巧。否则，森林康养企业无法知道各细分市场的需求规模，因而影响市场策略的制定与实施。

第二，可营利性原则。市场细分的程度，决定了营销目标市场的规模，因此存在细分的规模经济不经济问题。因此，森林康养市场在很多情况下不能无限制地细分下去，否则造成规模上的不经济。掌握的标准应该是，细分的最终程度应保证各细分市场有足够的需求水平，这样才能保证森林康养企业有利可图。

第三，可进入性。森林康养企业本身的人力、物力和财力可以通过不同的渠道进入细分市场，市场营销的对象或者客体因素也能通过各种途径进入该市场。具体地说，森林康养企业能够将产品和服务的信息送达市场，而消费者也能在市场中了解到与本企业相关的信息。

第四，可操作性和可影响性。森林康养企业可以通过市场营销因素，如商品、价格、渠道和促销等方面的变动，去影响细分市场中的消费行为，达到森林康养企业的市场目标。如果这些因素的变动不能取得消费者的响应，或企业对市场毫无控制能力，就谈不上任何发展和营利。

2. 市场细分标准

市场细分标准，是能够充分反映森林康养市场需求不同特征的各类因素。市场细分以顾客为基础，其出发点就是消费者对森林康养产品的不同需求与欲望。森林康养企业应根据所经营产品服务的特点，结合对应的需求特点，确定市场细分的标准。不同类型的市场，进行市场细分时所考虑的因素也有所不同，而这些因素又往往处于动态之中，故称这些因素为"细分变数"，实际就是市场细分的标准。市场细分标准主要包括以下几个方面：

第一，地理因素。按消费者所处的地理位置进行市场细分，是最早的一种方法。因为同一地区的消费者在需求方面往往类似，尤其是当信息沟通和供销方法受到限制时，地区市场之间的需求差异极为明显。但随着时代发展，任何国家或地区市场都日益成为国际市场的一部分，在很多方面，需求具有全球化的某种一致性。但在很多情况下，地理因素仍不失为表征需求特征的重要标准。

地理因素包括洲界、国界、地区、政区、城镇规模、地形、气候、交输运输、人口分布等。实际上，在市场经营中，市场潜力和经营成本常随地理位置的不同而变更。人口密度大的地区，市场潜力相对较大，而经营成本则相对较低。森林康养企业按地理变数细分市场时，在经营策略上要做到区别对待，因地而异。

第二，人口因素。人口因素就是指人口调查统计的内容。这些因素往往易于辨识和衡量，主要包括年龄、性别、收入、职业、教育水平、家庭大小、生活水平、宗教信仰、种族、国籍、社会阶层和风俗习惯等。

人口因素中的每一个变量都可用来对市场进行细分，不同的森林康养产品服务，不同的市场，采用的变量有所不同。但在实际业务中，许多森林康养企业是按照2个或2个以上的人口变量来细分市场的。通过综合分析，就可估计每一分市场或子市场的潜在价值，权衡得失，选择其中一个或几个自己力所能及和最有利的分市场作为企业的目标市场。

第三，心理因素。消费者需求受个人生活方式及其性格等心理因素的影响，往往比其他因素要深。由于消费者的心理因素是多种多样的，有的求新、有的求质、有的求廉、有的求名等，不同的心理需求，不同的个性，产生了消费者不同类型的购买动机。同时由于消费者心理需求具有无限性、多样性、时代性、可诱导性，情况比较复杂，因此森林康养企业在根据消费者的心理因素细分市场时，必须要深入调查，切实掌握消费者不同的心理特征及其变化趋势。尽管心理因素较难以数量化且难以把握，但有时用它来细分市场是极为有效的。

第四，行为因素。它是森林康养企业根据消费者对产品和服务属性所具有的知识、态度、使用和反应状况来细分市场。行为因素体现了消费需求差异的外在因素。消费行为因素包括对商品的使用频率、使用场合、使用时间、忠诚度等。根据这个维度，可以把消费者分为重度用户、中度用户和轻度用户，也可以分为忠诚用户和摇摆客户等。行为因素即与消费者对某种森林康养产品的购买行为特征相关联的因素。这些因素一般认为是消费者市场有效细分的最佳依据。

上述4种因素对消费者来说，往往相互影响，不能截然分开。细分市场不能只考虑某一方面的因素，也并非依据所有的因素，而是根据森林康养企业特点，选择使消费者之间产生明显差别的若干因素结合起来进行市场细分，才能选出较理想的目标市场。同时，市场细分依据的因素，具有静态性和动态性，所以细分市场要建立在动态基础上，注意灵活性，进行经常的研究与调整。

3. 市场细分步骤

第一，选定适当的市场范围，确定经营方向。森林康养企业确定经营目的之后，就必须紧接着确定企业经营的市场范围，这是市场细分的基础。市场范围应根据顾客的需要，而不是企业本身特性来确定。为此应开展深入细致的调查研究，分析市场消费需求的动向，是确定市场范围的前提。同时，选择市场范围时，应注意范围不能太大或太狭窄。当然，森林康养企业在确定市场范围时，要充分考虑到自己所具有的资源和能力。

第二，分析潜在的顾客需求，决定细分市场的因素组合。在选择适当的市场范围之后，列出所选择市场范围内所有潜在顾客的需求，这是确定市场细分的依据。这类需求多半具有心理性、行为性或地理性因素特征。为此，森林康养企业应对市场上刚开始出现或将要出现的消费需求，尽可能全面而详细地罗列归类，以便针对消费需求的差异性，决定实行何种细分市场的因素组合，为市场细分提供可靠的依据。

第三，构成可能存在的细分市场。森林康养企业通过分析不同的消费者需求，找出各类消费者的典型及其需求的具体内容，并找出消费者需求类型的地区分布、人口特征、购买行为等方面的情况，作出估计和判断，构成可能存在的细分市场。

第四，寻找主要的细分因素，表征需求特点。企业要分析哪些需求因素是重要的，应使其与企业的实际条件及各细分市场的特征进行比较,通过寻找主要的细分因素,表征需求特点,筛选出最能发挥企业优势的细分市场。

第五,确定细分市场的名称。森林康养企业应根据各个细分市场消费者的主要特征,用尽量形象化的方法,富有创造性地为各个可能存在的细分市场确定名称,并能从名称上联想该市场消费者的特征。

第六,加强对细分市场在需求方面的了解。进一步检查、了解各个可能存在的细分市场,在定名后是否符合企业的情况。企业尽可能对定名的细分市场及其需求进行检查,深入了解这些细分市场的购买动机以及他们会有哪些购买行为,以便对各个细分市场进行必要的合并和分解,使之形成有效的目标市场。

第七,绘出整个市场的概貌,估计市场规模。森林康养企业应把各细分市场与人口地理分布和其他有关消费者的特点联系起来,然后估计各细分市场的潜力,决定细分市场的规模,并寻找出市场主攻方向,确定目标市场。

(二)森林康养市场定位策略

1. 森林康养市场定位的概念

市场定位也称作"营销定位",是市场营销工作者用以在目标市场(此处目标市场指该市场上的客户和潜在客户)的心目中塑造产品、品牌或组织的形象或个性的营销技术。

企业根据竞争者现有产品在市场上所处的位置,针对消费者或用户对该产品某种特征或属性的重视程度,强有力地塑造出此企业产品与众不同的、给人印象鲜明的个性或形象,并把这种形象生动地传递给顾客,从而使该产品在市场上确定适当的位置。

市场定位的实质是使本企业与其他企业严格区分开来,使顾客明显感觉和认识到这种差别,从而在顾客心目中占有特殊的位置。森林康养企业应该如何正确进行市场定位的问题实际上是制定产品和服务策略的问题,一切用于满足森林康养顾客需求的有形产品、无形服务都是产品,与产品相关的因素包括产品的开发、生产、储运、商标和质量保证等。对于森林康养而言,无论是无形的服务,还是有形的产品,森林康养企业都必须以满足顾客需求为根本,通过细分市场,确定不同市场的目标产品,只有这样才能制定出正确的营销策略。

2. 森林康养市场定位的步骤

(1)识别可能的竞争优势

森林康养企业在进行市场定位时,首先要做的是认清本企业的竞争优势,即努力寻找或者培育本企业与同行业的其他企业之间的产品差异、服务差异、人员差异、形象差异等,从而形成本企业独特的市场竞争优势。产品差异,是指企业可以使自己的产品区别于其他同类产品;服务差异是指对于森林康养企业来讲,除了靠实际产品区别外,还可以使其与产品有关的业务服务更具个性化,使之区别于其他企业;人员差异是指企业可通过雇用和训练比竞争对手好的人员取得很强的竞争优势;形象差异指的是企业应该在品牌和形象上包装自己的产品或服务,即使产品和服务本质上很相似,购买者也会根据企业或品牌形象观察出不同来。

(2) 选择合适的竞争优势

选择其中几个竞争优势，据此建立起市场定位战略。企业必须决定促销多少种，以及哪几种竞争优势。避免市场定位错误，一是定位过低，即根本没有真正为企业定好位；二是过高定位，即传递给购买者的公司形象太窄；三是企业定位混乱，给购买者一个模糊混乱的企业形象。

(3) 传播和送达选定的市场定位

选择好市场定位，企业就必须采取切实步骤把理想的市场定位传达给目标消费者。企业所有的市场营销组合必须支持这一市场定位战略。

3. 森林康养市场定位的类型

第一，直接对抗定位战略。直接对抗定位也称为针锋相对定位，指企业采取与细分市场上最强大的竞争对手同样的定位。也就是企业把产品或服务定位在与竞争者相似或相同的位置上，同竞争者争夺同一细分市场。一般来说，当企业能够提供比竞争对手更令顾客满意的产品或服务、比竞争对手更具有竞争实力时，可以实行这种定位战略。

如百事可乐与可口可乐的竞争、肯德基与麦当劳的争斗，就是直接对抗定位的例子。由于竞争对手实力很强，且在消费者心目中处于强势地位，因此实施直接对抗定位策略有一定的市场风险，这不仅需要企业拥有足够的资源和能力，而且需要在知己知彼的基础上，实施差异化竞争，否则将很难化解市场风险，更别说取得市场竞争胜利了。

第二，市场补缺式定位战略。这是指企业把自己的市场位置定位在竞争者没有注意和占领的市场位置上的策略。当企业对竞争者的市场位置、消费者的实际需求和自己经营的商品属性进行评价分析后，如果发现企业所面临的目标市场存在一定的市场缝隙和空间，而且自身所经营的商品又难以正面抗衡，这时企业应该把自己的位置定在目标市场的空档位置，与竞争者成鼎足之势。

采用这种市场定位策略，必须具备以下条件：本企业有满足这个市场所需要的货源；该市场有足够数量的潜在购买者；企业具有进入该市场的特殊条件和技能；企业经营必须营利。

第三，另辟蹊径式定位战略。另辟蹊径式定位也叫独坐一席定位战略。这种定位方式是指企业意识到很难与同行业竞争对手相抗衡从而获得绝对优势定位，也没有填补市场空白的机会或能力时，可根据自己的条件，通过营销创新，在目标市场上树立起一种明显区别于各竞争对手的新产品或新服务。突出宣传自己与众不同的特色，在某些有价值的产品属性上取得领先地位。

总之，当企业和市场情况发生变化时，都需要对目标市场定位的方向进行调整，使企业的市场定位策略符合发挥企业优势的原则，从而取得良好的营销利润。

(三) 森林康养市场价格策略

森林康养企业作为市场主体，要对企业的产品和服务进行合理定价，制定明确的价格策略。确定营销价格策略的原则是要兼顾生产成本要素与消费者购买成本要素。产品和服务的价格既是顾客非常关心的，也是产品和服务价值的真实反映。少数企业单纯以追求利润最大化为目标，易造成价格与价值不符而不被顾客接受，从而使价格不能真实地反映市场需求变化，同时也为竞争对手制定替代产品竞争价格策略提供空间。

因此，森林康养企业在为产品定价时，应以有益于提高自身竞争力的成本控制法为基础，既要考虑企业的成本因素，同时也应该切实地考虑到顾客的购买成本，包括顾客购买产品的货币支出，为此付出的时间、精力以及购买风险。做到以顾客需求为导向进行产品定价，从而使企业在市场营销中能够做到进退自如。

制定合理的价格策略应当考虑以下几点因素：

第一，影响定价的因素：定价目标、成本、需求、竞争对手的价格水平以及政府政策。

第二，企业定价目标：维持生存、利润最大化、市场占有率最大化、产品质量最优化。

第三，定价过程的步骤：选择定价目标、估算成本、分析竞争对手的产品与价格、选择适当的定价方法、选定最后价格。

第四，企业定价3种导向：成本导向（包括成本加成定价法、增量分析定价法和目标定价法）、需求导向（包括感知价值定价法、反向定价法和需求差异定价法）、竞争导向（包括随行就市定价法和投标定价法）。

第五，企业定价策略包括：折扣定价策略（现金折扣、数量折扣、功能折扣、季节折扣、价格折扣）；地区定价策略（原产地定价、统一交货定价、分区定价、基点定价、运费免收定价）；心理定价策略（声望定价、尾数定价、招徕定价）；差别定价策略（顾客差别定价、产品形式差别定价、产品地点差别定价、销售时间差别定价）；新产品定价策略（撇脂定价、渗透定价）；产品组合定价策略（产品大类定价、选择品定价、补充品定价、分部定价、副产品定价、产品系列定价等）。

企业处在不断变化的市场环境中，需根据不同市场价格波动变化及时做出反应——降价或提价，特别是当竞争对手变价时做出相应调整以达到自身竞争优势。

（四）森林康养营销渠道策略

销售渠道是指企业怎样以最低的成本，通过最合适的途径，将产品及时送达消费者的过程。森林康养企业要扩大森林康养受众的数量，增加森林康养企业的收入，就必须建立有效、顺畅的销售渠道。

1. 森林康养基地销售渠道类型

首先，根据营销过程是否通过中间商进行营销活动，销售渠道可以分为直接和间接营销渠道。前者是指顾客直接到森林康养基地购买门票，然后进入基地进行森林康养产品和服务的消费。这种购买方式主要针对散客和景区附近居民的购买。后者包括通过旅行社中介或代理商中介销售和通过网络信息中心销售。

其次，根据营销渠道的长度，即森林康养产品从企业到消费者购买为止，整个过程中经历中间商的层次数，渠道可以分为长渠道和短渠道。

最后，根据营销渠道的宽度，即一个时期内销售网点的多少、网点分配的合理性以及销售数量的多少，渠道可以分为多渠道和单渠道。

2. 选用销售渠道的标准

第一，区位条件。森林康养基地的区位条件对于渠道选择产生影响。森林康养基地的区位条件的好坏、知名度的高低、森林康养基地产品的特色，是影响销售渠道选择的重要因素。如果森林康养基地区位条件好、知名度高，森林康养基地产品有特色、吸引力大，可主要采用直接销售渠道为主、间接销售为辅的销售方式；如果森林康养基地产品的特点是开展大众旅游康养的产品，则主要采用间接渠道、长渠道、宽渠道销售为主，直接销售为辅。

第二，目标市场条件。目标市场条件对于渠道选择具有影响。如果目标客源多而分散，距离又远，则直接采用间接渠道、长渠道、宽渠道销售。如果目标客源相对集中，且距离较近，则宜选用直接渠道、短渠道、窄渠道销售。

第三，基地自身条件。森林康养基地自身状况对于渠道选择具有影响。例如，森林康养基地的总体规模。基地总体规模大，接待能力强，市场范围大，就可以采取间接渠道、长渠道和宽渠道销售为主；反之则采取直接渠道、短渠道和窄渠道销售为主。

又如，森林康养基地的财力大小。财力雄厚，可以选用直接销售渠道；财力不足，就应该选择间接渠道。再如，森林康养基地的产品组合。产品组合的形式较多，就可以采用间接的、宽的销售渠道；产品组合形式单一，则选择直接的、较窄的销售渠道。

（五）森林康养市场促销策略

促销策略是一种促进商品销售的谋略和方法。现代市场营销中的促销行为不是企业对顾客的单项刺激，而是企业从满足顾客需求的目的出发，通过双向交流，谋求顾客与企业间的双赢。市场营销从本质上说，是一种人际关系的互动。一般说来，森林康养的促销策略主要包括以下几个方面：

1. 促销目标

促销规划必须明确地表示整个促销实施过程要达到什么样的目标和效果。促销目标要跟顾客导向的市场营销规划目标相一致。促销目标可以是：①发布森林康养基地信息，维持基地形象；②开发潜在客源市场；③提升消费者数量，增加市场份额；④开发某一特定的细分市场或区域市场；⑤推出森林康养基地的新项目、新活动、新表演等；⑥提升知名度，等等。

2. 促销策略

面对市场中的各类消费者，森林康养企业可以采取多样化的促销策略。以下几种促销策略可供参考：

①供其所需　即千方百计地满足消费者的需要，做到"雪中送炭""雨中送伞"，这是最根本的促销策略。

②激其所欲　即激发消费者的潜在需要，以打开商品的销路。

③投其所好　即了解并针对消费者的兴趣和爱好组织生产与销售活动。

④适其所向　即努力适应消费市场的消费动向。

⑤补其所缺　即瞄准市场商品脱销的"空档"，积极组织销售活动。

⑥释其所疑　即采取有效措施排除消费者对新商品的怀疑心理，努力树立商品信誉。

⑦解其所难　即大商场采取导购措施以解答顾客。

⑧出其不意　即以出其不意的宣传策略推销商品，来达到惊人的效果。

⑨振其所欲　即利用消费者在生活中不断产生的消费欲望来促进销售。

以上策略的使用基础在商品本身的质量良好。

3. 促销方式

一般来讲，森林康养企业可选择的促销方式主要包括：

①广告促销　是指森林康养基地通过用支付一定费用的方式，通过媒体向旅游消费者传播森林康养基地产品信息的宣传方式。传播的媒体主要包括电视、广播、报纸、杂志等。

②新闻和公关促销　可以在媒体上为森林康养基地提供免费的报道，但需要森林康养基地提供值得报道的素材。

③促销活动　主要包括参加各种旅游交易会、展示会、节庆促销等。

④特殊事件促销　森林康养基地应充分利用各种社会传播体系，发挥其非单纯商品形象的效果，使受众对森林康养基地的形象有较深的印象，如利用体验笔记进行促销、利用电影宣传片进行促销、利用名人效应进行促销等。

森林康养企业要以人为本，围绕顾客的需求，与顾客进行交流与沟通，才能把营销工作做出特色，赢得顾客的满意。例如，定期开展森林康养新产品、新服务的免费招募体验活动、对参与森林康养活动团体给予优惠价格等。森林康养企业目标市场营销是一种计划与执行活动，其过程包括对一个产品、一项服务或一种思想的开发制作、定价、促销和流通等活动，其交易的过程达到满足组织或个人的需求目标，其核心内容是满足客户，企业的战略目标是通过极大地满足客户的需求而实现的。

思考题

1. 森林康养企业的市场营销主要包括哪些内容？
2. 森林康养企业的市场营销策略主要有哪些？
3. 请结合实际情况，确定一个森林康养基地，并制订一套该基地的市场营销方案。

参考文献

秦勇，李东进，2016. 企业管理学[M]. 北京：中国发展出版社.

王力峰，2006. 森林生态旅游经营管理[M]. 北京：中国林业出版社.

第十章 森林康养企业的人力资源管理

第一节 人力资源构成与规划

一、人力资源管理概念及特点

(一) 人力资源的含义与特征

人力资源,是与自然资源、物质资源或信息资源相对应的概念,有广义与狭义之分。广义的人力资源,是指以人的生命为载体的社会资源,凡是智力正常的人都是人力资源,它以人口为存在的自然基础;而狭义的人力资源,则是智力和体力劳动能力的总称,也可以理解为是为社会创造物质文化财富的人。

人力资源实质上应该包括4个方面的内容:一是人的本身体质;二是人的智力;三是具有特定范畴的才干;四是人的意识观念状态和道德准则。只有这4个方面的组合才形成人力资源。

作为最重要、最活跃的生产要素,人力资源对森林康养事业发展至关重要。

人力资源的特征,决定了其与其他资源的不同,主要包括以下几个方面:

①生物性　与其他任何资源不同,人力资源属于人类自身所有,存在于人体之中,是一种"活"的资源,与人的生理特征、基因遗传等密切相关,具有生物性。

②能动性　能动地认识客观世界并在认识世界的指导下能动地改造客观世界。其特点是通过思维与实践的结合,自觉地、有目的地、有计划地反作用于客观世界。人力资源是体力与智力的结合,具有主观能动性,具有不断开发的潜力。人力资源具有创造性思维的潜能,能够在人类活动中发挥创造性的作用。

③智力性　具有理解、判断、解决问题,抽象思维,表达意念以及语言和学习的能力。人通过自身的智力,使器官得到延长、放大,从而使自身的能力无限扩大,推动物质资料积累,获得丰富的生活资料。人类的智力具有继承性,这是指人力资源所具有的劳动能力随着时间推移而不断积累、延续和增强。

④再生性　人力资源是可再生资源,通过人口总体内各个个体的不断替换更新和劳动力的"消耗—生产—再消耗—再生产"的过程实现其再生。人力资源的再生性除受生物规律支配外,还受到个人思想意识的水平和人类文明发展活动(如新技术革命等)的影响。

⑤社会性　主要表现为人际间的交往及由此产生的千丝万缕的联系。人力资源是一种社

会资源。在现实社会中，人力资源的形成、配置、利用、开发是通过社会分工来完成的，是以社会的存在为前提条件的。人力资源开发的核心，在于提高个体的素质，同时，个体素质的提高也离不开人与人、人与团体、人与社会之间关系的协调。因此，人力资源质量的提高，既反映个体素质的提高，也反映团队素质的提高。

⑥时代性　指形成人力资源的人都是生活在一定的历史条件下和社会环境中的，不同时期社会经济发展的总体水平必然决定着人力资源的数量和质量，决定着人力资源的整体素质与水平。人力资源本身反映了不同时代的社会发展力水平对劳动者的认识能力、创造能力的影响；同时，人力资源又反作用于现实社会，影响着现实社会的发展水平。

(二)森林康养人力资源的特点

森林康养企业是一个多功能的综合性服务机构或组织，各个森林康养企业的规模和经营内容千差万别，它们各自在经营管理上各有其特点。但是，人力资源是其经营能力的核心，是反映经营水平的关键因素，这是所有森林康养企业的共识。因此，无论经营规模和服务内容有多少不同，森林康养企业的人力资源都具有以下特点：

①功能多样化　森林康养的多业融合、产品的无形为主有形为辅等特点，决定了森林康养人力资源功能的多样化特点。一个森林康养基地需要配备大量的管理人员、专业技术人员、接待人员、服务人员、后勤保障人员等，这既是基地运行的保障，也是影响森林康养服务质量的关键因素。

②素质综合化　森林康养基地的产品和服务，属于高层次的生态供给，因此这些生态供给的生产者就应当是高素质的人力资源。人力资源素质主要体现在个人能力、职业道德和职业习惯3个方面。人力资源高素质要求：个人能力方面，要具备良好的文化修养、较高的知识层次、优秀的记忆力、敏锐的观察力和强大的交际能力；职业道德方面，要求敬业爱岗、尽职尽责、工作热情、态度友好、自觉维护森林康养基地的形象和利益；职业习惯方面，要求对森林康养事业保持积极努力的心态，对业务保持不断学习和进取精神，坚持做好本职工作的努力等。

森林康养的人力资源是生态供给的创造者，因此需要具备更高的综合素质，包括生物、园林、医养、体育、人文、教育等方面的科学知识以及康养的相关技能等。体现了人力资源素质的综合化要求。

③结构复杂化　森林康养事业兼顾商业利益与公共利益的特性，决定了其人力资源结构的复杂性。由于森林康养的宗旨是实现人与自然的和谐共生，因此其经营要兼顾人的健康与森林的健康两个目标要求。这就需要在人力资源规划与利用上，不仅要按照商业企业的商业需求展开，如围绕着企业高效率的投入产出目标规划和利用管理者、技术者和操作者等资源；还需要考虑满足社会对生态供给需求的要求，如围绕着社会公共利益目标而进行的志愿者资源的规划与利用等。

二、人力资源结构概念及特点

(一)森林康养人力资源结构概念

所谓人力资源结构也就是企业现有各类人力资源的构成。其内容包括人力资源数量结构

(即是否与企业机构的业务量相匹配);工作人员的素质结构(受教育的程度及所受的培训状况);年龄结构(企业员工理想的年龄分配,合理的年龄结构应当是老中青比例适当,能够达到最优效率组合的结构);职位结构(主管职位与非主管职位应有适当的比例,管理人员比例太大则不适合)。

(二)森林康养人力资源结构类型

森林康养人力资源结构一般分为纵向和横向两个结构类型。

①森林康养企业人力资源的纵向结构　即决策层、管理层和作业层。决策层是由投资者或资产所有权人组成;管理层是由企业各部门经营管理人员组成;作业层是直接为森林康养受众提供服务的员工或森林康养师以及各类辅助人员。

对应人力资源的纵向结构,森林康养基地行政管理体制一般采取纵向组织体系的管理。通常,需建立自上而下的四级组织层次,并落实各层组织的业务范围、经营管理职责和权力,从而保证森林康养基地各项经营活动的顺利进行。四级行政管理体制主要包括总经理层、部门经理层、主管领班层和操作员工层,从而形成一种梯形的行政组织结构。

②森林康养企业人力资源的横向结构　是根据企业内各种业务开展的需要而合理配备的各种专职人员分类。分别包括管理者队伍、生产与服务者队伍、志愿者队伍等。

管理者队伍中分为经营管理人员和行政管理人员两类。经营管理人员是指高级职业经理人(CEO)、财务会计人员、规划设计人员、技术工程师等。他们不仅要具备主要业务的专业知识,还要具有其岗位所需的管理知识和能力以及管理者气质。行政管理人员是指职能部门文员、业务部门文员。行政管理人员应该有良好的组织与沟通能力和技术等。

生产与服务者队伍按其业务职能可以分为专业技术人员、接待服务人员、后勤保障人员、特种辅助人员等。专业技术人员主要有森林康养师、导游员等,这类人员一般要取得国家承认的专业技术证书(职务证书)或具有岗位需要的专业技能和专业知识。接待服务人员主要包括森林康养基地售票员、迎宾员、仓管员、营业员、景点管理员、服务员、厨房帮工、辅助技工、船务员等。这类人员接受过基本业务培训,需要服从指令,保质保量地完成上层的任务安排。

后勤保障人员主要有助理导游员、保安员、核算员、救生员等。这类人员拥有同等专业水平,为顾客或其他员工提供安全保障等。

特种辅助人员包括车场管理员、门卫、杂工等。这类人员需要具备工作热情和基本的员工素质,以保证企业正常高效运转。

志愿者队伍可以分为体验型志愿者和服务型志愿者。体验型志愿者一般是在森林康养医学实验、活动中对外招募的志愿者,具有一定的专业性。志愿者招募的条件只需满足森林康养医学实验的身体素质要求和其他要求即可。服务型志愿者是志愿担任森林康养活动的助理引导员、安全员等的志愿者群体。一般对这类志愿者的要求是身体健康,具备工作热情等即可。

三、森林康养人力资源规划

(一)人力资源规划的含义

人力资源规划,是指为实施企业的发展战略,完成企业的生产经营目标,根据企业内外部环境和条件的变化,运用科学的方法对企业人力资源需求和供给进行预测,制定相应的政策和措施,从而使企业人力资源供给和需求达到平衡的过程。

森林康养人力资源规划,是一套确保企业在适当的时间里和在适当的岗位上获得适当的人员(包括数量、质量、种类和层次等),并促使企业和个人获得长期效益的措施,是一种战略性和长期性的活动,与企业的目标有着密切的关系。从整体看,森林康养企业可制定总体的人力资源规划,而从局部看,为了某一特殊类型的员工,可制定专项或专题人力资源规划,如康养师资源规划等。

森林康养企业人力资源规划,是森林康养企业发展战略及年度计划的重要组成部分,是企业人力资源管理各项工作的依据。

(二)人力资源规划的作用

第一,确保实现森林康养企业的目标。一方面,制定合理的人力资源规划,可以使森林康养企业在瞬息万变的市场形势中处于主动地位,可以确保森林康养企业能吸引和留住符合企业发展的人力资源;另一方面,随着森林康养企业规模的壮大、业务的拓展、技术的革新,使得森林康养企业需要对人力资源的数量、质量等不断进行调整,并预先准备好适合其各个发展阶段需要的人力资源。

第二,有利于人力资源成本的控制。人力资源成本中最大的支出是工资,而工资总额在很大程度上取决于森林康养企业中人员的结构状况,即人员在不同职务、不同级别上的数量状况。合理的人力资源管理规划,能够合理地控制目前的人力成本,在预测未来企业发展的条件下,有计划地逐步调整人员的分布,避免造成人员数量严重超过实际需要,或者是人力资源高消费现象,将人力成本控制在合理的范围内。

第三,为人事决策提供依据。人力资源管理规划的信息往往是人事决策的基础,为了避免人事决策的失误,准确的信息是至关重要的。在没有确切信息的情况下,决策是难以客观的。例如,正确的进人、合理的用人、科学的评人等,都需要人力资源规划奠定的基础信息为参照。

第四,促进人才合理有效地流动。人力资源规划可以使人才进行合理流动,优化森林康养企业的人员结构。人力资源的内部流动,可以最大限度地实现人尽其才、才尽其用。此外,还可以将富余职工有计划地分离出来,为森林康养企业在竞争中充分发挥人才优势提供基础和保证。

第五,提高员工参与度,增强主人翁意识。通过人力资源规划,使企业所有人员对个人现状和发展前景有比较清晰的了解和认识,当企业所提供的利益与员工自身所需求的利益大致相符时,会对员工产生积极的激励作用。

(三)人力资源规划的内容

第一,人力资源总体规划。包括预测企业总体人力资源的供给和需求分别是多少;做出这些预测的依据是什么；企业平衡供需的指导原则和总体政策是什么等。

第二，人力资源业务规划。它包括人员补充计划、人员配置计划、人员接替和提升计划、工资激励计划和员工关系计划等内容。

第三，人力资源费用规划。费用规划是对企业人工成本，人力资源管理费用的整体规划，包括人力资源费用的预算、核算、结算，以及人力资源费用控制。

第四，战略规划。是根据企业总体发展战略的目标，对企业人力资源开发和利用的大政方针、政策和策略的规定，是各种人力资源具体计划的核心，是事关全局的关键性计划。

拓展知识

"人力资源"一词是由当代著名的管理学家彼得·德鲁克（Peter F. Drucker）于1954年在其《管理的实践》一书中提出的。他指出，和其他所有资源相比，人力资源唯一的区别就在于其是人，是一种特殊的资源，必须通过有效的激励机制才能开发与利用，为企业创造经济价值。随后，"人力资源"一词为管理学界、企事业界所接受，学者们对人力资源的内涵和定义也从多角度进行了界定。

彼得·德鲁克，现代管理之父，"大师中的大师"。彼得·德鲁克于1909年生于奥匈帝国的维也纳，祖籍为荷兰。德鲁克家族的先人在17世纪时从事书籍出版工作。德鲁克的父亲为奥匈帝国负责文化事务的官员，母亲是率先学习医学的妇女之一。德鲁克从小生长在富于文化的环境中，他于1979年所著的自传体小说《旁观者》对自己的成长历程作了详细而生动的描述。彼得·德鲁克在管理界是颇受人尊敬的思想大师。

德普克一生共著书39本，在《哈佛商业评论》发表文章30余篇，被誉为"现代管理学之父"。他的文风清晰练达，对许多问题都提出了自己的精辟见解。

资料来源：沈雁飞，2012. 旅游景区人力资源管理[M]. 北京：旅游教育出版社.

第二节　员工选聘、激励考核

一、森林康养员工选聘与调配

（一）员工选聘

1. 员工招聘概念

员工招聘是指为实现企业目标和完成用工任务，由人力资源管理部门和其他用人部门按照科学的方法，运用先进的手段，选拔岗位所需要的人力资源的过程。也就是按照企业经营战略规划的要求把优秀、合适的人招聘进企业，放在合适的岗位。

员工招聘是个系统的过程，从表面上看，它是企业主动选择应聘者的过程，实质上是让潜在的合格人员对本企业的相关职位产生兴趣，并前来应聘的双向选择和匹配的动态过程。

2. 招聘渠道

作为服务行业来说，森林康养基地类企业的招聘工作既具有其独有的特点，同时也存在着与其他行业的许多共性。企业会吸引什么样的求职者来申请该企业的空缺职位,在很大程度上取决于企业以何种方式将关于这些空缺职位的信息传递出去。选择正确的招聘渠道在此时就显得非常重要。招聘渠道大体有两种,即内部选拔渠道和外部招聘渠道。

①内部选拔　内部选拔的途径主要有内部提升、内部调动、工作轮岗及返聘4种。在这4种内部招聘的途径中,内部提升是下级职位上的人员通过晋升方式来填补上一级的空缺职位;内部调动、工作轮岗、返聘则是同级职位上的人员填补空缺职位。

内部选拔对于企业管理职位来说是非常重要的人力来源。20世纪50年代,美国只有50%的管理岗位是由公司内部人员提拔的,目前这一比率已经上升到90%左右。

②外部招聘　通过各种方法在企业外部招聘员工。外部招聘的方法主要取决于周围的雇用环境和情境,特别是要将亟待填补的职位类型、工作接替要求的速度、招聘的地理区域、实施招聘方法的成本,以及可能吸引到的求职者组合的合理化程度这5种因素结合起来考虑。

内部和外部渠道各有利弊,前者有利于激励内部员工,但却可能近亲繁殖;后者有利于打破陈规,鼓励创新,但却可能影响内部员工的积极性。

3. 员工招聘的方法

在进行内部选拔时的主要方法包括:①利用现有人员技术档案中的信息进行选拔;②职位竞标方法,这是一种允许那些自认为已具备职位要求的员工申请公告中工作的自荐方法。

在采用外部招聘渠道时的主要方法包括:①广告招聘。是指通过广播、报纸、电视和行业出版物等媒介向公众传送企业的招聘信息;②员工推荐。当工作岗位出现空缺时,可由员工向企业推荐其亲戚、朋友、熟人、同乡、校友等,经过竞争和测试合格后录用;③校园招聘。主要是通过管理人员或者其他代表访问学校与合适的学生签约;④职业中介机构招聘。职业中介机构的作用是帮助雇主选拔人才,节省雇主的时间,特别是在企业没有设立人事部门或需要立即填补空缺时可以借助中介机构;⑤委托猎头公司。猎头公司本质上是一种职业中介组织,但由于它特殊的运作方式和服务对象,因而经常被看作一种独立的招聘渠道;⑥人才招聘会。定期或不定期举办的人才交流会、人才市场、人才集市。它主要适用于初、中级人才或急需用工;⑦网络招聘。也称在线招聘或电子招聘,它是指利用互联网络技术进行的招聘活动,包括信息的发布、简历的收集整理、电子面试,以及在线测评等;⑧安置退役军人。按政府法令接受退役军人到企业工作,有的是指令性,也可以是双方选择,主要发挥其专业优势和军队优秀传统。

(二)员工使用与调配

1. 概念

员工使用与调配是指企业人力资源管理部门按照工作岗位的任职要求,将员工安排到具体的工作岗位上,并给予不同的职位,赋予相应的职权,以使该员工开始相应的具体工作。广义的员工使用,包括干部的选拔任用、岗位配置、人事调整等。从本质上看,员工使用过程是企业对员工所提供的人力资源的消费过程。

2. 内容

员工使用是人力资源管理的核心环节,具体包括以下内容:第一,员工的安置。企业将新招聘的员工分配到相应的具体岗位上，使新员工开始为企业工作；第二，干部选拔、任用。提拔能力卓著、绩效突出的员工担任企业一些部门的领导职务，组织员工完成系统任务，实现企业目标；第三，劳动组合。将员工组合成班组等小团体，使员工形成协作关系。好的劳动组合将减少企业内耗，提高整体效率；第四，员工调配。根据实际需要，改变员工的岗位职务、工作单位或隶属关系的人事变动，以保证将员工使用在企业最需要的地方。同时，合理的员工调配还能减轻由于专业化程度过高而产生的工作枯燥感，防止员工工作效率下降；第五，职务升降。通过绩效评价，对工作绩效优异者给予晋升职务，以便更好地发挥其潜能；对能力不足、无法胜任工作岗位要求者则降职使用，以免妨碍企业任务的完成；第六，员工的退休、辞退管理。这是员工使用的终止、员工退出企业的过程。

3. 人员内部流动

人员内部流动，是企业发展过程中人力资源动态管理的重要内容。流动的积极意义在于保持岗位好奇心和积极性。

在实际工作中经常会出现员工能力与所在岗位不相适应的情况。再者，在同一岗位上长期工作的员工会产生职业倦怠感。因此，适时地对部分员工的工作岗位进行调整，有利于激励员工的工作热情和恢复士气。这种调整就是员工的调配。常用的人事调整措施主要包括：

第一，平级调动。是指员工在企业中的横向流动，包括企业内部的不同单位之间，以及单位内部不同职位或职务之间的变更；第二，升迁。是指企业员工从原来的岗位提升到另一个更高的岗位。对员工来说，升迁会使自己具有更高的地位并承担更重要的责任，同时也为自己带来更高的薪资福利；对企业来说，升迁是企业管理中常常利用的一种重要的激励方式和手段；第三，降职。就是指从原来的职位降到更低的职位。降职的同时意味着削减被降职员工的工资、地位、权力和机会。发生下列情形时，可对员工进行降职处理：①由于企业机构调整而精减人员；②不能胜任本职工作；③按照惩罚条例，对员工进行降职。

二、森林康养企业员工的激励

(一) 企业员工激励的概念和意义

员工激励是指通过各种有效的手段，对员工的各种需要予以不同程度的满足或者限制，以激发员工的需要、动机、欲望，从而使员工形成某一特定目标并在追求这一目标的过程中保持高昂的情绪和持续的积极状态，充分挖掘潜力，全力达到预期目标的过程。

员工激励的意义在于：第一，激励可以调动员工工作积极性，鼓舞士气，提高企业绩效。作为企业，有效地运用激励手段，想方设法地调动人在工作中的主动性、积极性是管理的基本途径和重要手段。作为员工，希望自己的能力得以施展，工作业绩得到认可；希望在一个公平公正的环境中竞争；希望工作、生活得富有意义；第二，激励可以挖掘人的潜能，提高人的主观能动性。激励之所以有效，原因在于人们在遇到关系自己切身利益的时候，就会对事情的成败分外关注，而趋利避害的本能会使其面临的压力变为动力。只有需要达到满足，员工才有积极性。有国外专家研究发现，在缺乏激励的环境中，人的潜力只能发挥20%～30%，如果受到充分激励，他们的能力可发挥80%～90%；第三，激励能够加强一个组织的凝聚力。行为学家们通过调查和研究发现，对一种个体行为的激励会导致或消除某种群体行为的产生。激励是保持和谐稳定劳动关系的重要因素。

(二) 企业员工激励的类型

1. 物质激励与精神激励

物质激励是指通过对员工的物质需要予以满足来激发工作动力和积极性，如奖金、加薪、分红、福利等；精神激励是指对员工的精神需要予以满足激发工作动力和积极性，如表扬、信任、授予称号等。

物质需要不仅是人类赖以生存的基本前提，也是个人在精神、智力、娱乐、休闲等各方面获得发展的必要基础。所以，物质激励是激励的主要形式。但是在物质需要得到一定程度的满足后，精神需要就会变成主要需求。精神激励引导员工具有开阔的胸襟，志趣高尚，目光远大，长远利益高于眼前利益，集体利益高于个人利益，精神境界不断提升。每个人都有自尊心与荣誉感，满足这些需要，更能持久、有效地激发员工的动机。

2. 正激励与负激励

正激励是从鼓励的角度出发，当一个人的行为表现符合组织期望的方向时，通过奖赏的方式来支持和强化这种行为，以达到调动工作积极性的目的。负激励是从抑制的角度出发，当一个人的行为与组织期望的方向不一致时，组织将对其采取惩罚措施，以杜绝类似行为的发生。

正激励与负激励是两种性质相反的激励手段，不仅直接作用于受激励的人，还会产生示范效应，影响周围的人，形成正面或反面的典型。

3. 内激励与外激励

内激励是指通过启发诱导的方式，培养人的自觉意识，形成某种观念，在其支配下，人们产生动机，发生组织所期望的行为。当人们的自觉性提高后，行为变得积极主动，无须外界干涉、督促。内激励多是通过思想教育，让员工通过"干中学"，逐渐将组织所欣赏的道德意识变为自律的标准。外激励是指采取外部措施，奖励组织所欢迎的行为，惩罚组织所反对的行为，以鼓励员工按组织所期望的方向努力工作。外激励多以规章制度、奖惩措施的方式出现，表现出某种强迫性。外激励通过外界诱导或约束影响人的行为，也可以对人的思想意识产生影响。长期的外激励可以帮助人们树立某种观念，产生内激励效应。

(三) 企业员工激励的途径

1. 创造激励性的薪酬机制

薪酬非常重要，是员工收入的主要来源，然而无论薪酬多么重要，它一定要与员工的工作表现发生直接关联，才能发挥应有的激励作用，就是在一个薪酬总体水平较高的企业也理应如此。企业应当依据员工对企业的贡献大小，即表现的优劣来区分薪酬。关键岗位、重要岗位以及技能含量高等岗位员工的薪酬要高于其他岗位。但无论在什么岗位，只要表现优异就应当得到适当的奖励。

薪酬管理，是在组织发展战略指导下，对员工薪酬支付原则、薪酬策略、薪酬水平、薪酬结构、薪酬构成进行确定、分配和调整的动态管理过程。货币性薪酬：包括直接货币薪酬、间接货币薪酬和其他的货币薪酬。其中直接薪酬包括工资、福利、奖金、奖品、津贴等；间接薪酬包括养老保险、医疗保险、失业保险、工伤及遗属保险、住房公积金、餐饮等；其他货币性薪酬包括有薪假期、休假日、病事假等。

效率、公平、合法，是科学设计薪酬管理机制基本原则，也是管理目标。薪酬效率目标的本质是用适当的薪酬成本给组织带来最大的价值；公平目标包括3个层次，分配公平、过程公平、机会公平；合法目标是企业薪酬管理的最基本前提，要求企业实施的薪酬制度符合国家、省（自治区、直辖市）的法律法规、政策条例要求，如不能违反最低工资制度、法定保险福利、薪酬指导线制度等的要求规定。

2. 营造良好的人文环境

一是制度环境。企业的各种政策、制度都体现出不断提高企业凝聚力、促进企业发展为出发点的导向；二是公平竞争环境。即企业的一切规章制度对所有员工都一视同仁，特别是奖惩制度和有关过程要公开、公平、公正。严格落实各项考核实施办法，使员工有踏实感和信任感，包括个人生涯管理环境，即开通多个上升通道，科技人员、技能人员以及销售人员有专门的升迁制度；优美的工作环境，即打造花园式企业，创造整洁文明、舒适宜人的工作环境等。森林康养企业有着得天独厚的工作环境，应当将其与其他的激励手段结合，成为调动员工积极性的特殊力量。

3. 设立个性化的激励方案

人的需求有若干层次，当一种需求得到满足之后，员工就会转向其他需求。管理者应当针对员工的具体情况进行个性化的奖励。包括4个方面：①为优秀员工提供额外的福利。将福利作为员工表现优异时的报酬，既是物质奖励，也是特殊的精神奖励；②为员工设定工作目标。对许多人而言，最强烈的工作动机来自工作自身的挑战性、成就一番事业的愿望。出于这样的因素，可为有才能者提供多种发挥创意的机会，设定工作目标。明确的工作目标不但可以清楚地传达员工的工作职责，并且也是评估其工作表现的客观标准；③组织团队活动。不定期的组织团队活动可以增强凝聚力，有助于营造一个积极向上的工作氛围。如拓展训练、专题晚会、趣味比赛、出游爬山等。这些活动可以有效地将员工聚到一起度过快乐的时光，感受到团队的温馨，并留下美好的记忆；④通过岗位轮换，丰富工作内容，增加挑战性。这样既可培养多面手、克服岗位疲劳，同时又可消除不同分工造成的隔阂，达到互相信任、互相了解的作用；⑤教育培训也是激励手段。在知识经济的时代，知识相当于未来的长期薪酬，具有明确的激励作用。参加外部培训是员工最为喜欢的一项奖励。

4. 精神与情感激励

①注重表扬与称赞。要及时传达对员工杰出表现的赞赏；②注重沟通与指导。沟通是互信的基石，是上下级的黏合剂。沟通可以增进相互了解；③注重关心与尊重。当员工家中出现大事，领导应当予以关心关注，必要时给予适当的帮助；④注重帮带作用。帮带的核心就是身教大于言传，示范和榜样的力量是无穷的。

5. 负激励

处罚在实施的时候都是严肃的，冷漠无情的。处罚是对于公司内部规章制度的维护，是必需的、必不可少的重要手段。

三、森林康养企业员工绩效的管理

(一)企业员工绩效管理的概念

企业员工绩效管理,是指企业各级管理者和员工为达到组织目标共同参与的绩效计划制订、绩效辅导沟通、绩效考核评价、绩效结果应用、绩效目标提升的管理活动。

绩效管理的目的是持续提升个人、部门和组织的绩效。也就是说绩效管理是对从绩效计划到考评标准的制定、实施以至信息反馈、总结和改进工作等全部活动过程实施计划、组织、协调、控制等管理的活动。这其中包含了三层含义:首先,绩效管理是管理者与被管理者之间的一种共识;其次,绩效管理是各管理环节持续循环的过程;最后,绩效管理的最终目的是实现企业和个人目标的共赢。

(二)绩效管理的环节

从绩效管理的概念看,它是一个管理者和员工保持双向沟通的过程。即:在过程之初,管理者和员工通过认真平等的沟通,对未来一段时间(一般是一年)的工作目标和任务达成认知上的一致,确立员工未来一年的工作目标;然后在保持不断沟通中努力完成各自的任务;最后继续在沟通中按照计划目标对所完成的任务进行评价和反馈。对森林康养企业来说,绩效管理应当包括以下几个方面:

1. 绩效计划制订

在下一年度绩效周期开始前,森林康养企业各级管理者和员工需要就在新的一年里将做什么、为什么做、做到什么程度、什么时间完成等问题沟通讨论,最后以实现森林康养企业和员工利益的和谐共赢,制订新年度的绩效计划。

2. 绩效辅导沟通

森林康养企业管理者和员工之间的沟通应该是贯穿整个绩效周期的,由绩效的动态性可以看出,不同的时间段员工需要的辅导也是不一样的。森林康养企业管理者应抓住每个绩效变化点,运用不同的方式,着重于辅导沟通,以随时调节好员工为业绩努力的状态,尽量保持高效率的工作。

3. 绩效考核评价

森林康养企业按照业绩计划、按照考核评价制度和方法,定期或者不定期的根据每位员工的具体表现(业绩方面和行为方面)进行考核评价。对于森林康养企业这类服务性组织的人员的绩效考核评价,通常可以按照时间分为月考核或者季度考核加年终考核。

4. 绩效结果应用

也称为绩效反馈,它贯穿于整个绩效管理的周期,在绩效考评结束后,森林康养企业管理者就员工在绩效考评中反映出的问题进行总结,使员工充分了解和接受考评结果,并由森林康养企业管理者指导员工改进绩效。在整个绩效周期结束时进行的绩效反馈是一个正式的绩效沟通过程。不同的绩效考评结果要进行不同的应用,具体的绩效结果主要应用在晋升、培训、奖金、加薪等涉及员工的切身利益上。

(三)绩效考核的内容

森林康养企业员工的绩效考核主要包括：业绩考核、能力行为考核以及态度考核3个部分。

1. 业绩考核

业绩考核通常也称为业绩考评或"考绩"，是针对企业每个员工所承担的工作，应用各种科学的定性和定量的方法，对员工行为的实际效果及其对企业的贡献或价值进行考核和评价。在森林康养企业管理中，业绩考核一般以"部门"为单位进行，具体到不同的岗位、责任，其工作业绩的考核重点也有所侧重。

2. 能力和行为考核

能力考核是指根据工作说明书规定的岗位要求，对员工承担本职工作的能力作出评定的过程。员工能力主要包括：基本能力（岗位知识、岗位技能、学习能力）、思考能力（理解力、判断力、想象力、计划力）和交往能力（表达能力、领导能力、组织能力等）。行为考核主要是考核员工的品行，如是否遵章守纪、精神面貌等。这方面通常由领导、同事来进行打分或者再加上客户反馈来考评。

3. 态度考核

工作态度是工作能力向工作业绩转换的"中介"，态度考核的重点是员工工作的认真度、责任度，工作的努力程度，是否有热情，是否忠于职守，是否服从命令等，包括职业道德、出勤状况、积极性、责任心、协作性等。

案例研究：携程以"激励与流动"破创新困局

一般大公司的激励主要依靠晋升制度，通常只要不犯大的错误，一个人就至少不会被降职，只要做得稍微好一点，熬着、熬着就可以升级了。小公司则不同，尤其是创业型公司的骨干，如果失败了，可能连自己买房子的钱都扔进去了；如果成功了，可能就会一夜暴富。

携程旅行网创始人梁建章说道："所以大公司的人往往会想，这个事情我做成了也不会怎么样，但做失败了我可能会怎么样，最好还是不要做错什么事情。小公司的人，做错事的成本很大，做对的收益也很大，他们是愿意进取的一群人。"

因此，梁建章建议，大公司要充分运用激励机制。这方面，携程也想了一些办法，例如，携程的商旅事业部有1200多名员工，公司就把他们当成一个独立的创业团队来做，建立了股权激励的机制，让员工们更有干劲，未来可独立上市。

"除了奖惩这方面，我们也会给独立团队以决策权，让他们能够自己拍板。当然，他们也要利用公司的资源，有些事情他们是必须要跟总公司协调的。但是，大企业内部的创业团队越来越多，他们调配一些资源总要向总部请示，这样无疑就会降低效率。但这样的问题必须解决，否则无法突破公司发展的瓶颈。"

> 梁建章表示，携程在公司内部采取的就是"市场化"的手段，例如，明晰产权，按照市场的方式来解决协调问题和成本分摊问题。当然，这样的谈判成本会变得更高，但与外部谈判相比，其成本还是低的。
>
> 同时，梁建章认为企业应鼓励人才流动。他指出以前携程内部的人才流动，总是要依靠总公司来协调，现在也完全是按照市场化方式来操作。也就是说，携程不同部门之间的人才可以自己选择去哪个部门。
>
> "携程内部相互挖人是很厉害的，这个没办法。因为很多人在一个岗位上一直做，也没有什么创新，不被其他部门挖走，就有可能被竞争对手挖走。"梁建章说，"反而去其他岗位可能激发他们更大的创造力"。
>
> ——资料来源：上海商报网站．

第三节　员工培训与开发

一、培训开发的内涵及作用

森林康养企业的供给，是服务于高层次生态需求的供给，承担这个供给任务的人员需要具备广泛的自然、人文知识和高水平的专业技能与技术，并且这些知识和技能技术还需要随着生态需求的变化而不断更新和提高。因此，森林康养企业员工的培训和开发，是保持企业人力资源适应发展要求的重要管理环节。

（一）员工培训与开发的内涵

人员培训与开发是人力资源管理的重要内容，是指组织根据组织目标，采用各种方式对员工实施的有目的，有计划的系统培养和训练学习行为，使员工不断更新知识，开拓技能，改进态度，提高工作绩效，确保员工能够按照预期的标准或水平完成本职工作或更高级别的工作，从而提高组织效率实现组织目标。

员工培训是指企业采用各种方式有计划地实施有助于员工学习与工作相关能力发挥的活动。这些能力包括知识、技能和对工作绩效起关键作用的行为等。传统意义上看，培训侧重近期目标，重心放在提高员工当前工作的绩效从而开发员工的技术性技巧，以使他们掌握基本的工作知识、方法、步骤和过程，因此具有一定的强制性。

员工开发是指为员工未来发展而开展的正规教育、在职实践、人际互动以及个性和能力的测评等活动。开发活动以未来为导向，要求员工学习与当前从事的工作不直接相关的内容。开发侧重培养提高管理人员的有关素质（如创造性、综合性、抽象推理、个人发展等），帮助员工为企业的其他职位需要做准备，提高其面向未来职业的能力；同时，帮助员工很好地适应由新技术、工作设计、顾客或产品市场带来的变化。因此，开发教育的重点对象通常是管理人员。

(二)员工培训与开发的目的

1. 适应企业内外部环境的发展变化

企业的发展是内外因共同起作用的结果。一方面,企业要充分利用外部环境所给予的各种机会和条件,抓住时机;另一方面,企业也要通过改革内部组织去适应外部环境的变化。企业的主体是员工,企业要想在市场竞争中处于不败之地,必须不断培养员工,才能使他们跟上时代,适应技术及经济发展的需要。企业的生存和发展的依托,应落实到如何提高员工素质、调动员工的积极性和发挥员工的创造力上。

2. 满足员工自我成长的需要

员工希望学习新的知识技能,希望接受具有挑战性的任务,希望晋升,这些都离不开培训。因此,通过培训可以增强员工的满足感,而且对受训者期望越高,受训者的表现就越佳;反之,受训者的表现就越差。这种自我实现诺言的现象被称为皮格马利翁效应。

3. 提升技能,促进工作绩效提高

员工通过培训,可以提升工作技能,在工作中减少失误,在生产中减少工伤事故,降低因失误而造成的损失。同时,员工经培训后,随着技能的提高,可减少废品、次品,减少消耗和浪费,提高工作质量和工作效率,提高企业效益。

4. 增强企业认同感,提高企业竞争力

员工通过培训,不仅能提高知识和技能,而且能使具有不同价值观、信念,不同工作作风及习惯的人,按照时代及企业经营要求进行文化养成,以便形成统一、和谐的工作集体,使劳动生产率得到提高,工作及生活质量得到改善,进而提高企业竞争力。

(三)员工培训与开发的作用

1. 补偿企业经营机能

员工培训与开发具有支持企业经营机能的补偿作用。企业内"文化育人"是鼓舞员工士气,增强企业效率"势"头的重要手段。只有恰当地利用人力资源,才能获得更高的劳动生产率,而培训与开发对人力资源利用效率的提高有着积极的推动作用。因此,员工培训和开发与企业经营战略实施密切配合,是增强补偿企业经营机能的重要路径之一。

2. 增强员工素质,提高创出性资源质量

通过培训与开发,促进员工知识的积累,提高创新能力,从而提高创出性资源质量,促进智力资本的价值创出性发挥。

3. 增强企业凝聚力,降低员工流失率

培训与开发能增强员工对企业的归属感和主人翁责任感,最终有利于增强企业凝聚力。就企业而言,对员工培训与开发得越充分,对员工越具有吸引力,就越能发挥人力资源的高增值性,从而为企业创造更多的效益。培训不仅提高了员工的技能,而且提高了员工对自身价值的认识,使员工对工作目标有了更好的理解,也使员工更愿意继续留在公司工作。

二、培训开发的类型

企业员工培训与开发一般可以分为5种类型,包括:普通员工培训、新员工培训、专业技术人员培训、基层管理人员培训和高层管理人员培训等。

(一)普通员工培训

包括：①岗位培训。是指上级组织在岗位上直接对下属员工进行教育训练。这种方法的本来目的是使下属员工掌握工作上所必要的能力，具有直接在岗实践的特点。优点是可以在劳动时间内反复进行，可以在把握下属员工工作状态的情况下进行有针对性的指导，可以直接确认指导后的效果，员工能较好地理解。但是要求指导者必须指导正确；②岗位外培训。是指离开岗位而进行的教育训练。现代组织岗位外培训变得越来越重要。优点是员工可以专心致志地学习，由专门的外部教师进行教育和指导，同时可以与组织外部人员形成交流学习机会。缺点是要停止日常业务工作。

(二)新员工教育

企业新吸收的员工需要尽快适应新的环境，掌握工作所需要技能等，如森林康养是生态服务性的，也是多业融合的综合性服务业态，因此，新员工的培训教育对适应这一业态的特点、尽快融入岗位至关重要。新员工培训教育主要包括：

1. 上岗前教育

其主要目的是解除新员工上岗前的不安，使之具有在组织内生活的愿望，其目标是谋求加快实现成为企业一员的早期转换，以长期的观点构筑培养基础。这个阶段的教育采用影音资料辅助教育和现场实习等效果较好。

2. 上岗时教育

分为导入教育和基础教育两个方面。导入教育主要是激发新员工对企业和工作的兴趣(组织概括、经营方针、产品服务、领导介绍和基地参观等)，让员工了解工作待遇和未来发展的机会(劳动条件、工会、个人规划、三险一金等)。基础教育主要是让员工见习企业各类业务和对内部工种、分工的比较和观察，并根据新员工的适应性，参照岗位需要和新员工的愿望进行岗位配置，配置后要充分开展以老带新的教育。

(三)专业技术人员培训

森林康养服务是体现高技术含量的服务，一些服务项目还需要高科技的支撑。因此，森林康养专业技术人员，是森林康养的企业员工队伍的核心力量。作为新兴业态的森林康养业态，其专业技术人员的知识和技能要求，也会随着社会发展和科技进步而不断扩大和提高。因此，专业技术人员的培训同样不可或缺。

森林康养专业技术人员的培训属于继续教育，一般是进行知识更新和补缺教育，可以采取进入高校、科研院所进修，参加各种对口的短期业务学习班，组织专题讲座或报告，参加对外学术交流活动或实地考察等方式展开。

(四)基层管理人员培训

指基层管理人员在组织内基于企业的经营战略、经营方针、经营计划等，指挥和管理业务现场的员工的活动。他们的工作效率，直接影响业务活动的效率。基层管理人员培训教育的目的包括：①促进基层管理者掌握新的管理知识；②训练担任领导职务所需要的一般技能，如作出决定、解决问题、分派任务等方面的能力；③训练处理人与人之间关系的能力，促进管理者与员工间关系的和谐融洽。通常可以采取参加研讨会学习、短期培训班学习和管理实践参观考察等方式展开。

(五)高层管理人员培训

企业的决策出自高层管理人员,因此高层管理人员决定着企业发展的方向和目标,决定着企业发展路径的选择。作为新兴业态的森林康养,需要企业决策者不仅要具备勇立潮头的开拓精神,更要拥有丰富的知识准备和敏锐的机遇意识。高层管理人员的培训目的在于启发其经营思想,开发其经营能力。第一,启发和培养高层管理者对未来的洞察力;第二,提高其战略思维和科学决策的能力;第三,训练其经营指挥能力;第四,培养后继者的能力的形成和提高。高层管理者培训的内容主要是政策法规、经营管理案例等,决定了其培训方式的多样化。

三、康养队伍建设的促进

(一)队伍建设的意义

森林康养业态的从业人员,需要掌握林学类、园林类、旅游类、医疗类、体育类及艺术类等学科知识,更需要具有较强的实际动手能力。因此,从事森林康养行业的队伍是专业的管理和技术队伍。队伍建设的重要意义体现在两个方面:

首先,影响业态发展的核心要素。森林康养队伍,是包括科学研究、技术开发、管理运行、生产服务、支持保障等人员在内的人力资源体系。队伍水平决定了产业和企业的水平,是业态发展和成本的根本要素。因此,从宏观政策到微观实践上,都需要充分重视森林康养队伍的建设。

其次,影响业态质量水平的能动要素。森林康养队伍肩负森林资源健康和大众健康两个目标,对人员综合素质和能力要求更高。以满足人的生态需求为目标的服务活动,对队伍精神境界和人际沟通的能动性要求更高。因此,森林康养服务质量,从根本上取决于队伍的质量,取决于人员能动性发挥的水平。

(二)队伍建设的路径和措施

第一,实施短期培训与长期培养相结合的人才培养战略。短期培训通过举办各类培训班重点解决服务型人员专业技术能力的提升;长期培养则在高校建立森林康养专业,进行本科、硕士以及博士的高级专业技术人才培养。要加强对校企人才供需的信息交流,相关院校的专业设置、培养目标更加适合行业用人的要求。

第二,强化在职人员的培训要求。开展企业管理人员的工商管理培训,加快高层次企业经营管理人员的培养步伐,拓展国际合作培训。

第三,推进森林康养职业和岗位认证制度建设。提高考试的针对性和实用性。应当逐步建立森林康养职业准入制度,将森林康养人力资源建立在高标准的基础上。

第四,推进森林康养志愿者队伍建设。即根据同时服务与人的健康与森林的健康两个目标,构建森林康养服务的队伍,其结构应当包括企业内部的管理、技术、辅助等人员和提供义务服务的志愿者人员。随着自然教育逐渐纳入国民教育体系,森林康养队伍中的志愿者将会大有用武之地。

第五，建立和建设森林学科。森林康养队伍建设的科学基础是森林康养学科的建设，即在森林康养科学技术研究、人才培养和实验实践平台建设方面，形成有机的体系。学科建设将为森林康养事业提供强有力的科学支撑，也为森林康养队伍质量的提高提供保障。

> **特别提示**
> 针对不同的培训对象，培训需求调查的形式不同，培训内容和方式更是有很大差别，关键在于企业对他们培训的定位是不一样的，培养的目标和重点也是不一样的：
> 1. 企业高层管理者
> 定位——通才，目的在于选拔"一专多能的高级人才"，在于让他们能够：描绘愿景与建立共识，制定战略与规划，组织汇集与分配，组织资源，形成企业独特的文化，整合与协调组织力量。
> 2. 企业中层管理者
> 定位——专才，目的在于打造一支"本职能的专家队伍"，在于让他们能够：创建与领导团队，制定标准与程序，激发与培育部属，建立系统化管理团队，动作自主化。
> 3. 企业基层员工
> 定位——干才，在于培养"熟练的专业人才"，在于让他们能够：工作勤勉忠诚，善于沟通协调，便于监督指挥，无须系统概念。
> 资料来源：沈雁飞，2012. 旅游景区人力资源管理[M]. 北京：旅游教育出版社．

第四节 员工劳动关系管理

一、劳动关系的概念及意义

劳动关系又被称为劳资关系、雇佣关系。《中华人民共和国劳动法》(以下称为《劳动法》)对劳动关系作了明确的界定，即劳动关系为劳动者与用人单位(包括各类企业、个体工商户、事业单位等)在实现劳动过程中建立的社会经济关系。

主要包括两个层次的含义：首先，它是劳动者与用人单位之间在工作事件、劳动报酬、劳动安全、劳动卫生、劳动纪律及奖惩、劳动保护、职业培训等方面形成的关系；其次，与劳动关系密不可分的关系还包括劳动行政部门与用人单位、劳动者在劳动争议以及社会保险等方面的关系。

劳动关系从本质上来说是一种经济利益关系或财产关系，这是劳动关系的基本性质。在劳动关系中，劳动者向管理者或雇主付出自己的劳动，管理者或雇主向劳动者或员工支付劳动报酬和其他福利。这其中，工资和有关福利是联结劳动者与管理者的最基本因素或基本纽带。显然，劳动关系首先反映的是管理者与劳动者之间的经济利益关系或财产关系。

劳动关系的经济性是在社会契约制度保障下实现的。因此，社会契约关系是劳动关系的重要特征。市场经济是一种法制经济，表现出法律成为规范和调整经济生活的常规手段。在劳动力资源的配置过程中，为了保证劳动力市场的有序进行，保障劳动关系主体双方的自主与平等，劳动关系主体的行为由相应的法律和依法签订的劳动合同来规范，劳动关系是表现法律保障的契约关系。即由劳动者与用人单位签订劳动合同，或由劳动者的组织——工会与用人单位签订集体合同，明确劳动过程中各方的权利和义务。

二、劳动合同管理

(一)劳动合同的含义

劳动合同又称劳动契约或劳动协议，是劳动者与用人单位确立劳动关系，明确双方权利和义务的协议。建立劳动关系要签订劳动合同，这不仅是《劳动法》所规定的，也是劳动关系稳定存续、用人单位强化劳动管理、处理双方争议必需的重要依据。森林康养企业管理者或员工往往会通过劳动合同的签订、履行、终止以及变更、解除，调节劳动力的供求关系，既能使劳动者有一定的择业和流动自由，又能制约劳动者在合同期履行劳动义务和完成应尽职责，从而使劳动力有相对的稳定性和合理的流动性。

(二)劳动合同的法律特征

劳动合同是发生在劳动者与用人单位之间的一种法律事实或法律文件，是确立具体劳动关系的法律凭证和法律形式。其法律特征体现在：①劳动合同的当事人，一方是劳动者，另一方是用人单位；②劳动者与招工单位签订劳动合同后，双方形成管理关系。从劳动者方面看，依据劳动纪律、法规和劳动合同，对内享受和承担本单位员工的权利和义务，对外依法以本单位的名义从事经营活动；从用人单位方面看，有权利也有义务组织和管理本单位的员工，把他们的个人劳动组织到集体劳动中去；③劳动合同的当事人法律地位平等，即劳动合同是双方当事人之间平等自愿、协商一致达成的协议，是双方意愿一致的产物；④劳动合同的目的在于劳动过程的完成，即价值和使用价值的创造，而不是劳动成果的实现，即价值的实现。无论劳动成果如何，劳动者一方只要按照规定的时间、规定的要求，完成用人单位交给他的属于一定工种、一定专长或一定职务的工作量，用人单位就应按照合同支付劳动报酬；⑤劳动合同在一定条件下，往往涉及第三人的物质利益。劳动力本身也需要再生产，它决定了劳动合同的内容不限于当事人权利义务的规定，有时还要涉及劳动者的直系亲属在一定条件下享有的物质帮助权。各国在确定最低工资时，一般均考虑劳动者赡养人口的生活费用，我国也不例外。劳动合同所确定的工资必须高于法定最低工资，已经包含了这一因素。若员工因生育、年老、患病、工伤、死亡等原因，部分或全部、暂时或永久地丧失劳动力的时候，不仅对员工本人要给予一定的物质帮助，有时也要对劳动者所供养的直系亲属给予一定的物质帮助。

(三)劳动合同的形式与内容

一是劳动合同的形式，是劳动合同内容赖以确定和存在的方式，即劳动合同当事人双方意思表示一致的外部表现。劳动合同形式有口头形式和书面形式之分。我国《劳动法》第19条规定："劳动合同应当以书面形式订立"，这就明确了劳动合同要采用书面形式订立，而不允许以口头形式订立。这样规定主要是由于书面形式能够明确记载当事人各项劳动权利和义务，有利于当事人切实履行劳动合同，便于管理机关进行监督检查，督促当事人认真履行劳动合同规定的劳动义务。发生劳动争议时，能有据可查，有利于分清责任，及时解决。二是劳动合同的内容，即劳动合同条款，它作为劳动者与用人单位合议的对象和结果，将劳动关系当事人双方的权利和义务具体化。劳动合同内容由法定必备条款和约定必备条款所构成。一般包括以下条款：①劳动合同期限；②工作内容；③劳动保护和劳动条件；④劳动报酬；⑤劳动纪律；⑥劳动合同终止的条件；⑦违反劳动合同的责任；⑧劳动争议解决途径，等等。劳动合同除上述的必备条款外，当事人可以协商约定保守商业秘密等其他内容。

（四）劳动合同的法律效力

劳动合同是调整具体劳动关系的法律手段，一经依法订立即具有法律约束力，当事人必须履行劳动合同所规定的义务。劳动合同所具有的法律约束力主要表现在以下几个方面：①劳动合同一经依法订立，用人单位与劳动者之间的劳动关系就得以确立，即当事人之间产生了法律意义上的劳动权利和义务关系。一方当事人不履行劳动合同，就要承担法律责任，其中主要是赔偿对方经济损失的责任，必要时还要承担法律规定的其他责任。②当事人必须严格履行劳动合同所规定的义务，一方当事人也有权要求对方当事人全面履行劳动合同所确定的义务，一方违反合同，不履行义务，对方有权要求赔偿由此而造成的经济损失；必要时，可以请求调解、仲裁或诉诸人民法院保护自己的合法权益。③未经协商，当事人不得任意变更、增减合同内容或终止合同，否则视为违反劳动合同而承担法律责任。④用人单位法人代表的更换，不影响劳动合同的法律约束力，后任法人代表必须履行原订劳动合同所确定的义务。⑤任何单位和个人均不得非法干预当事人履行劳动合同所确定的义务。由于第三人的非法干预造成一方违约而使另一方遭受经济损失的，应由违约一方先承担违约赔偿责任，然后由违约方向第三方追偿。⑥双方当事人因劳动合同的订立、履行、变更、解除和终止发生争议，经协商不能解决的，均可向当地劳动争议仲裁机构申请仲裁，对仲裁裁决不服的，还可以在规定的期限内向人民法院提起诉讼。

（五）劳动合同的履行

劳动合同的履行，是指合同当事人双方履行劳动合同所规定义务的法律行为，即劳动者和用人单位按照劳动合同的要求，共同实现劳动过程和各自合法权益。劳动合同的履行要遵循以下原则：①实际履行的原则。是指合同双方当事人要按照合同规定的标的履行自己的义务和实现自己的权利，不得以其他标的或方式来代替。②亲自履行的原则。指双方当事人要以自己的行为履行合同规定的义务和实现合同规定的权利，不得由他人代为履行。要求合同双方当事人要以自己实际行为去完成合同规定的任务，实现合同约定的目标，当事人要将合同规定的内容融入自己的日常活动中去。③全面履行的原则。指当事人要按照合同既定的内容，原原本本地全面履行，不得打折扣，不得改变合同的任何内容和条款。④协作履行的原则。指双方当事人在合同的履行过程中要发扬协作精神，要互相帮助，共同履行合同规定的义务，共同实现合同规定的权利。

（六）劳动合同的变更

劳动合作的变更，是指合同当事人双方或单方依法修改或补充劳动合同内容的法律行为。它发生于劳动合同生效后尚未履行或尚未完全履行期间，是对劳动合同所约定的权利和义务的完善和发展，是确保劳动合同全面履行和劳动过程顺利实现的重要手段。劳动合同变更的程序，一般要经过提议、协商、签订3个阶段，即先由要求变更劳动合同的一方向对方提出变更建议，说明变更劳动合同的理由及修改内容；对方收到变更协议以后，双方进入协商阶段，如果一方同意接受另一方提出的变更建议，双方就可以签订新的协议；如果变更建议不能或不能全部被对方接受，双方须继续协商，直到意见一致，或维持或变更原劳动合同的相应条款；如协商过程中发生争执，任何一方都可向当地劳动争议仲裁机构申请仲裁。变更后的劳动合同根据规定送到劳动行政机关办理鉴证手续。

（七）劳动合同的解除

劳动合同解除，是指劳动合同生效以后，尚未全部履行以前，当事人一方或双方依法提前解除劳动关系的法律行为。例如，用人单位合法立即辞退员工、解除合同的情形；提前30日书面通知后可辞退员工的情形；员工可自行辞职的情形等。

（八）劳动合同的终止

劳动合同的终止，劳动指劳动合同的法律效力依法被消灭，即劳动合同所确立的劳动关系由于一定法律事实的出现而终结，劳动者与用人单位之间原有的权利和义务不复存在。引起劳动合同终止的事由，主要有下述几种：①合同期限届满。定期劳动合同在其有效期限届满时，除依法续订合同和其他依法可延期的情况外，即行终止。②约定终止条件成立。劳动合同或集体合同约定的合同终止条件实际成立，劳动合同即行终止。③合同目的实现。以完成一定工作（工程）为期的劳动合同在其约定工作（工程）完成之时，其他劳动合同在其约定的条款全面履行完毕之时，因合同目的已实现而当然终止。④当事人死亡。劳动者死亡，其劳动合同即终止。作为用人主体的业主死亡，劳动合同可以终止；如死者的继承人依法继续从事死者生前的营业，劳动合同一般可继续存在。⑤劳动者退休。劳动者因达到退休年龄或完全丧失劳动能力而办理退休手续，其劳动合同即告终止。⑥用人单位消灭。用人单位依法被宣告破产、解散、关闭或撤销，其劳动合同随之终止。⑦合同解除。劳动合同因依法解除而终止。

三、劳动争议管理

（一）劳动争议的含义

又称劳动纠纷，也称为劳资争议、劳资纠纷，是指劳动关系双方主体及其代表之间在实现劳动权利和履行劳动义务等方面产生的争议或纠纷。劳动争议就其本质上来说主要是双方主体围绕经济利益产生的权利和义务上的矛盾和争议。

（二）减少劳动争议的措施

①劳动关系的法制化。也就是劳动关系的准则及其运行以法制为基础，劳动关系当事人的责、权、利受到法律的保障和约束。劳动争议的产生，一个很重要的原因是企业与员工往往过于强调自身利益而相互对立。②实现劳动关系的契约化。劳动关系是一种契约关系，但在现实中人们总把它看作一种僵硬的行政关系。完善劳动关系的契约化重点是法制观念的增

强。③发挥员工组织的作用。在企业中，工会是重要的员工组织，是协调雇主与雇员之间矛盾不可替代的力量。美国学者苏勒认为"成立工会对雇主、员工都很重要。对雇主来说，工会对雇主管理人力资源的能力有很大影响；对员工来说，工会能帮助他们从雇主那里获得必要的东西"。④培训主管人员。劳动关系紧张或劳动争议，多是由于不合理的报酬、不正当的处罚和解职、侵犯隐私或自尊、不公正的评价和提升、不安全的工作环境等造成的。森林康养企业的服务性质，决定了管理者和员工需要更多的精神性支持和鼓励。因此，对管理层次处理员工关系方法、技巧等的培训更为重要。⑤提高员工工作及生活质量。提高员工工作及生活质量，是从根本上改善劳动关系的途径。提高工作及生活质量的主要内容归纳为：吸收员工参与管理；搞好职务设计，使员工从事更有意义的工作；安排员工周期性的培训—工作—休息；帮助员工满足个人的一些特殊要求等。⑥鼓励员工参与民主管理。员工参与民主管理可以使员工参与森林康养企业的重大决策，尤其是涉及广大员工切身利益的决定，这样可以更好地使森林康养企业经营管理者在做出重大决策时充分考虑员工的利益。

（三）劳动争议的处理途径

在我国，劳动争议的解决方式有3种：调解、仲裁、诉讼。劳动争议发生后，当事人可以向本单位劳动争议调解委员会申请调解。调解不成，当事人一方要求仲裁的，可以向劳动争议仲裁委员会申请仲裁，也可以直接向劳动争议仲裁委员会申请仲裁。对仲裁裁决不服的，可以向人民法院提起诉讼。

> **相关链接：我国《劳动法》对于辞职的规定**
>
> 一、职工辞职，要提前30日以书面形式通知用人单位
>
> 《中华人民共和国劳动法》第31条规定，"劳动者解除劳动合同，应当提前30日以书面形式通知用人单位"。明确赋予了职工辞职的权利，这种权利是绝对的，劳动者单方面解除劳动合同无须任何实质条件，只需要履行提前通知的义务（即提前30日书面通知用人单位）即可。
>
> 原劳动部办公厅在《关于劳动者解除劳动合同有关问题的复函》中也指出："劳动者提前30日以书面形式通知用人单位，既是解除劳动合同的程序，也是解除劳动合同的条件。劳动者提前30日以书面形式通知用人单位，解除劳动合同，无须征得用人单位的同意。超过30日，劳动者向用人单位提出办理解除劳动合同手续，用人单位应予以办理。"
>
> 二、用人单位具有一定的请求赔偿损失的权利
>
> 《劳动法》第102条规定："劳动者违反本法规定的条件解除劳动合同或者违反劳动合同中约定的保密事项，对用人单位造成经济损失的，应当依法承担赔偿责任。"
>
> 原劳动部在《违反〈劳动法〉有关劳动合同规定的赔偿办法》第4条明确规定了赔偿的范围："劳动者违反规定或劳动合同的约定解除劳动合同，对用人单位造成损失的，劳动者应赔偿用人单位下列损失：用人单位招收录用其所支付的费用；用人单位为其支付的培训费用，双方另有约定的按约定办理；对生产、经营和工作造成的直接经济损失；劳动合同约定的其他赔偿费用。"

> 三、如有争议，应及时提请劳动仲裁
>
> 职工主动提出与企业解除劳动合同后，部分职工在以书面通知用人单位 30 日后主动离职，不予理会用人单位的赔偿要求，用人单位则不给职工办理人事关系和档案的调转手续，职工离职后人事关系和档案长期留置在原用人单位，会造成职工在新的工作单位不能办理劳动保险、不能办理出国政审手续、影响技术职称评定、不能进一步求学深造和丧失报考国家公务员的机会。所以，职工在与用人单位因解除劳动合同赔偿损失方面发生争议后，应当在 60 日内及时向用人单位所在地区、县劳动争议仲裁委员会提请劳动争议仲裁。
>
> 资料来源：职场指南网。

思考题

1. 森林康养企业的市场营销主要包括哪些内容？
2. 森林康养企业的市场营销策略主要有哪些？
3. 请结合实际情况，确定一个森林康养基地，并制订一套该基地的市场营销方案。

参考文献

董观志，2016. 景区运营管理[M]. 武汉：华中科技大学出版社.

胡红梅，2015. 旅游企业人力资源管理[M]. 北京：中国旅游出版社.

沈雁飞，2012. 旅游景区人力资源管理[M]. 北京：旅游教育出版社.

第十一章 森林康养企业财务管理

第一节 企业财务报表概述

企业的经营过程中会产生大量与企业财务相关的信息，如果没有一个系统将这些财务信息归纳总结，决策者将无法高效、准确地判断企业的经营状况，因而也就很难作出关于企业发展的正确决策，会计系统由此应运而生。经过会计系统的一些归纳总结，企业纷繁复杂的财务信息最终以财务报表的形式对外呈报。企业的利益相关者也据此提高了决策的效率和精确度。因此，在学习财务报表分析之前，我们有必要了解财务信息的会计系统，从而对财务报表的由来有清晰的认识。

一、财务报表的编制流程

会计系统的主要任务就是通过一定的流程将企业发生的筹资、投资、经营等经济活动以财务报表的形式反映出来。会计系统的流程包括会计凭证、会计账簿和财务报表三大环节，其中会计凭证又包括原始凭证和记账凭证。既然会计系统是一个语言系统，那么会计循环的各个环节就好比语言表达的各个程序。首先，企业活动必须留下原始凭证，如发票。原始凭证就是用日常生活中的通俗语言对企业活动进行的描述。其次，根据原始凭证提供的数据编制记账凭证的环节，即将描述企业活动的通俗语言转换为会计术语的过程。再次，根据记账凭证登录会计账簿的环节可以看作对语言进行加工整理的过程，即对会计术语进行分类汇总的过程。最后，根据账簿资料编制财务报表的环节，则可以看作最终撰写成文的过程，即将日常积累的素材按照一定的格式进行归纳、简化和呈报的过程。

作为非财务人员，不需要学会上述会计系统流程中的编制、整理和撰写成文的方法与技巧，但作为财务信息的使用者，至少应该能够读懂财务报表。因此，我们需要了解什么是会计要素、会计科目、会计假设与会计原则。

二、财务报表的构成要素与编制原则

在了解了会计系统的流程后，我们对财务报表的生成过程有了一定的认识，要想真正读懂财务报表，还需清晰地认识会计术语和会计规则，从而借助企业财务报表获取对决策有用的财务信息。

(一) 会计要素

自然界中有许许多多的动物，动物学家们根据一定的标准可以对它们进行科学的分类，

如按动物形态来分，可分为脊椎动物和无脊椎动物等。因此，如果我们将财务信息比作自然界中的动物，会计人员也可以根据一定的标准将它们进行分类，即形成了会计要素。现行的会计要素包括资产、负债、所有者权益、收入、费用和利润6类。其中，资产、负债和所有者权益是反映静态财务状况的要素，所谓静态状况是指在某一特定时间点达到的水平。而收入、费用和利润则是反映动态经营成果的要素，所谓动态成果是指某一特定期间内累积的结果。

（二）会计科目

在关于动物的分类中，脊椎动物又可以进一步分成鱼类、两栖类、爬行类、鸟类和哺乳类等；会计要素也一样，在每一类会计要素下包含不同的会计科目。会计科目是指在会计要素分类的基础上，根据管理要求对会计对象（企业经济活动）所作的进一步分类，是会计要素的具体化。常见的会计科目包括5类：资产类、负债类、所有者权益类、成本类和损益类。其中，资产类下面包括库存现金、固定资产等会计科目；负债类下面包括应付账款、长期借款等会计科目；所有者权益类下面包括实收资本、利润分配等会计科目；成本类下面包括生产成本、研发支出等会计科目；损益类下面主要包括收入类会计科目与费用类会计科目，如主营业务收入、其他业务收入、主营业务成本、其他业务成本、销售费用、所得税费用等会计科目。对具体会计科目的含义，这里不再逐一解释，没有会计基础的读者可通过自学掌握。

（三）会计假设

介绍完会计专业术语后，我们将对会计系统的原则和规则作简要阐述。会计应当遵循的原则和规则很多，在此不再逐一阐述，我们仅对编制财务报表的四大会计假设与两大会计基础进行简要介绍。

会计基本假设是企业会计确认、计量、记录和报告的前提，是对会计核算所处时间、空间和环境所做出的合理假设。会计基本假设有4个，分别是会计主体假设、持续经营假设、会计分期假设与货币计量假设。

1. 会计主体假设

会计主体是编制财务会计报告的任何单位或组织。会计主体假设是指为会计核算和报告限定一个空间范围，主要解决为谁记账、为谁报告的问题。对空间范围的限定，包含两层意思：一是要划清单位与单位之间的界限，也就是说，甲企业记录和报告的经济活动只限于甲企业发生的，不能把其他企业的经济活动算在甲企业的头上；二是公私要分明，也就是要划清企业所有者的活动和企业的活动，换句话说，不能将企业所有者个人的开支列入企业的账上。任何组织甚至个人都可以是一个会计主体，换句话说，会计主体可以小到个人，大到国家。因而，会计主体既可以是法律主体，也可以不是法律主体。

2. 持续经营假设

持续经营假设是一种时间上的假定，是指在可预见的将来，如果没有明显的证据证明企业不能经营下去，就认为企业将会按照当前的规模和状态继续经营下去，不会停业或破产，也不会大规模削减业务。"可预见的将来"通常是指企业足以收回资产成本的经营期间。在持续经营假设下，企业拥有的各项资产就会在正常的经营过程中耗用、出售或转换，承担的债务也会在正常的经营过程中得到清偿，经营成果就会不断形成。持续经营假设对会计核算十分重要，例如，一台设备可以使用 10 年，企业就可以将这台设备的成本按 10 年进行分摊，每年的成本为总成本的 1/10。否则，就不能处理类似的长期资产。在实务中，要不断地对企业是否可以持续经营进行判断和评估，如果不能持续经营，企业应披露终止经营的信息。

3. 会计分期假设

会计分期假设是建立在持续经营假设基础上的，会计分期是指将企业持续经营活动的期间划分为若干长短相同的期间。会计分期假设是为了分期确定损益和分期编制会计报表，定期为会计信息使用者提供信息。会计期间是一种人为的划分，实际的经济活动周期可能与这个期间不一致，有的经济活动可以横跨多个会计期间。但是，与企业有利益关系的单位或个人都需要在一个期间结束之后随时掌握企业的财务状况、经营成果和现金流量信息，而不可能等待全部经营过程结束之后再考察企业的经营成果。

4. 货币计量假设

货币计量是指会计主体在确认、计量和报告时以货币作为计量尺度，反映会计主体的经济活动。如果只核算数量而不确定金额，不同财物之间就失去比较的基础，无法加总计算，会计信息就要大打折扣。企业经济活动中凡是进入会计核算系统的，必须具有货币的可计量性。货币除了充当价值尺度以外，其本身就是一种商品，可以自由交换和流通，会计在记账时应确定货币的唯一性，即建立记账本位币制度。我国以人民币作为记账本位币，企业可以采用多种货币进行结算，但对外报告时要将有关外币折算为记账本位币。

(四) 编制财务报表的会计基础

通常所说的会计基础包括权责发生制与收付实现制。其中，权责发生制又称应计制，是指按照权利和义务的发生来确定收入和费用的归属期；与之相对的是收付实现制，又称现金制，即根据款项的实际收付来确定收入和费用的归属期。

在权责发生制下，只要某会计期间取得了收入的权利或承担了开支的义务，不管是否实际收到或支付款项，都应当列入该期间的收入或费用；相反，即使某会计期间已实际收到或支付了款项，如果收入的权利不是在该期间取得或开支的义务不是在该期间发生，则不能列入该期间的收入或费用。例如，一家森林康养企业 2020 年 1 月支付了全年的保险费，虽然 2020 年 1 月实际支付了款项，但保险费是为全年支付的，其支付义务应属于全年，因而应在该年 12 个月内分摊，而不能全部列入 2020 年 1 月的费用。

三、财务报表的种类

学习了财务报表的编制流程、构成要素和编制原则之后，我们再来看看财务报表包含哪些具体内容呢？财务报表是对企业财务状况、经营成果和现金流量的结构性表述，主要包括资产负债表、利润表、现金流量表、所有者权益变动表和附注 5 个部分。财务报表上述组成部分具有同等的重要程度。

(一)资产负债表

资产负债表是反映企业在某一特定日期的财务状况的财务报表。由于资产负债表所列示的都是时间点数据,因此又被称为"静态报表"。

资产负债表应当按照资产、负债和所有者权益三大类别分类列报。资产和负债应当按照流动性分别分为流动资产和非流动资产、流动负债和非流动负债列示。资产负债表列示的资产总计项目应与负债与所有者权益之和的总计项目金额相等。在我国,资产负债表采用账户式的格式,即资产列于左侧,负债和所有者权益分别列于右侧的上端、下端;另将资产区分为流动资产和非流动资产,将负债区分为流动负债和非流动负债予以分类列示。此外,表头部分还应列明报表名称、编表单位名称、资产负债表日和人民币金额单位。具体格式见表11-1所列。

资产负债表的作用主要有以下3方面:一是可以提供某一日期资产的总额及其结构,表明企业拥有或控制的资源及其分布情况;二是可以提供某一日期的负债总额及其结构,表明企业未来需要用多少资产或劳务清偿债务以及清偿时间;三是可以反映所有者所拥有的权益,据以判断资本保值增值的情况以及对负债的保障程度。

表11-1 资产负债表

编制单位:　　　　　　　　　　　年　月　日　　　　　　　　　　企会01表
　　　　　　　　　　　　　　　　　　　　　　　　　　　　　　　单位:元

资产	期末余额	年初余额	负债和所有者权益	期末余额	年初余额
流动资产:			流动负债:		
货币资金			短期借款		
交易性金融资产			交易性金额负债		
应收票据			应付票据		
应收账款			应付账款		
预付账款			预收账款		
应收利息			应付职工薪酬		
应收股利			应交税费		
其他应收款			应付利息		
存货			应付股利		
持有待售资产			其他应付款		
一年内到期的非流动资产			持有待售负债		
其他流动资产			一年内到期的非流动负债		
流动资产合计			其他流动负债		
非流动资产:			流动负债合计		
可供出售金融资产			非流动负债:		

（续）

资产	期末余额	年初余额	负债和所有者权益	期末余额	年初余额
持有至到期投资			长期借款		
长期应收款			应付债券		
长期股权投资			长期应付款		
固定资产			专项应付款		
减：累计折旧			预计负债		
在建工程			递延所得税负债		
工程物资			其他非流动负债		
固定资产清理			非流动负债合计		
生产性生物资产			负债合计		
油气资产			所有者权益：		
无形资产			实收资本(或股本)		
开发支出			其他权益工具		
商誉			资本公积		
长期待摊费用			减：库存股		
递延所得税资产			其他综合收益		
其他非流动资产			盈余公积		
非流动资产合计			未分配利润		
			所有者权益合计		
资产合计			负债和所有者权益合计		

(二) 利润表

利润表又称损益表，是反映企业在一定会计期间的经营成果的财务报表。因其所记载的是期间数据，故又称为"动态报表"。

我国企业利润表的一般格式为现行企业会计准则所规定的利润表格式，逐步列示了"营业利润""利润总额"和"净利润"等项目，这种格式的利润表称作多步式利润表。这种格式的利润表有助于使用者理解企业经营成果的不同来源。与此相对应的概念是单步式利润表，顾名思义，就是指用全部收入减去全部费用，从而一步得出净利润数字的利润表格式。利润表的表头应列明报表名称、编表单位名称、财务报表涵盖的会计期间和人民币金额单位等内容；利润表的表体反映形成经营成果的各个项目和计算过程。我国企业利润表的格式一般见表 11-2 所列。

利润表的作用主要有以下 3 方面：一是反映一定会计期间收入的实现情况；二是反映一定会计期间的费用耗费情况；三是反映企业经营成果的实现情况，据以判断资本保值增值等情况。

表 11-2　利润表

企会 02 表

编制单位：　　　　　　　　　　　　　　××××年××月　　　　　　　　　　　　　　单位：元

项　　目	本期金额	上期金额
一、营业收入		
减：营业成本		
税金及附加		
销售费用		
管理费用		
研发费用		
财务费用		
其中：利息费用		
利息收入		
资产减值损失		
加：公允价值变动收益（损失以"—"号填列）		
投资收益（损失以"—"号填列）		
其中：对联营企业和合营企业的投资收益		
资产处置收益（损失以"—"号填列）		
其他收益		
二、营业利润（亏损以"—"号填列）		
加：营业外收入		
减：营业外支出		
三、利润总额（亏损总额以"—"号填列）		
减：所得税费用		
四、净利润（净亏损以"—"号填列）		
（一）持续经营净利润（净亏损以"—"号填列）		
（二）终止经营净利润（净亏损以"—"号填列）		
五、其他综合收益的税后净额		
六、综合收益总额		

（三）现金流量表

现金流量表是指反映企业一定会计期间内的现金和现金等价物的流入和流出情况的报表。

现金流量是指现金和现金等价物的流入和流出。企业从银行提取现金、用现金购买短期到期的国库券等现金和现金等价物之间的转换不会导致现金流量的变化。现金流量表中为区分经营活动、投资活动和筹资活动的现金流入总额和现金流出总额，分别列报了这三类活动所产生的现金流量净额，最后汇总列示了企业的现金及现金等价物的净增加额。具体现金流量表的格式见表 11-3 所列。

现金流量表的主要作用有以下 4 方面：一是有助于评价企业的支付能力、偿债能力和周转能力；二是有助于预测企业未来现金流量；三是有助于分析企业收益质量及影响现金净流量的因素；四是对以权责发生制为基础的会计报表进行了必要的补充，增强会计信息的可比性。

表 11-3　现金流量表　　　　　　　　　　　　　　　　　　　　　　　　　企会 03 表

编制单位：　　　　　　　　　　　××××年　　　　　　　　　　　　　　　单位：元

项　目	本年金额	上年金额
一、经营活动产生的现金流量		
销售商品、提供劳务收到的现金		
收到的税费返还		
收到其他与经营活动有关的现金		
经营活动现金流入小计		
购买商品、接受劳务支付的现金		
支付给职工以及为职工支付的现金		
支付的各项税费		
支付其他与经营活动有关的现金		
经营活动现金流出小计		
经营活动产生的现金流量净额		
二、投资活动产生的现金流量		
收回投资收到的现金		
取得投资收益收到的现金		
处置固定资产、无形资产和其他长期资产收回的现金净额		
处置子公司及其他营业单位收到的现金净额		
收到其他与投资活动有关的现金		
投资活动现金流入小计		
购建固定资产、无形资产和其他长期资产支付的现金		
投资支付的现金		
取得子公司及其他营业单位支付的现金净额		
支付其他与投资活动有关的现金		
投资活动现金流出小计		
投资活动产生的现金流量净额		
三、筹资活动产生的现金流量		
吸收投资收到的现金		
取得借款收到的现金		
收到其他与筹资活动有关的现金		

(续)

项　　目	本年金额	上年金额
筹资活动现金流入小计		
偿还债务支付的现金		
分配股利、利润或偿付利息支付的现金		
支付其他与筹资活动有关的现金		
筹资活动现金流出小计		
筹资活动产生的现金流量净额		
四、汇率变动对现金的影响		
五、现金及现金等价物净增加额		
加：期初现金及现金等价物余额		
六、期末现金及现金等价物余额		

(四) 所有者权益变动表

所有者权益变动表是列示所有者权益各组成部分的当期增减变动情况的报表。该表在各列中逐项列出了所有者权益的各个项目，然后在各行中逐项列出了期初余额（与上期资产负债表的数据一致）、本期增加额及其发生原因、本期减少额及其发生原因，最后列出了期末余额（与本期资产负债表数据一致）。这样，通过所有者权益变动表，可以了解所有者权益各个项目在过去整个会计期间内的增减变动的全貌。

根据《企业会计准则第30号——财务报表列报》(2014年修订) 的规定，所有者权益变动表至少应当单独列示反映下列信息的项目：综合收益总额；会计政策变更和前期差错更正的累积影响金额；所有者投入资本和向所有者分配利润等；按照规定提取的盈余公积；所有者权益各组成部分的期初和期末余额及其调节情况。

(五) 附注

附注是对在资产负债表、利润表、现金流量表和所有者权益变动表等报表中列示项目的文字描述或明细资料，以及对未能在这些报表中列示项目的说明等。

附注应当披露财务报表的编制基础，相关信息应当与资产负债表、利润表、现金流量表和所有者权益变动表等报表中列示的项目相互参照。

附注一般应当按照下列内容进行披露：企业的基本情况；财务报表的编制基础；遵循企业会计准则的声明；重要会计政策和会计估计；会计政策和会计估计变更以及差错更正的说明；报表重要项目的说明；或有和承诺事项、资产负债表日后非调整事项、关联方关系及其交易等需要说明的事项；有助于财务报表使用者评价企业管理资本的目标、政策及程序的信息。

第二节　企业财务报表分析

在了解了财务报表的编制流程、编制原则和具体内容之后，我们可以在此基础上学习如何进行企业的财务报表分析。在开展分析之前，首先，我们需要了解自己的分析目的；其次，选择具体的分析方法和指标进行计算；最后，通过对多个指标的综合分析对企业的财务状况作出准确的判断。

一、财务报表分析的目的

财务报表分析的最终目的是将财务报表数据转换成有用的信息，以帮助信息使用者改善决策。信息使用者，也是财务报表的分析主体，主要包括企业经营管理者、债权人、股东、政府职能部门、社会中介机构及其他利益相关者。不同分析主体的分析目的不尽相同，例如：债权人更关注企业的偿债能力、股东更关注企业的盈利能力、政府职能部门则更关注企业经营的合法性问题。

作为森林康养企业的经营管理者，虽然能够比企业外部分析主体拥有更多的渠道，掌握更丰富的信息资源以了解企业的经营状况，但仍然需要对森林康养企业的财务报表进行全方位的系统性分析。首先，这有助于经营管理者高效、准确、及时地发现企业经营中的问题，并采取相应的对策；其次，这有助于经营管理者全面掌握企业的财务状况、经营成果和现金流量等财务信息，从而辅助作出筹资、投资等方面的重大决策。

二、企业财务能力分析

一般情况下，对一家企业的财务报表进行分析的过程中，企业的利益相关者的关注点虽然各有侧重，但对企业偿债能力、运营能力、盈利能力、成长能力以及综合财务能力的基础分析是必不可少的。因此，我们可以基于财务报表，通过分析上述5方面的企业财务能力，对企业的经营管理状况作出判断。

（一）偿债能力分析

偿债能力是指企业偿还到期债务本息的能力，即在归还企业筹资和经营活动中产生的债务的能力。根据债务的期限划分可分为短期债务和长期债务，其中短期债务是企业筹资的重要来源之一，相应的，企业的偿债能力也被划分为短期偿债能力和长期偿债能力。短期偿债能力的分析更关注企业的流动性，而长期偿债能力的分析则更关注企业的经营风险。

1. 流动比率

流动比率是指企业流动资产与流动负债的比值，它反映了企业流动资产覆盖流动负债的程度。

$$流动比率 = \frac{流动资产}{流动负债}$$

由于流动资产与流动负债在时期上具有一致性，流动资产变现后能够直接构成偿还流动负债的资金来源。但需要注意的是，并不是流动比率相同的两家企业就具有相同的实际偿债能力，在实际操作中还需具体分析企业流动负债的变现能力。

2. 速动比率

速动比率是指企业速动资产与流动负债的比值，它反映了企业变现能力强的资产覆盖流动负债的程度。

$$速动比率 = \frac{速动资产}{流动负债} = \frac{流动资产 - 存货}{流动负债}$$

速动资产一般由现金和能够迅速转化为现金的流动性资产构成，如交易性金融资产、应收账款等。与流动比率类似，虽然计算速动比率的速动资产减去了存货，但这也不意味着速动资产的变现能力很强，在实际操作中还需要结合其他指标和因素综合分析。

3. 现金比率

现金比率是指企业现金类资产与流动负债的比率。它更谨慎地反映了企业偿还短期负债的能力，可视为考察企业立即变现能力的指标。

$$现金比率 = \frac{现金 + 现金等价物}{流动负债}$$

现金类资产包含货币现金和包括以公允价值计量且其变动计入当期损益的金融资产在内的现金等价物，能够立即用于偿还债务的资产。

4. 现金流量比率

现金流量比率是指企业一定时期内经营活动现金流量净额与流动负债的比值。它考虑了企业实际的资金周转速率和实际的变现能力。

$$现金流量比率 = \frac{经营活动产生的现金流量净额}{流动负债}$$

现金流量是指企业经营活动中的现金流量净额，它与流动负债相比，反映出企业在进行完流动资产投资后，用剩余现金流量偿还债务的能力。这与企业经营的实际情况更为贴近，因此，该指标是分析企业短期偿债能力的重要指标。

5. 资产负债率

资产负债率是指企业全部负债与全部资产的比值。它反映了在企业资产中，通过举债获得的资产份额，是衡量企业长期偿债能力的重要指标。

$$资产负债率 = \frac{负债总额}{资产总额} \times 100\%$$

资产负债率越高表示企业偿还债务的能力越差，财务风险越大；反之，企业长期偿债能力越强。

6. 权益乘数

权益乘数是资产总额与股东权益总额的比值。它反映了企业资产是股东权益的多少倍，即企业财务的杠杆大小。

$$权益乘数 = \frac{资产总额}{股东权益总额}$$

权益乘数越大,说明股东投入的资本在资产中的占比越小,也就代表着企业使用的债务资金比重越大。

7. 偿债保障比率

偿债保障比率是负债总额与经营活动产生的现金流量净额的比值。它反映了企业利用经营活动产生的现金流量偿还全部债务所需的时间。

$$偿债保障比率 = \frac{负债总额}{经营活动产生的现金流量净额}$$

一般认为,经营活动产生的现金流量是企业长期资金的最主要来源,可视为经常性现金流量,该比率越低说明企业偿还债务的能力越强。

8. 利息保障倍数

利息保障倍数是指企业息税前利润与同期利息费用的比值。它反映了企业使用获利偿付利息费用的保障程度。

$$利息保障倍数 = \frac{税前利润 + 利息费用}{利息费用}$$

息税前利润是指企业在偿付债务利息和缴纳企业所得税之前所获得的利润总额。若利息保障倍数过低,那么企业就存在无法按时按量偿付债务利息的风险,这会引起债权人的警觉,经验认为利息保障倍数的数值应当至少要大于1。

9. 现金利息倍数

现金利息倍数是指企业经营活动产生的现金流量净额与同期使用现金支付的利息支出的比值。它反映了企业当前能够支付利息的能力。

$$现金利息倍数 = \frac{经营活动产生的现金流量净额}{现金利息支出}$$

虽然利息保障倍数已经能够反映企业支付利息的能力,但在短期内,在权责发生制下和收付实现制下的企业资金存量和应付利息金额会存在一定的差异,当分析者更关注企业当前的利息支付能力的时候就会采用现金利息倍数,而不是利息保障倍数。

(二) 营运能力分析

营运能力是指企业资金的利用效率,通常以各类资产的周转速度来衡量。通过营运能力分析可评价企业资产营运状况,可发现企业在资产营运中存在的问题,这往往与企业经营的安全性和风险性高度相关。其次,企业不同的投资决策对其资金的配置方向和利用效率同样至关重要,因此,营运能力的分析结果也可以反映出企业未来的发展战略导向。

1. 存货周转率

存货周转率是指企业一定时期内,销售成本与存货平均余额的比值。它反映了企业存货的变现速度。

$$存货周转率 = \frac{销售成本}{存货平均余额}$$

$$存货平均余额 = \frac{期初存货余额 + 期末存货余额}{2}$$

存货周转率越高，说明企业存货周转速度越快，企业销售能力越强，营运资本占用在存货上的金额越少，表明企业的资产流动性较好，资金的使用效率较高。反之，说明企业在销售方面存在一定的问题，需要调整销售策略，同时也说明企业的存货管理存在问题，如存货水平太低，甚至经常缺货等。

2. 应收账款周转率

应收账款周转率是指企业在一定时期内，赊销收入净额与应收账款平均余额的比值。它反映了应收账款在一个会计年度内的周转次数，可以用来分析应收账款的变现速度和管理效率。

$$应收账款周转率=\frac{赊销收入净额}{应收账款平均余额}$$

$$应收账款平均余额=\frac{期初应收账款+期末应收账款}{2}$$

应收账款周转率越高，说明企业收回应收账款的速度越快，可以减少企业的坏账损失，提高资产的流动性，增强短期偿债能力。反之，则表明企业收回应收账款的效率较低，或者企业的信用政策过于宽松，导致企业资金利用率降低，影响正常的企业资金周转。

3. 流动资产周转率

流动资产周转率是指销售收入与流动资产平均余额的比率。它反映了企业全部流动资产的利用效率。

$$流动资产周转率=\frac{销售收入}{流动资产平均余额}$$

$$流动资产平均余额=\frac{期初流动资产余额+期末流动资产余额}{2}$$

流动资产周转率表明在一个会计年度内企业流动资产周转的次数，该指标越高，说明企业流动资产的利用效率越高，可以节约流动资金，提高资金的利用效率。但是，究竟流动资产周转率为多少才算好，并没有一个确定的标准。通常分析流动资产周转率应比较企业历年的数据并结合行业特点。

4. 固定资产周转率

固定资产周转率是指企业销售收入与固定资产平均净值的比率。它反映了企业厂房、设备等固定资产的利用效率。

$$固定资产周转率=\frac{销售收入}{固定资产平均净值}$$

$$固定资产平均净值=\frac{期初固定资产净值+期末固定资产净值}{2}$$

固定资产周转率越高，说明固定资产的利用率越高，管理水平越好。如果固定资产周转率与同行业平均水平相比偏低，说明企业的生产效率较低，可能会影响企业的盈利能力。

5. 总资产周转率

总资产周转率是指销售收入与资产平均总额的比值。它反映了企业全部资产的利用效率。

$$总资产周转率 = \frac{销售收入}{资产平均总额}$$

$$资产平均总额 = \frac{期初资产总额 + 期末资产总额}{2}$$

总资产周转率较低，说明企业利用其资产进行经营的效率较差，会影响企业的盈利能力，企业应当采取措施增加销售收入或处置资产，以提高总资产利用率。

(三) 盈利能力分析

盈利能力是指企业获取利润的能力，也称为企业的资金或资本增值能力，通常表现为一定时期内企业收益数额的多少及其水平的高低。对于经营管理者而言，通过对盈利能力的分析，可以发现经营管理环节出现的问题。对公司盈利能力的分析，也是对公司利润率的深层次分析。

1. 销售毛利率

销售毛利率是指销售毛利与营业收入的比值。它反映了企业的营业成本与营业收入的比例关系。

$$销售毛利率 = \frac{销售毛利}{营业收入} \times 100\% = \frac{营业收入 - 营业成本}{营业收入} \times 100\%$$

销售毛利是企业营业收入与营业成本的差额，可以根据利润表计算得出。营业收入是指营业收入扣除销售退回、销售折扣与折让后的净额。销售毛利率越大，说明在营业收入净额中营业成本所占比重越小，企业通过销售获取利润的能力越强。

2. 销售利润率

销售利润率是指营业利润与营业收入的比值。它反映了在不考虑所得税政策和偶然因素影响的情况下，企业通过经营活动为股东创造收益的能力。

$$销售利润率 = \frac{营业利润}{营业收入} \times 100\%$$

企业的销售利润率越高，说明企业的产品或服务产生收入的能力越强，企业的成本费用控制的越好。但是，分析的过程中应该理性看待成本费用对销售利润率的影响。企业的成本费用增加，可能是成本费用管理出现问题，也可能是企业在进行某种经营战略或策略的改变，例如，企业的研发费用增加，意味着产品的未来竞争力提高，某一期研发力度加大导致费用增长、销售利润率下降，在未来则可能带来营业收入的高增长。因此，分析的时候不能简单地对销售利润率的提高或降低下结论。

3. 销售净利率

销售净利率是指企业净利润与营业收入净额的比率。它反映了企业通过销售赚取利润的能力。

$$销售净利率 = \frac{净利润}{营业收入净额} \times 100\%$$

销售净利率越高，说明企业通过扩大销售获取报酬的能力越强。另外，在评价企业的销售净利率时，应比较企业历年的指标，从而判断企业销售净利率的变化趋势。但是，销售净利率受行业特点影响较大，因此还应该结合不同行业的具体情况进行分析。

4. 总资产报酬率

总资产报酬率是指企业一定时期的净利润与资产平均总额的比率。它反映了企业对股权投资的回报能力。

$$总资产报酬率 = \frac{净利润}{资产平均总额} \times 100\%$$

总资产报酬率越高,说明企业的盈利能力越强,但在实际操作中,总资产报酬率的高低并没有一个绝对的评价标准。在分析时,通常采用比较分析法,与该企业以前会计年度的总资产报酬率作比较,可以判断企业资产盈利能力的变动趋势,或者与同行业平均资产报酬率作比较,可以判断企业在同行业中所处的地位。

5. 股东权益报酬率

股东权益报酬率是指企业一定时期的净利润与股东权益平均总额的比率。它反映了企业股东获取投资报酬的高低。

$$股东权益报酬率 = \frac{净利润}{股东权益平均总额} \times 100\%$$

股东权益报酬率是评价企业盈利能力的一个重要财务比率,该比率越高,说明企业的盈利能力越强。另外,需要明确的是股东权益平均总额是用账面价值而不是市场价值计算的。在正常情况下,股份公司的股东权益市场价值都会高于其账面价值,因此,以股东权益的市场价值计算的股东权益报酬率可能会远低于总资产报酬率。据此,股东权益报酬率可以进行如下分解:

$$股东权益报酬率 = 总资产报酬率 \times 平均权益乘数$$

通过上式可以看出股东权益报酬率取决于企业的总资产报酬率和权益乘数两因素。因此,提高股东权益报酬率可以有两种途径:一是在财务杠杆不变的情况下通过增收节支,提高资产利用效率来提高总资产报酬率,从而提高股东权益报酬率;二是在资产利润率大于负债利息率的情况下,可以通过增大权益乘数,即提高财务杠杆,来提高股东权益报酬率。需要注意的是,第一种途径不会增加企业的财务风险,第二种途径则会导致企业的财务风险增大。

6. 每股收益

每股收益是指净利润除去优先股股利之后与企业发行在外的普通股平均股数的比值。它反映了企业普通股每股所获得净利润。

$$每股收益 = \frac{净利润 - 优先股股利}{发行在外的普通股平均股数}$$

每股收益可用于测度企业股份不变的情况下,企业的盈利能力,每股收益增加,表明企业的盈利能力增强。每股收益增加越多,相对原有的市盈率,企业的股票价格就可能上升得越快。

7. 每股净资产

每股净资产是指股东权益总额与企业发行在外的普通股股数的比值。它反映了投资者持有的每一股权益在企业中对应的净资产或股东权益的金额。

$$每股净资产 = \frac{股东权益总额}{发行在外的普通股股数}$$

企业的净资产由股东投入和利润累积形成,所以通常也将该指标列入有关盈利分析指标的类别。如果企业没有增发,则每股净资产反映了企业通过累积利润扩大企业股东权益的规模。每股净资产越高,企业累积利润越多,股东权益规模越大。

8. 市盈率

市盈率是指每股股价与每股利润的比值。它反映了在某一时刻投资者对企业每一元盈利所愿意支付的价格,是资本市场常用的重要指标。

$$市盈率 = \frac{每股股价}{每股利润}$$

普通股每股市价市盈率的合理区间通常在 10 到 20 之间,但对市盈率的高低有很多种理解,投资者需要根据对企业的全面分析自行甄别其内在含义。另外,不同行业的市盈率差异极大。市盈率的分子是股票市价,因此,该比率体现了市场对企业为股东创造价值的能力的一种预期,影响市盈率高低的内在因素与这种预期有关,包括:预期股东权益报酬率的高低、预期未来经营收入的增长率、预期经营业务和财务的风险程度等。市盈率高的企业,说明市场上对该企业的未来增长有良好的预期,因此相比当下的收益,投资者愿意支付更高的价格;反之,则投资者只愿意支付较低的价格。

9. 市净率

市净率是指每股股价与每股净资产的比值。它反映了市场对企业的估值超过其账面价值的比率。

$$市净率 = \frac{每股股价}{每股净资产}$$

市净率越高,说明市场对企业的估值超过企业账面价值的部分越多。需要注意的是,影响企业市净率高低的根本因素,是投资者所判断的企业超过当前账面价值为投资者创造超额利润的能力。当预期未来股东权益报酬率只能等于股东的必要报酬率时,股票市净率为 1;当预期未来股东权益报酬率超过股东必要报酬率越多时,企业的利润增长率越高,则股票的市净率高于 1 并且值越大;反之,当预期未来股东权益报酬率低于股东必要报酬率时,股票市净率小于 1。在市场上,如果影响一个企业的市净率的根本因素没有改变,市净率却变得过高或过低,则说明市场对该企业的估值可能偏高或偏低。投资者可以根据相同行业不同企业的市净率高低判断其中的某只股票价格是否存在高估或低估。

(四)成长能力分析

成长能力是指企业在经营活动中表现出的增长能力。如扩大企业规模、持续盈利、市场竞争力的提升等。

1. 销售增长率

销售增长率是指企业本年营业收入增长额与上年营业收入总额的比率。它反映了企业营业收入的变化情况,是评价企业成长性和市场竞争力的重要指标。

$$销售增长率 = \frac{本年营业收入增长额}{上年营业收入总额} \times 100\%$$

本年营业收入增长额是指本年营业收入总额与上年营业收入总额的差额。销售增长率大于零,表示企业本年营业收入增加;反之,表示营业收入减少,该比率越高,说明企业营业收入的成长性越好,企业的发展能力越强。

2. 资产增长率

资产增长率是指企业本年总资产增长额与年初资产总额的比率。它反映了企业本年度资产规模的增长情况。

$$资产增长率 = \frac{本年总资产增长额}{年初资产总额} \times 100\%$$

本年总资产增长额是指本年资产年末余额与年初余额的差额。资产增长率是从企业资产规模扩张方面来衡量企业发展能力的。企业资产总量对企业的发展具有重要的影响,一般来说,资产增长率越高,说明企业资产规模增长的速度越快,企业的竞争力会增强。但是,在分析企业资产数量增长的同时,也要注意分析企业资产的质量变化。

3. 股权资本增长率

股权资本增长率是指企业本年股东权益增长额与年初股东权益总额的比率。它反映了企业当年股东权益的变化水平,是评价企业发展潜力的重要财务指标。

$$股权资本增长率 = \frac{本年股东权益增长额}{年初股东权益总额} \times 100\%$$

本年股东权益增长额是指本年股东权益年末余额与年初余额的差额。股权资本增长率越高,说明企业资本积累能力越强,企业的发展能力也越好。

4. 利润增长率

利润增长率是指企业本年利润总额增长额与上年利润总额的比率。它反映了企业本年度营业利润的增长情况。

$$利润增长率 = \frac{本年利润总额增长额}{上年利润总额} \times 100\%$$

本年利润总额增长额是指本年利润总额与上年利润总额的差额,利润增长率反映了企业盈利能力的变化,该比率越高,说明企业的成长性越好,发展能力越强。

需要注意的是,在对企业的成长能力分析中仅用一年的财务比率数据是无法对企业的成长能力进行客观评价的,在实际操作中,需要连续的数年时间序列数据,才能正确评价企业发展能力的持续性。

(五)杜邦分析

杜邦分析是基于财务报表信息的企业财务综合分析方法,由美国杜邦公司首先创造,故称杜邦分析法。在现实中,企业的财务状况是一个完整的系统,内部各种因素都是相互依存、相互作用的,任何一个因素的变动都会引起企业整体财务状况的改变。因此,财务分析者在进行财务状况综合分析时,必须深入了解企业财务状况内部的各项因素及其相互之间的关系,这样才能比较全面地揭示企业财务状况的全貌。杜邦分析体系以股东权益报酬率为起点,通过对股东权益报酬率计算公式的三重拆分,将股东权益报酬率的影响因素以及不同因素之间的勾稽关系完整地展现出来,有助于分析者更系统全面地了解企业财务状况(图11-1)。

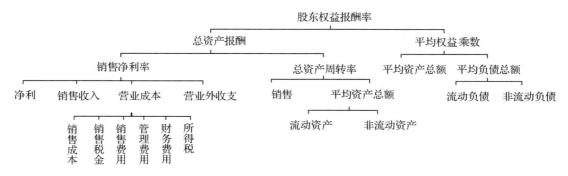

图 11-1 杜邦分析框架图

杜邦分析体系主要反映了以下几种主要的财务比率关系：
①股东权益报酬率与资产报酬率及权益乘数之间的关系。
$$股东权益报酬率＝总资产报酬率×平均权益乘数$$
②总资产报酬率与销售净利率及总资产周转率之间的关系。
$$总资产报酬率＝销售净利率×总资产周转率$$
③销售净利率与净利润及销售收入之间的关系。
$$销售净利率＝\frac{净利润}{销售收入}$$
④总资产周转率与销售收入及资产总额之间的关系。
$$总资产周转率＝\frac{销售收入}{资产平均总额}$$

杜邦分析体系在揭示上述几种关系之后，再将净利润、总资产进行层层分解，可以全面、系统地揭示企业的财务状况以及系统内部各个因素之间的相互关系。

通过杜邦分析体系的分解，可以从中获得以下财务信息：

①从杜邦分析框架图中可以看出，股东权益报酬率是一个综合性极强、最有代表性的财务比率，它是杜邦分析体系的核心，企业财务管理的重要目标就是实现股东财富的最大化，股东权益报酬率恰恰反映了股东投入资金的盈利能力，反映了企业筹资、投资和生产运营等各方面经营活动的效率。股东权益报酬率取决于企业资产净利率和权益数，资产净利率主要反映企业运用资产进行生产经营活动的效率如何，权益乘数则要反映企业的财务杠杆情况，即企业的资本结构。

②总资产报酬率是反映企业盈利能力的一个重要财务比率，它揭示了企业生产量经营活动的效率，综合性也极强。企业的销售收入、成本费用、资产结构、资产周转速度以及资金占用量等各种因素，都直接影响总资产报酬率的高低。总资产报酬率是销售利率与总资产周转率的乘积，因此可以从企业的销售活动与资产管理两个方面来实行分析该指标。

③从企业的销售方面看，销售净利率反映了企业净利润与销售收入之间的关系，一般来说，销售收入增加，企业的净利润也会随之增加。但是，要想提高销售净利率，必须一方面提高销售收入，另一方面降低各种成本费用，这样才能使净利润的增长高于销售收入的增

长,从而使销售净利率得到提高。由此可见,提高销售净利率必须在以下两个方面下工夫:一是要开拓市场,增加销售收入。在市场经济中,企业必须深入调查研究市场情况,了解市场的供求关系;在战略上,从长远的利益出发,努力开发新产品;在策略上,保证产品的质量,加强营销手段,努力提高市场占有率。这些都是企业面向市场的外在能力。二是加强成本费用控制,降低耗费,增加利润。从杜邦分析体系中可以分析企业的成本费用结构是否合理,以便发现企业在成本费用管理方面存在的问题,为加强成本费用管理提供依据。企业要想在激烈的市场竞争中立于不败之地,不仅要在营销与产品质量上下工夫,还要尽可能降低产品的成本,这样才能增强产品在市场上的竞争力同时,严格控制企业的管理费用、财务费用等各种期间费用,降低耗费,增加利润。

④在企业资产方面,主要应该分析以下两个方面:一是分析企业的资产结构是否合理,即流动资产与非流动资产的比例是否合理。资产结构实际上反映了企业资产的流动性,它不仅关系企业的偿债能力,也会影响企业的盈利能力。一般来说,如果企业流动资产中货币资金占比过大,就应当分析企业现金持有量是否合理,有无现金闲置现象,因为过量的现金会影响企业的盈利能力;如果流动资产中存货与应收账款过多,就会占用大量的资金,影响企业的资金周转。二是结合销售收入,分析企业的资产周转情况。资产周转速率直接影响企业的盈利能力,如果企业资产周转较慢,就会占用大量资金,增加资本成本,减少企业的利润。在对资产周转情况进行分析时,不仅要分析企业总资产周转率,更要分析企业的存货周转率与应收账款周转率,并将其周转情况与资金占用情况结合起来分析。从上述两方面的分析可以发现企业资产管理方面存在的问题,以便加强管理,提高资产的利用效率。

总之,从杜邦分析体系可以看出,企业的盈利能力涉及生产经营活动的方方面面。股东权益报酬率与企业的资本结构、销售规模、成本水平、资产管理等因素密切相关,这些因素构成一个完整的系统,系统内部各因素之间相互作用,只有协调好系统内部各个因素之间的关系,才能使股东权益报酬率得到提高,从而实现企业股东财富最大化的目标。

> **案例分析**
>
> 假设某森林康养企业2020年会计报表的部分信息见表11-4所列。
>
> 表11-4 森林康养企业会计报表部分信息　　　　单位:万元
>
> | 资产负债表项目 | 年初数 | 年末数 |
> | --- | --- | --- |
> | 资产合计 | 800 | 1000 |
> | 负债合计 | 450 | 600 |
> | 所有者权益合计 | 350 | 400 |
> | 利润表项目 | 上年数 | 本年数 |
> | 营业收入净额 | 1800 | 2000 |
> | 净利润 | 46 | 50 |
>
> 请计算杜邦分析体系中的各项指标:股东权益报酬率、总资产报酬率、销售净利率、总资产周转率和平均权益乘数,并分析该企业应如何提高股东权益报酬率。

第三节　企业财务管理

通过分析企业的财务报表，我们对企业的财务状况、经营成果和现金流量情况都有了深入了解，接下来我们就可以根据自己掌握的情况，对企业的经济活动进行决策，这就是企业的财务管理。

财务管理是组织企业财务活动、处理财务关系的一项经济管理工作，主要目标是为了实现企业股东财富最大化。其中，企业的财务活动是指以现金收支为主的企业资金收支活动的总称，主要包括筹资、投资、营运、分配4个方面，这4个方面相互联系、相互依存，共同构成了企业财务管理的基本内容。

一、企业筹资管理

（一）长期筹资概述

企业筹资的主要方面是长期筹资。长期筹资是指企业通过长期筹资渠道和资本市场，运用长期筹资的方式，经济有效地筹措和集中长期资本的活动。

长期筹资的意义在于：首先，任何企业在生存发展过程中，都需要始终维持一定的资本规模，由于生产经营活动的发展变化，往往需要追加筹资。例如，有的企业为了增加经营收入，降低成本费用，提高利润水平，需要根据市场需求的变化，扩大生产经营规模，调整生产经营结构，研制开发新产品，所有这些经营策略的实施通常都要求有一定的资本。其次，企业为了稳定一定的供求关系并获得一定的投资收益，对外开展投资活动，往往也需要筹集资本。例如，有的企业为了保证其产品生产所必需的原材料供应，向供应商投资并获得控制权。最后，企业根据内外部环境的变化，适时采取调整企业资本结构的策略，也需要及时筹集资本。例如，有的企业由于资本结构不合理，负债比率过高，偿债压力过大，财务风险过高，主动通过筹资来调整资本结构。企业持续的生产经营活动，不断产生对资本的需求，需要筹措和集中资本；同时，企业因开展对外投资活动和调整资本结构，也需要筹措和集中资本。

（二）长期筹资的类型

由于筹资范围、筹资机制和资本属性不同，企业的长期筹资分为各种不同类型。

1. 内部筹资与外部筹资

企业的长期筹资按资本来源的范围不同，可分为内部筹资和外部筹资两种类型。企业一般应在充分利用内部筹资来源之后，再考虑外部筹资问题。

①内部筹资　指企业在内部通过留用利润形成的资本来源。内部筹资是在企业内部自然形成的，因此被称为"自动化的资本来源"，一般无须花费筹资费用，其数量通常由企业可分配利润的规模和利润分配政策决定。

②外部筹资　指企业在内部筹资不能满足需要时，向企业外部筹资而形成的资本来源。处于初创期的企业，内部筹资的可能性是有限的；处于成长期的企业，内部筹资往往难以满

足需要。于是，企业就要广泛开展外部筹资。企业外部筹资的方式很多，主要有投入资本筹资、发行股票筹资、长期借款筹资、发行债券筹资和融资租赁筹资。企业的外部筹资大多需要花费筹资费用。例如，发行股票、发行债券需支付发行费用；取得长期借款有时需支付一定的手续费。

2. 直接筹资与间接筹资

企业的筹资活动按其是否借助银行等金融机构，可分为直接筹资和间接筹资两种类型。

①直接筹资　指企业不借助银行等金融机构，直接与资本所有者协商融通资本的一种筹资活动。在直接筹资活动过程中，筹资企业无须借助银行等金融机构，而是直接与资本所有者协商，采用一定的筹资方式取得资本。在我国，随着宏观金融体制改革的深入，直接筹资得以不断发展。具体而言，直接筹资主要有投入资本、发行股票、发行债券等方式。

②间接筹资　指企业借助银行等金融机构融通资本的筹资活动。这是一种传统的筹资类型。在间接筹资活动过程中，银行等金融机构发挥着中介作用，它们先集聚资本，然后提供给筹资企业。间接筹资的基本方式是银行借款和融资租赁。

3. 股权性筹资、债务性筹资与混合性筹资

按照资本属性的不同，长期筹资可以分为股权性筹资、债务性筹资和混合性筹资。

①股权性筹资　股权性筹资形成企业的股权资本，亦称权益资本，是企业依法取得并长期拥有，可自主调配运用的资本。根据我国有关法规制度规定，企业的股权资本由投入资本（或股本）、资本公积、盈余公积和未分配利润组成。按照国际惯例，股权资本通常包括实收资本（或股本）和留用利润（或保留盈余、留存收益）两大部分。股权性筹资具有下列特性：

一是股权资本的所有权归属于企业的所有者。企业所有者依法凭其所有权参与企业的经营管理和利润分配，并对企业的债务承担有限或无限责任。

二是企业对股权资本依法享有经营权。在企业存续期间，企业有权调配使用股权资本，企业所有者除了依法转让其所有权外，不得以任何方式抽回其投入的资本，因而股权资本被视为企业的"永久性资本"。

我国企业的股权资本一般是通过政府财政资本、其他法人资本、民间资本、企业内部资本，以及国外和我国港澳台地区资本等筹资渠道，采用投入资本和发行股票等方式形成的。

②债务性筹资　债务性筹资形成企业的债务资本，亦称债务资本，是企业依法取得并依约运用、按期偿还的资本。债务性筹资具有下列特性：

第一，债务资本体现企业与债权人的债务与债权关系。它是企业的债务，是债权人的债权。

第二，企业的债权人有权按期索取债权本息，但无权参与企业的经营管理和利润分配，对企业的其他债务不承担责任。

第三，企业对持有的债务资本在约定的期限内享有经营权，并承担按期还本付息的义务。

我国企业的债务资本一般是通过银行信贷资本、非银行金融机构资本、其他法人资本、民间资本、国外和我国港澳台地区资本等筹资渠道，采用长期借款、发行债券和融资租赁等

方式取得或形成的。

企业的股权资本与债务资本具有一定的比例关系，合理安排股权资本与债务资本的比例关系即资本结构，是企业长期筹资的一个核心问题。

③混合性筹资　混合性筹资是指兼具股权性筹资和债务性筹资双重属性的长期筹资类型，主要包括发行优先股筹资和发行可转换债券筹资。从筹资企业的角度看，优先股股本属于企业的股权资本，但优先股股利同债券利率一样，通常是固定的，因此优先股筹资归为混合性筹资。从筹资企业的角度看，可转换债券在其持有者将其转换为公司股票之前，属于债务性筹资；在其持有者将其转换为公司股票之后，则属于股权性筹资。可见，优先股筹资和可转换债券筹资都具有股权性筹资和债务性筹资双重属性，因此属于混合性筹资。

二、企业投资管理

(一)企业投资概述

企业投资是指公司对现在所持有资金的一种运用，如投入经营资产或购买金融资产，或者是取得这些资产的权利，其目的是在未来一定时期内获得与风险相匹配的报酬。在市场经济条件下，公司能否把筹集到的资金投放到报酬高、回收快、风险小的目标上去，对企业的生存和发展十分重要。

企业投资不仅是实现财务管理目标的基本前提，也是公司生产发展的必要手段，更是公司降低经营风险的重要方法。

(二)企业投资决策分析方法

在企业的投资决策中，最基础的评价指标就是现金流量指标，它是指与企业投资决策有关的现金流入和流出的数量。采用现金流量有利于科学地考虑资金的时间价值因素，能使投资决策更符合客观实际情况。

主要的折现现金流量指标有净现值、内涵报酬率和获利指数。这类指标均体现了折现的思想，并据此决策。

1. 净现值

投资项目投入使用后的净现金流量，按资本成本率或企业要求达到的报酬率折算为现值，减去初始投资以后的余额叫做净现值(Net Present Value，NPV)。其计算公式为：

$$NPV = \left[\frac{NCF_1}{(1+K)^1} + \frac{NCF_2}{(1+K)^2} + \cdots + \frac{NCF_n}{(1+K)^n} \right] - C$$

$$= \sum_{t=1}^{n} \frac{NCF_t}{(1+K)^t} - C$$

式中，NPV 表示净现值；NCF_t 表示第 t 年的净现金流量；K 表示折现率(资本成本率或公司要求的报酬率)；n 表示项目预计使用年限；C 表示初始投资额。

净现值法的决策规则是，在只有一个备选方案时，净现值为正者则采纳，净现值为负者不采纳。在有多个备选方案的互斥项目选择决策中，应选用正的净现值中大者。

净现值法的优点是：考虑了货币的时间价值，能够反映各种投资方案的净收益，是种较好的方法。其缺点是：不能揭示各个投资方案本身可能达到的实际报酬率是多少，内含报酬率法则弥补了这一缺陷。

2. 内含报酬率

内含报酬率反映了投资项目的真实报酬，目前越来越多的企业使用该项指标对投资项目进行评价。内含报酬率的计算公式为：

$$\left[\frac{NCF_1}{(1+r)^1}+\frac{NCF_2}{(1+r)^2}+\cdots+\frac{NCF_n}{(1+r)^n}\right]-C=0$$

$$\sum_{t=1}^{n}\frac{NCF_t}{(1+r)^t}-C=0$$

式中，NCF_t 表示第 t 年的净现金流量；r 表示内含报酬率；n 表示项目使用年限；C 表示初始投资额。

内含报酬率法的决策规则是，在只有一个备选方案时，如果计算出的内含报酬率大于或等于公司的资本成本率或必要报酬率，就采纳；反之，则拒绝。在有多个备选方案的互斥选择决策中，选择内含报酬率超过资本成本率或必要报酬率最多的投资项目。

内含报酬率法考虑了资金的时间价值，反映了投资项目的真实报酬率，概念也易于理解。但这种方法的计算过程比较复杂，特别是对于每年 NCF 不相等的投资项目，一般要经过多次测算。

3. 获利指数

获利指数（profitability index，PI）又称利润指数或现值指数，是投资项目未来报酬的总现值与初始投资额现值之比。其计算公式为：

$$PI=\left[\frac{NCF_1}{(1+K)^1}+\frac{NCF_2}{(1+K)^2}+\cdots+\frac{NCF_n}{(1+K)^n}\right]/C$$

式中，NCF_n 表示第 n 年的净现金流量；K 表示折现率（资本成本率或公司要求的报酬率）；n 表示项目预计使用年限；C 表示初始投资额。

即：

$$PI=\frac{未来现金流量的总现值}{初始投资额}$$

获利指数法的决策规则是，在只有一个备选方案时，获利指数大于或等于1，则采纳；否则就拒绝。在有多个备选方案的互斥选择决策中，应采用获利指数大于1最多的投资项目。

获利指数可以看作1元的初始投资渴望获得的现值净收益。获利指数法的优点是：考虑了资金的时间价值，能够真实地反映投资项目的盈利能力。由于获利指数是用相对数表示的，因此有利于在初始投资额不同的投资方案之间进行对比。获利指数法的缺点是：获利指数只代表获得收益的能力而不代表实际可能获得的财富，它忽略了互斥项目之间投资规模上的差异，所以在多个互斥项目的选择中，可能会得出错误的结论。

案例分析

假设某森林康养企业目前有两个可选择的投资项目(项目 A 和项目 B),但受制于企业的现金流,只能在二者之间选择一个。企业的资本成本率为 10%,两个项目的期望未来现金流见表 11-5 所列。

请分别计算两个项目的净现值、内含报酬率和盈利指数,并做出你的决策。

表 11-5 项目 A 和项目 B 的各年现金流量　　　　单位:万元

项目	第 0 年	第 1 年	第 2 年	第 3 年	第 4 年	第 5 年	第 6 年
A	-2500	1000	1000	750	750	500	250
B	-2500	500	500	750	1000	1000	1250

三、企业营运管理

(一)企业营运资本概述

营运资本有广义和狭义之分。广义的营运资本是指总营运资本,简单来说就是在生产经营活动中的短期资产;狭义的营运资本则是指净营运资本,是短期资产减去短期负债的差额。通常所说的营运资本多指后者。

营运资本管理主要解决两个问题:一是如何确定短期资产的最佳持有量;二是如何筹措短期资金。具体而言,这两个问题分别涉及每一种短期资产以及每种短期负债的管理方式与管理策略的制定。因此,从本质上看,营运资本管理包括短期资产和短期负债的各个项目,体现了对公司短期性财务活动的概括。通过对营运资本的分析,我们可以了解公司短期资产的流动性、短期资产的变现能力和短期偿债能力。

(二)短期资产的分类

短期资产又称流动资产,是指可以在一年以内或超过一年的一个营业周期内变现或耗用的资产。短期资产具有占用时间短、周转快、易变现等特点,企业拥有较多的短期资产,可在一定程度上降低财务风险。

按照实物形态划分,短期资产可分为现金、短期金融资产、应收及预付款项和存货。

1. 现金

现金是指可以立即用来购买物品、支付各项费用或偿还债务的交换媒介或支付手段。主要包括库存现金和银行活期存款,有时也将即期或到期的票据看作现金。现金是短期资产中流动性最强的资产,可直接支用,也可以立即投入流通。拥有大量现金的企业具有较强的偿债能力和承担风险的能力。但因为现金不会带来收益或只有极低的收益,所以财务管理比较健全的企业并不会持有过多的现金。

2. 短期金融资产

短期金额资产是指各种准备随时变现的有价证券以及不超过一年的其他投资,其中主要是指有价证券投资。企业通过持有适量的短期金融资产，一方面能获得较好的收益；另一方面又能增强企业整体资产的流动性，降低企业的财务风险。因此，适当持有短期金融资产是一种较好的财务策略。

3. 应收及预付款项

应收及预付款项是指企业在生产经营过程中所形成的应收而未收的或预先支付的款项，包括应收账款、应收票据、其他应收款和预付账款。在市场经济条件下，为了加强市场竞争能力，企业拥有一定数量的应收及预付款项是不可避免的。企业应力求加快账款的回收，减少坏账损失。

4. 存货

存货是指企业在生产经营过程中为销售或者耗用而储存的各种资产，包括商品、产成品、半成品、在产品、原材料、辅助材料、低值易耗品、包装物等。由于存货在短期资产中所占的比重较大，因此加强存货的管理与控制，使存货保持在最优水平上，便成为财务管理的一项重要内容。

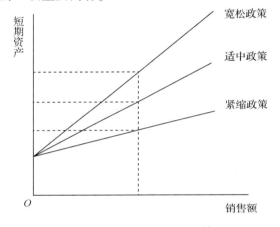

图 11-2　短期资产持有政策

（三）短期资产的持有政策

根据短期资产和销售额之间的数量关系，可以将企业的短期资产持有政策分为以下 3 种（图 11-2）。

1. 宽松的持有政策

宽松的持有政策要求企业在一定的销售水平上保持较多的短期资产，这种政策的特点是报酬低、风险小。该政策下，企业拥有较多的现金、短期有价证券和存货，能按期支付到期债务，并且为应付不确定情况保留了大量资金，使风险大大降低，但由于现金、短期有价证券投资报酬率较低，存货占用使资金营运效率低，降低了企业的盈利水平。

2. 适中的持有政策

适中的持有政策要求企业在一定的销售水平上保持适中的短期资产，既不过高也不过低，流入的现金恰好满足支付的需要，存货也恰好满足生产和销售所用。这种政策的特点是报酬和风险的平衡。在企业能够比较准确地预测未来经济状况时，可采用该政策。

3. 紧缩的持有政策

紧缩的持有政策要求企业在一定的销售水平上保持较少的短期资产，这种政策的特点是报酬高、风险大。此时企业的现金、短期有价证券、存货和应收账款等短期资产降到最低限度，可降低资金占用成本，增加企业收益，但同时也可能出现由于资金不足造成拖欠货款或不能偿还到期债务等不良情况，加大企业风险。在外部环境相对稳定，企业能非常准确地预测未来的情况下，可采用该政策。

理论上说，如果企业面对的所有内外情况都是一定的，如销售额、订货时间、付款时间等，那么企业只需持有能够满足需要的最低数量的短期资产。超过这个最低数量的短期资产不仅不会增加企业利润，而且会使企业发生额外的管理费用；低于这个最低数量的短期资产会使企业出现存货短缺、支付困难等情况，必须制定严格的应收账款管理政策。

但是，实际经济生活中往往存在许多难以预计的不确定性。短期资产的占用水平是由企业的内外条件等多种因素共同作用形成的结果，这些因素都是不断变化的，因此很难恰当地对适中政策的短期资产持有量加以量化。在财务管理实践中，企业应当根据自身的具体情况和环境条件，对未来进行合理预测，使短期资产与短期负债尽量匹配，确定一个对企业来说较为适当的短期资产持有量。

四、企业利润分配

(一) 企业利润分配的程序

利润分配就是对企业所实现的经营成果进行分割与派发的活动。企业利润分配的基础是净利润，即企业缴纳所得税后的利润。利润分配既是对股东投资回报的一种形式，也是企业内部筹资的一种方式，对企业的财务状况会产生重要影响。利润分配必须依据法定程序进行，按照《公司法》《企业财务通则》等法律法规的规定，股份有限公司实现的税前利润，应首先依法缴纳企业所得税，税后利润应当按照下列基本程序进行分配。

1. 弥补以前年度亏损

根据现行法律法规的规定，公司发生年度亏损，可以用下一年度的税前利润弥补，下一年度税前利润不足弥补时，可以在5年内延续弥补，5年内仍然未弥补完的亏损，可用税后利润弥补。

2. 提取法定公积金

公司在分配当年税后利润时，应当按税后利润的10%提取法定公积金，但当法定公积金累计额达到公司注册资本的50%时，可以不再提取。

3. 提取任意公积金

公司从税后利润中提取法定公积金后，经股东大会决议，还可以从税后利润中提取任意公积金。法定公积金和任意公积金都是公司在税后利润中提取的积累资本，是公司用于防范和抵御风险、提高经营能力的重要资本来源。盈余公积金和未分配利润都属于公司的留用利润，从性质上看属于股东权益，公积金可以用于弥补亏损、扩大生产经营或者转增公司股本，但转增股本后，所留存的法定公积金不得低于转增前公司注册资本的25%。

4. 向股东分配股利

公司在按照上述程序弥补亏损、提取公积金之后，所余当年利润与以前年度的未分配利润构成可供分配的利润，公司可根据股利政策向股东分配股利。

按照现行制度规定，股份有限公司依法回购后暂未转让或者注销的股份，不得参与利润分配；公司弥补以前年度亏损和提取公积金后，当年没有可供分配的利润时，一般不得向股东分配股利。

(二)股利的种类

股份有限公司分派股利的形式一般有现金股利、股票股利、财产股利和负债股利等。后两种形式应用较少,我国有关法律规定,股份有限公司只能采用现金股利和股票股利两种形式,下面主要介绍这两种股利形式。

1. 现金股利

现金股利是股份有限公司以现金的形式从公司净利润中分配给股东的投资报酬,也称"红利"或"股息"。我国公司一般半年或一年发放一次现金股利。现金股利是股份有限公司最常用的股利分配形式,优先股通常有固定的股息率,在公司经营正常并有足够利润的情况下,优先股的年股利额是固定的。例如,某森林康养公司发行的优先股面值为2元,固定股息率为10%,那么在正常情况下,每股优先股可分得0.2元的现金股利,普通股没有固定的股息率,发放现金股利的次数和金额主要取决于公司的股利政策和经营业绩等因素。由于现金股利是从公司实现的净利润中支付给股东的,支付现金股利会减少公司的留用利润,因此发放现金股利并不会增加股东的财富总额。但是,股东对现金股利的偏好不同,有的股东希望公司发放较多的现金股利,有的股东则不愿意公司发放过多现金股利。现金股利的发放会对股票价格产生直接的影响,在除息日之后,一般来说股票价格会下跌。例如,某森林康养公司宣布每股发放1.5元现金股利,如果除息日的前一交易日股票收盘价为12.25元/股,则除息日股票除权后的价格应为10.75元/股。

2. 股票股利

股票股利是股份有限公司以股票的形式从公司净利润中分配给股东的股利,股份有限公司发放股票股利,须经股东大会表决通过,根据股权登记日的股东持股比例将可供分配利润转为股本,并按持股比例无偿向各个股东分派股票,增加股东的持股数量。发放股票股利既不会改变公司的股东权益总额,也不影响股东的持股比例,只是公司的股东权益结构发生了变化,即未分配利润转为股本,因此会增加公司的股本总额。例如,某森林康养公司发放股票股利之前的股份总数为10 000万股,公司按每10股送5股的比例发放股票股利,则发放股票股利后公司的股份总数增加到15 000股。在公司发放股票股利时,除权后股票价格会相应下降,一般来说,如果不考虑股票市价的波动,发放股票股利后的股票价格应当按发放股票股利的比例成比例下降。例如,某森林康养公司发放股票股利前的股价为每股15元,公司按照每10股送5股的比例发放股票股利,在除权日之后,该公司的股票价格应降至每股10元(15÷1.5)。可见,分配股票股利,一方面扩张了股本;另一方面起到了股票分割的作用。处于高速成长阶段的公司可以利用分配股票股利的方式来进行股本扩张,以使股价保持在一个合理的水平,避免因股价过高而影响股票的流动性。

对于股份有限公司来说,分配股票股利不会增加其现金流出,如果公司现金紧张或者需要大量的资本进行投资,可以考虑采用股票股利的形式。但应当注意的是一直实行稳定的股利政策的公司,因发放股票股利而扩张了股本,如果以后继续维持原有的现金股利水平,势必会增加未来年度的现金股利支付。在公司净利润的增长速度低于股本扩张速度时,公司的每股利润就会下降,可能导致股价下跌。对于股东来说,虽然分得股票股利没有得到现金,但是如果发放股票股利之后，公司依然维持原有的现金股利水平，则股东在以后可以得到更多的股利收入，或者股票数量增加之后，股价走出了填权行情，股东的财富也会随之增长。

思考题

1. 森林康养企业会计信息的外部使用者包括哪些？他们最关注的问题分别是什么？
2. 森林康养企业的财务报表体系包含哪些组成内容？不同报表之间存在哪些勾稽关系？
3. 为什么财务管理的目标是股东财富最大化而不是企业利润最大化呢？

参考文献

荆新，王化成，刘俊彦，2018. 财务管理学[M]. 北京：中国人民大学出版社.
王化成，支晓强，王建英，2018. 财务报表分析[M]. 北京：中国人民大学出版社.
朱小平，周华，秦玉熙，2019. 初级会计学[M]. 北京：中国人民大学出版社.

第十二章 森林康养企业文化建设

第一节 森林康养企业文化概述

一、森林康养企业文化的概念

对于所有行业而言的企业文化,指的是企业生产经营和管理活动中所创造的具有该企业特色的精神财富和物质形态的综合。它包括企业愿景、文化观念、价值观念、企业精神、道德规范、行为准则、历史传统、企业制度、文化环境、企业产品等。对于森林康养企业而言的企业文化,则是指以观光、疗养、度假、探险等形式为主体的康养活动与相关从业人员、康养基地、顾客等群体共同创造,经过积淀而形成的精神与物质文明的总称,它不仅反映企业在运转中所表现出的人与人之间的关系,也同时反映了企业在人与森林、人与生态、人与自然和谐互动中的引导和影响功能。前者作为"企业"的一般性文化反映,后者则是作为"森林康养企业"所肩负的传递森林文化和生态文化的特殊使命。

二、森林康养企业文化的特征

(一)森林康养企业文化的同质性特征

森林康养企业,归根到底是一家企业,是作为一个经营单元存在于市场之中。因此,作为市场活动的参与者,森林康养企业与其他业态的企业一样,应具备一般企业所具有的共性企业文化特征。

1. 稳定性与适应性

企业文化既是长期传统的遗存产物,又是在现代文明的影响下不断创新的产物。一种企业文化一旦形成,就具有相对稳定的特点,它不像企业的产品、资金、设备那样经常处于变化当中,特别是在社会运行机制和企业自身没有发生重大变化的阶段,其总是稳定在一定水平上。只有这样,才能使员工有依据和遵循的可能。但是,一潭死水的文化只能是惰性的文化、死寂的文化。任何优秀的企业文化都是人们在优秀文化传统的基础上再创造的结果。

因此,有生机的企业文化总会不断引进先进的价值观念,充实企业文化,使企业文化随着生产力的不断发展和企业的不断变化而发展,形成新的适应于发展的企业文化,以适应企业内外环境的不断变化。特别是当一个企业的文化出现危机时,就一定要加以改铸、重塑,使企业文化能成为企业目标的助推器。

企业文化的适应性特别表现在对时代精神的反映上。审时度势、建设企业文化，是企业拥有活力的保证。企业文化建设是企业以价值观为核心，创新精神为动力，共有事业为追求的长期发展战略。当代企业文化渗透着现代经营管理的种种意识，如商品经济意识、灵活经营意识、市场竞争意识、经济效益意识、消费者第一意识、战略管理意识、公共关系意识等。优秀的企业文化就应该反映出时代的特点。森林康养虽然是近年新出现的经营业态，森林康养企业大多较为年轻，但受经营者个人固有思维模式的限制，也需要优秀的企业文化调整其思路与战略，尤其是具有国有或集体所有性质的森林康养企业，更易受计划经济影响，应变能力较弱，固然需要加强创新的企业文化建设。

2. 经济性与社会性

企业文化是一种从事经济活动的组织之中形成的组织文化，所以企业文化具有经济属性，它反映着企业的经济伦理、经营价值观和目标追求，以及实现目标的行为准则等。企业文化的经济属性是由企业作为一个独立的经济组织的性质决定的。在这一点上，企业文化与"军队文化""校园文化""医院文化""机关文化""社区文化"等有明显区别。同时，还必须看到，企业不仅作为独立的经济组织而存在，而且作为社会的一个细胞而存在。从其功能来讲，它不仅有推动企业创造物质财富的功能，而且也具有社会功能。在中国，企业文化体现着社会主义生产关系的要求，承担着为思想政治工作创造条件，培育有思想、有道德、有文化、有纪律的员工队伍，促进社会主义精神文明建设等重要工作。因此，企业文化也具有社会属性或一定的政治属性。况且，企业从事经济活动，也不是在封闭的系统中进行的，企业员工生活在社会的各个层次，每时每刻都会受到社会大文化的感染和熏陶，所以，企业文化是经济性和社会性的统一。

3. 融合性与排他性

一种积极的企业文化形成以后，对于外来的优秀文化仍具有很强的吸收学习能力，能够吸收经济发展、文化进步和社会变革中的积极因素，吸收其他企业在实践中形成的好的思想和经验，同时对于与企业文化主流相悖的其他思想意识也有相应的抵御能力。经济全球化，导致竞争内涵发生变化，竞争中的合作，使企业必须不断融合多元文化。同时，经济全球化也为企业文化的融合铺平了道路，让身处这个时代的企业成为跨文化的人类群体组织。通过全球化把各种稀缺要素集中在自己手里，通过全球性合作实现最佳优势互补，所以 20 世纪 90 年代以来才会出现世界上越来越大的各种兼并和战略联盟，以获取信息、人才和其他稀缺资源。实际上，企业文化中的融合文化是多元文化、合作文化和共享文化的集合。多元优于一元，合作大于竞争，共享胜过独占，企业有了包容性的融合文化，就能突破看似有限的市场空间和社会结构，实现优势互补和资源重组，在更为广泛的程度上形成双赢或多赢的商业运作。

4. 理念性与实践性

企业文化在形态上表现为一种理念、认识和群体意识。新时代是一个推崇思考，善于思考的时代。企业文化的结构中，企业理念是思想内涵中的重要内容。没有企业理念，企业文化就没有了统帅，没有了聚集力。因此，企业领导人必须在企业价值观的基础上提炼企业理念，并且积极地向员工灌输企业理念。一般来说，要建立优质的企业文化，员工对企业的认识应该树立起三种理念：第一，企业是企业与员工共同生存和发展的平台，只有这个平台不断地发展壮大，企业的员工才有可能得到更进一步的发展。在此理念的指导下，员工才能自觉地去发展企业。第二，企业是制度共守、利益共享、风险共担的大家庭。这就是让员工培养良好的主人公意识，自觉地去维护和遵守公司的规则制度，维护公司的利益。第三，企业是一所大学校，即学习型组织，员工在为企业做出奉献的同时，自身的素质也会得到提高。企业与员工的共同发展就是在这样的共同学习下实现的。只有在一个企业里树立起这种理念，员工才会发自内心地去爱护企业、维护企业、发展企业。

除了理念性，企业文化同时具有实践性。马克思认为："观念的东西不外是移入人的头脑并在头脑中改造过的物质的东西而已。"这说明，人的认识是客观世界在人的头脑中的反映，任何认识都以客观的具体事物为其实在的内容。客观世界是认识的对象，但它只有在实践中才可能被人所充分认识，认识来源于实践。无疑，企业文化的核心内容——价值观作为一种认识，也离不开企业的生产经营活动，它既来源于实践，同时又指导实践，为实践服务。因此，用马克思主义认识论的观点看待企业文化，它是理念性和实践性的统一。

（二）森林康养企业文化的异质性特征

森林康养产业与一般产业的最显著区别在于该产业的双主体特征，服务对象既包括前来康养休憩的消费者，也包括企业所拥有的森林及其生态群落。因此，森林文化是森林康养企业文化体系建设的突破口和着力点，将森林文化融汇于企业文化建设的全过程中，使森林康养企业的文化建设走上有序化、规范化轨道。森林康养企业在企业文化塑造过程中除了应注重一般企业所具有的共性企业文化建设，更应注意融合包括生态文化、森林文化、竹文化、花文化、茶文化等区别于其他行业的特有文化氛围，这也是森林康养产业赖以发展的文化驱动力。

1. 森林文化与生态文化

（1）生态文化的概念范畴

生态文化是人与自然关系的文化，其中人与自然和谐相处、协同发展的文化属于积极部分，相当于生态文明。广义的生态文化是指人类历史实践过程中所创造的与自然相关的物质财富和精神财富的总和，狭义的生态文化是指社会的生态意识形态，以及与之相适应的制度和组织机构。生态文化的内涵，在纵向上可分为物质、行为、制度、精神4个层面；在横向上可分为森林文化、湿地文化、环境文化、沙漠文化、草原文化、海洋文化、城市生态文化、乡村生态文化、生态产业等（表12-1）。

（2）森林文化的概念范畴

森林文化在广义上是人类在社会实践中所创造的与森林有关的物质财富和精神财富的总和。在狭义上，森林文化指与森林有关的社会意识形态，以及与之相适应的制度和组织机

表 12-1 生态文化的内涵

	森林文化	湿地文化	环境文化	生态产业文化	…	生态文化
物质层面	森林(天然林、人工林、野生动植物)	河流、湖泊、人工湿地	海洋、大气、大地	农田、工厂、企业	…	自然界、人造自然界
行为层面	植树造林、游憩、康养	湿地保护、恢复	环境保护	产业活动	…	生产方式、生活方式
制度层面	森林法、条例、政策	湿地保护条例	环境保护法、政策	循环经济法律、政策	…	与自然相关的政策、法律、组织结构
精神层面	森林哲学、美学、森林价值观、文学艺术	湿地哲学、湿地价值观	环境哲学、环境价值观	可持续发展理论	…	生态哲学、生态伦理学、生态美学、生态文学等

构、风俗习惯和行为模式。

（3）森林文化与生态文化的关系

森林文化是生态文化的重要内容。森林文化与生态文化的共同点是，两者都是关于人与自然和谐发展的文化；不同点是，森林文化主要涉及人类与森林的关系，而生态文化还包括湿地、沙漠、草原、海洋、农田、城市等生态系统与人类的关系。森林文化为生态文化提供具体内容，生态文化为森林文化提供一般指导，两者是包含与被包含的关系。森林文化是生态文化的主体内容，失去了森林文化的生态文化就失去精华所在，同样只有森林文化的生态文化，也是不完整的生态文化。

2. 森林文化体系的基本内涵

如前文所述，森林文化是生态文化的重要组成部分，因而可以参照"生态文化"内涵划分方式，将森林文化划分划分为精神、制度、行为、物质 4 个层面。

（1）森林精神文化

森林精神文化，是人类对森林的认识、情感的总和，是森林文化的精神内核。主要包括森林哲学与美学、森林文学艺术与工艺美术、林业史学、林业科学、林业教育。森林精神文化，在森林文化中处于核心地位。其中森林哲学，是森林精神文化的核心。具有能动性，对于其他方面的文化具有指导作用。森林精神文化为了实现自身的价值，它要通过森林制度文化、森林行为文化等环节，逐级外化和具体化，最终达到森林物质文化。同时，森林精神文化在发展中要受到森林物质文化、森林行为文化和森林制度文化的影响、渗透和制约。森林精神文化体系应该包括森林哲学、森林自然科学和森林社会科学三方面的内容。然而由于发展的不平衡性，以往人们偏重森林自然科学的研究，而相对忽视了对森林哲学和森林社会科学的研究，导致了森林精神文化片面发展的局面。今后应该加强对后者的研究。完整的森林精神文化体系应包括以下三方面内容：

①森林哲学 属于林学与哲学的交叉学科。根据实现人与自然和谐共处、经济社会可持续发展，建设生态文明社会的总要求，吸收古今中外一切理论成果，认真总结当代中国生态建设的伟大实践，建立有中国特色的社会主义森林哲学理论体系。此理论需要认真阐明森林与自然、森林与人类、森林与文化的关系和规律，为林业现代化建设提供最一般的哲学理论

指导。包括森林哲学、林业战略学、森林美学、森林伦理学。

②森林自然科学　以服务于实现国土"生态安全"为目标，以生态学等自然科学理论为基础，全面构建中国的森林自然科学体系。包括森林生态学、森林植物学、森林动物学、森林培育学、森林地理学、森林经营管理学等领域。

③森林社会科学　就是要以实现"生态产业、生态制度、生态道德"为目标，以现有的生态学、生态经济学、生态政治学、生态文化学和其他社会科学理论为基础的森林社会科学体系，包括森林经济学、森林政策学、森林文化学等内容。

（2）森林制度文化

森林制度文化，是与森林有关的法律、法规、政策、制度和林业机构的总和。现代林业建设，不仅需要依靠科学技术的进步，而且需要政策和制度的不断创新。林业发展固然与科学技术、社会经济发展水平等有关，但林业的政策、法律和制度也在很大程度上决定或制约着林业的盛衰与荣枯。森林制度文化是森林文化的重要组成部分，是制度层面上的文化。它是森林精神文化的集中体现，是森林行为文化的制度规范，对于保障森林物质文化成果起着十分重要的作用。同时，它是森林精神文化由内向外转化，即物质化的一个重要环节，没有这样一个环节，森林精神文化的价值便很难得到实现，实现了也很难巩固。因此，成熟和完善的森林制度文化，是森林文化繁荣发达的重要标志，也是现代林业建设的重要目标。

（3）森林行为文化

森林行为文化，是人类影响森林的行为方式、实践活动的总和。它是主观与客观相统一的连接人与森林的媒介，同时又是人类以各种工具为中介对森林（或森林物质文化）施加影响（生产或消费）的过程。森林的行为文化，受自然、经济社会等条件的约束，由森林精神文化和制度文化支配，其结果在客观方面便是森林物质文化，在主观方面便是森林精神文化。这类文化，具体包括植树造林、义务植树活动、森林经营、产业发展、林业贸易、森林旅游、林产品消费等。应该说，森林行为文化是联系森林物质文化与森林精神（制度）文化的中介，是沟通两者关系的桥梁。一方面，森林精神文化要外化为森林物质文化，实现其价值；另一方面，森林物质文化要得到生产和消费，通过认识和审美以内化为森林精神文化。这两者都需要通过人的活动来完成，而这种活动本身就构成了森林行为文化。评价森林行为文化的性质优劣或水平高低，通常有两个标准：一是客观标准，即看其对森林物质文化的影响，若是正面的，则是有价值的；二是主观标准，即看其对森林精神文化的影响，若是正面的，则也是有价值的。例如，在发展森林康养产业的过程中，好的森林康养企业应该具有既不影响所管辖区域森林的正常生长发育，又能提高人们的身体和心理健康、增长科学知识的行为活动，否则便是不成功的森林康养。

（4）森林物质文化

森林物质文化，是人类活动影响森林的物质成果，是森林文化的物质表现。具体包括森林（天然林、人工林、野生动植物）、野生动物自然保护区、森林公园、城市森林、园林、纪念林、森林产品及各种森林文化载体。丰富森林物质文化的品类、提高森林物质文化的品质，即建设完备的森林生态体系和发达的林业产业体系，是现代林业发展的根本目标，也是森林精神文化建设的一个归根结底的目标。相对于精神文化而言，物质文化更具有基础性和前提性。对于一个国家、一个地区而言，森林物质文化的水平高低、发展快慢，是反映这个国家和地区森林精神文化水平高低的重要尺度。要评价某个地区的森林文化，只要到现地考察一下这个地区的森林数量和质量状况。当然，在考察的过程中还需要结合该地区的自然地理、经济社会状况等进行综合判断，以便作出较为科学的评价。例如，中国东部与西部、南方与北方，由于自然与经济条件的差异，森林资源的状况不仅与人的活动有关，也与自然条件紧密相关。

3. 森林文化的主要特征

与一般的企业文化内涵相比，森林康养企业在企业文化建设过程中应特别强调森林文化所特有的对象广泛性、学科边缘性、功能和谐性、载体绿色性等主要特征。

(1) 对象的广泛性

从文化的对象而言，生态文化是一种有关人与自然关系的文化，森林文化是一种有关人与森林关系的文化。生态文化是与有关人与人的关系的社会文化或人文文化概念相对应的一种新的文化观念。社会文化要探讨和解决的是单纯的人与人之间的关系，而生态文化要探讨和解决的是人与自然之间的复杂关系，同样，森林文化要探讨和解决的是人与森林之间的关系。

(2) 学科的边缘性

从文化的属性而言，森林文化是一种涉及社会性的人与自然性的森林及其相互关系的文化，它与属于社会科学的传统人文文化不同，是一种与社会科学与自然科学都有关系的一种全新的、交叉的边缘文化。

(3) 功能的和谐性

从文化的功能而言，森林文化的功能主要表现在：能正确指导人们处理好个人与森林之间的个体利益关系；能科学地协调好人类社会与森林生态环境系统之间的整体平衡关系。尤其是后者，能使有关人与森林的关系达到一种和谐的、可持续发展的状态。

(4) 载体的绿色性

从文化的载体而言，森林文化的载体包括：可持续经营条件下的森林生态系统；不以牺牲自然生态环境为代价的林业产业、林业生态工程、绿色企业；有绿色象征意义的森林意识、森林哲学、森林美学、森林艺术、森林旅游及森林运动、生态伦理学、森林教育等。

第二节　森林康养企业文化建设与企业发展

一、森林康养企业文化的功能

对任何一个企业来说，企业文化都是其灵魂，是企业经营活动的统帅，在企业的经营发展中具有无可替代的核心作用，对森林康养企业来说亦是如此。森林康养企业文化的功能主要体现在导向功能、约束功能、凝聚功能、激励功能、调适功能和辐射功能。

(一) 导向功能

森林康养企业文化的导向功能主要体现在对经营理念、价值观念的引导和对企业目标的引导。经营理念决定了企业经营的思维方式和处理问题的法则，价值观念规定了企业的价值取向，使员工对事物的评判形成共识，进而引导员工的行为取向，把企业员工的行为动机引导到企业目标上来，为解决企业目标与个人目标、领导者与被领导者之间的矛盾，开辟一条现实可行的道路。

(二) 约束功能

森林康养企业文化的约束功能主要体现在制度层面的正式约束和精神层面的非正式约束两方面。正式约束是企业有意识创造的一系列规章制度。没有规矩，无以成方圆。合理的制度必然会促进正确的企业经营观念和员工价值观念的形成，并使职工形成良好的行为习惯，一定程度上减少员工的机会主义行为倾向。除了制度的正式约束，企业精神理念所代表的意识形态也可以约束员工的行为，它通过将企业共同价值观、道德观向员工个人价值观、道德观的内化，使员工在观念上确立一种内在的自我约束的行为标准。一旦员工的某项行为违背了企业的信念，其本人心理上会感到内疚，并受到共同意识的压力和公共舆论的谴责，促使其纠正自己的行为。因此，优秀的企业精神文化可以降低企业运行的费用，达到最佳的约束功能。

(三) 凝聚功能

森林康养企业文化的凝聚功能是指当企业的价值观被企业员工共同认可后，它就会成为一种黏合力，从各个方面把其成员聚合起来，从而产生一种巨大的向心力和凝聚力，使企业员工间形成团结友爱、相互信任的和睦气氛，为共同的目标和理想，步调一致，努力奋斗。这时，企业员工会感到企业目标的实现也意味着个人利益需求的实现，"厂兴我荣，厂衰我耻"成为员工发自内心的真挚感情，"爱厂如家"变成他们的实际行动。

(四) 激励功能

森林康养企业文化的激励功能主要体现在物质激励和精神激励两方面。企业物质文化不仅体现在产品服务以及技术进步这些物质载体上，还通过工作环境的改造，合理的劳动报酬，生活设施、文化设施的建设等诸多方面来体现。企业通过物质文化建设，特别是建立绩效考核系统和合理的劳动报酬系统，来满足员工追求自身利益最大化的需要，从而可以达到激发员工工作动机的激励功能。企业精神文化是企业广大员工在长期的生产经营活动中逐步形成的，通过企业英雄人物、典礼仪式及文化网络等因素的强化，可以为企业员工实践价值追求提供机会，对个体行为的积极性造成持久广泛的影响，同样可以起到激励功能。

(五) 调适功能

调适就是调整和适应。调适功能实际就是企业能动作用的一种表现。①森林康养企业各部门之间、员工之间，由于各种原因难免会产生一些矛盾，解决这些矛盾需要各自进行自我调节。②森林康养企业与环境、与顾客、与社会之间都会存在不协调、不适应之处，这也需要进行调整和适应。③森林康养企业经营者和普通员工之间矛盾也在所难免。那么共同的价值取向、行为准则和道德规范就为企业协调这些关系提供了有利的前提。同时，先进的企业文化氛围还会使员工充满自豪感和主人翁精神，进而忘我地、创造性地工作，并做到井然有序、高效精确，人际关系融洽，减少内耗与效率损失，还能取得政府、社区和消费者的广泛支持，并减少工作中大量不必要的冲突与摩擦，企业的效益会因此大大提高。

（六）辐射功能

森林康养企业文化一旦形成模式，不仅会在企业内部发挥作用，对企业员工产生影响，也能通过媒体传播、公共关系活动等各种渠道对社会产生影响，向社会辐射。森林康养企业文化的传播关系到企业的公众形象、公众态度、公众舆论和品牌美誉度，对树立企业在公众中的形象很有帮助。具体来说，森林康养企业文化的辐射功能体现在以下4个方面：①产品辐射。通过自身产品的有形载体向社会展示满足社会需求的功能。②管理辐射。管理辐射是一种"软件辐射"，它能够把企业中先进的企业精神、企业价值观念和企业道德等向社会扩散，形成社会的广泛认同。③人员辐射。通过企业员工的思想行为、言语风貌、从业素质和技能等因素形成社会对员工的认可。④观念辐射。在企业中形成的创新观念向社会传播和扩散，进而引起社会的发展和变迁，通过自身观念的创新带动社会消费的创新。

二、森林康养企业文化建设的必要性

（一）企业发展的内在要求

首先，森林康养企业文化建设能为企业注入启动力、开发力。在市场经济条件下，企业的活力一方面取决于企业制度的合理化、现代化和经营机制的灵活化；另一方面取决于企业在科学的价值观指导下形成的群体意识和群体行为。一个群体一旦形成一种统一奋发向上的精神，其力量就能够移山倒海。其次，森林康养企业文化建设能为企业提供形象力。企业文化建设的过程，就是不断塑造企业形象，宣传企业信誉的过程。正如企业的竞争力＝商品力＋销售力＋形象力，在卖方市场时期，商品生产越多，企业盈利越大，企业力主要取决于商品力，而在买方市场供过于求的今天，市场竞争日趋激烈，不仅要有商品力，还要有销售力，同时更需要形象力。最后，森林康养企业文化建设有利于企业长期的发展战略，更是辅助实施企业战略规划与布局的有效工具，决定了这家企业能够走多远和发展的前途空间。

（二）企业管理的需要

森林康养企业科学的管理模式要靠高层次管理思想的指导，各项规章制度的制定和执行，还必须靠人的主观能动性和创造性。而企业文化蕴涵了管理思想，企业文化建设正是尊重人的价值，实现以人为中心的整体优化管理，引导职工自觉地去实现企业的生产经营目标，达到增强企业整体竞争力和提高效益的目的。企业文化为加强企业管理提供了正确的管理思想和经营战略，同时，企业管理的实践又是加强企业文化建设的载体，两者相互作用，共同促进。

（三）提高企业核心竞争力的重要方法

企业文化是现代企业的"软实力"和无形资产，与资金、技术、人力等硬实力共同构成了企业的核心竞争力，是现代企业管理的重中之重。在市场竞争激烈的今天，企业的竞争表面看是产品和服务的竞争，深层看是管理水平的竞争，再深层看便是文化的竞争。企业要生存发展就必须寻求更科学、更系统、更完整的文化体系。作为现代服务业的重要组成部分，涵盖健康、养老、养生、医疗、文化、体育、旅游等诸多业态的康养产业已成为备受关注的新兴产业，它高度契合"创新、协调、绿色、开放、共享"的发展理念，发展森林康养有助于人民群众追求健康生活，有助于健康中国战略的实施。在文旅融合、文产融合的时代潮流下，面对旺盛的市场需求，大力建设森林康养企业的文化将显著提高森林康养的社会认可度，让更多人感受森林、走进森林，助力森林康养企业的发展，使之永葆活力和竞争。同时，借助"文化+"，森林康养企业文化建设可以为产业发展注入创造力，延展产业链和价值链，提升产业附加值。

(四)打造企业品牌的有效手段

企业文化是经过提炼总结的具有积极意义的文化，一旦这些积极的价值观呈现在社会公众面前，会引起社会公众心理上的强烈共鸣，品牌也将迅速被消费者认可，并拥有较高的忠诚度。品牌文化通过企业文化形成传播的着力点，并对品牌传播起到了有效的推动力、开拓力、导向力、鼓舞力。文化作为一种重要的无形资产，能使消费者产生归属感和共鸣感，对内形成凝聚力，对外产生强烈的品牌竞争力。正如一位品牌策略专家所言，如果一家企业能建立正确的经营理念和企业文化，那么品牌便会自动形成。

第三节 森林康养企业文化建设

一、森林康养企业建设文化的原则

(一)共有

企业文化是一种群体现象，它不会只出现在一个人身上，也不是个体特征的平均。企业文化根植于共同的行为、价值观和观念，通常体现在群体的规范和要求中，也即未言明的规则。企业文化的关键在于"落地生根"，无法"落地"的文化就只是口号，企业文化不止应该被本企业的员工所了解和接受，也应该在企业文化建设到一定程度时为更多的公众所了解并逐渐被接受和认可，这样通过企业文化的传播可以加深公众对自己企业及自己企业产品的了解和认可，这对企业的发展非常重要。森林康养企业一方面可以借助新媒体传播迅速、受众人群广泛的优势，开展有关森林康养的线上科普活动。同时，在线下通过开展讲座、印发科普读物等方式，推进森林康养知识的传播，改变"生病才去医院"的健康观，使康养观念深入人心，让森林康养成为百姓日常生活中必不可少的一部分。另一方面也可以开展形式多样的森林体验活动，积极宣传森林康养科普知识，依托乡镇、村等集体组织及社会组织，普及森林康养理念和森林康养知识，形成良好的森林康养文化宣传氛围。

(二)广泛

森林康养产业属于新兴的现代服务业，除了自身包含多种业态之外，还涉及众多领域，在其发展过程中需要面对并解决要素融合、产业融合、产城融合等诸多问题，这意味着森林康养企业发展不能单打独斗，在进行文化建设时需要通过与其他文化产业融合发展，催生新创意、新模式、新业态。不同地域文化不同，构建具有明显地域特点和自身特色的森林康养产品便是森林康养企业发展建设的必要路径。森林康养企业必须结合自身的资源条件，准确定位其森林康养发展方向，通过挖掘其蕴含的地域文化特色、康养文化，建设独具特色且难以复制的森林康养项目，推出独具特色的森林康养产品和森林康养服务，并且与时俱进地根据游客需求的变化不断推出新的项目和产品，使森林康养产品具有较强的核心竞争力，对游客产生较为持久的吸引力，从而保障长久持续发展。

(三)持久

知识经济时代，人才是企业发展的核心，同时也是企业文化建设的重要支撑，积极建设森林康养人才队伍需要政府、企业和学校等多方的共同努力。企业文化可长期引导群体成员的思想和行为，它在组织集体生活和学习的重要事件中逐渐成形。企业文化的持久性可以部分从本杰明·施耐德(Benjamin Schneider)提出的"吸引—选择—淘汰"(attraction-selection-attrition)模型中得到解释：人们被与自身特质相近的组织吸引；组织选择能够"融入"的个体；无法融入的人逐渐想要离开。由此，企业文化成为不断自我强化的人际模式，越来越难以被影响和改变。企业要突出企业在人才培育方面的资源优势，以森林康养文化建设为切入点，明确森林康养行业对人才的要求，有针对性地组织从业人员参与教育培训，及时更新员工思想理念，丰富他们的学识结构，丰富和提升其康养文化相关知识与专业技能，并立足游客市场需求，精准服务，提升服务质量，全方位打造康养产品品牌。

(四)隐含

企业文化的一个重要而又常被忽视的侧面是，尽管它非常微妙，组织成员却能通过直觉感知它，并据此调整行为。企业文化仿佛是一种无声的语言。沙洛姆·施瓦茨和E·O·威尔逊(E. O. Wilson)的研究已经告诉我们进化过程如何塑造了人的能力，而感知文化并作出反应的能力是普世的，因此在本领域的诸多模型、定义和研究成果中，特定主题会反复出现。森林康养企业在进行康养项目开发和康养文化建设时，要按照"生态建设产业化、产业发展生态化"的思路，聘请国内外知名专业团队进行规划设计，坚持保护与开发并重的理念，在保证资源不遭受破坏、环境不受到污染的基础上，在不触碰保护红线的前提下，因地制宜，合理布局，兼顾生态、社会、经济三大效益。

二、森林康养企业文化建设的现状与困境

(一)产品同质化严重，特色文化挖掘力度不够

森林大多以山地为载体，因为其独特的地形特征，山地内部大多有寺庙、道观等宗教建筑，同时也孕育出了多姿多彩的民族文化。然而受起步较晚、观念保守、配套设施建设存在困难等因素的影响，森林康养仍以森林浴、森林观光为主，参与度和体验度较低。宗教文化与民族文化没有得到有效的开发利用。实践来看，森林康养企业产品主题特色不鲜明，没有整体规划，建设无序且不科学，与普通民宿和农家乐同质化严重，文化挖掘不够深入。

(二)专业人才匮乏，文化建设缺乏支撑

森林康养产业的目标顾客群体以中老年为主。据国家卫生计划生育委员会2017年印发

的《"十三五"健康老龄化规划》，2020年我国60岁以上老年人口将达2.55亿，森林康养有助于提升老年人的预期寿命和生活质量，拓展老龄群体的康养空间。然而由于我国森林康养产业刚起步不久，森林康养管理、教育、研发、生产及销售等专业人才队伍极其缺乏，掌握森林和医学等专业知识的复合型人才更为缺乏。和其他企业一样，森林康养企业的发展与建设需要依靠人才的支撑，兼备林业知识和医疗保健、护理、治疗技能的专业团队和人才是发展森林康养企业的主力军，没有足够的人才支持，森林康养产业难以形成规模气候，其文化建设更是无从谈起。

(三) 政府热市场冷，森林康养理念尚未形成

一是认识不到位。森林康养产业是当今我国林业发展的新趋势、新产业，公众对森林康养产业及其相关理念认知度不高，理解不够全面、透彻，认为森林康养就是搞森林旅游、农家乐，认识上的偏差严重制约了森林康养企业的发展和产业的氛围形成。二是投入单一。目前多数森林康养企业处在政府单方面投入的现状，未能吸引社会资金和力量。

(四) 产业标准不完善，文化建设难以统一

森林康养与森林旅游等的界限不明晰，特征不明显。2018年，丽水市制定了森林康养基地、康养特色小镇和康养特色村的评定标准及评分办法，主要对森林康养的环境、交通条件及管理制度等方面作出了要求，但对森林康养的项目内容、要求与标准等不完善或未涉及。四川、湖南等省份已有康养经验可以借鉴，但国家层面上的标准体系尚未形成。由于没有统一规范的标准约束，各康养基地常常"单打独斗"。加之各地经济水平、发展理念、资源禀赋程度的差异，各地的森林康养企业良莠不齐，部分康养基地甚至存在名不副实的情况，致使产业文化难以统一。

(五) 重开发轻保护，生态文化理念不深入

开发利用森林资源建设康养基地能够优化林业经济结构，带来显著经济效益。但是随着基础设施建设的推进，不可避免地会出现破坏生态环境、破坏景观协调性等问题。大量游客的涌入，对当地的生态承载力也是考验。诸如随意采挖植株、随意丢弃垃圾、开辟野道等不文明行为更是加剧了当地环境保护的压力，破坏了生态文化。在将生态优势转变为社会优势、经济优势的同时，企业如何恰如其分地平衡生态效益和社会效益是一个很大的挑战。

三、森林康养企业文化建设的素材来源

森林康养企业在塑造企业文化过程中除了应紧紧把握"森林"及其丰富的文化内涵这一独具特色的主线之外，也可以结合企业所在基地的物产特征，适当开发依附于森林环境而生的竹文化、花文化、茶文化，以及膳食文化、养生文化等具有中国传统色彩的文化，加以凝练并发掘其价值，突出区域特色、挖掘潜力、依托载体，延长林业生态文化产业链。

(一) 竹文化

竹文化在森林文化中独树一帜。在人类文明发展的历史长河中，竹子与华夏儿女结下了不解之缘。千百年来，人们种竹、赏竹、用竹、爱竹、画竹、咏竹、借竹寓意、以竹抒情，

留下了许多以竹为题的诗词丹青。人们赞美竹子，是因为它有青翠洒脱的风姿，昂首挺拔的气势，虚心有节的情操，刚柔相济的品德。体现在竹文化中的竹子，不再是一般生物意义上的一种植物，而是人格化了的自然，沉淀着中华民族情感、观念、思维和理想等深厚的文化底蕴。中国素有"竹子王国"之美誉。据考证，距今1万年前的长江中下游和珠江流域的原始人就已经开始利用和栽培竹子。距今约7000年前的新石器时代，浙江河姆渡文化遗址中就发现竹席等竹制品。殷周时期，不仅竹制品日益增多，而且在最早的中国语言文字——甲骨文中就有"竹"字和竹部文字。从西周到汉代，简策作为当时书籍和文字记载的主要形式，至今留下了诸多传世之作。随着竹文化的发展，现代竹产业正方兴未艾，竹食品、竹建筑、竹服饰、竹器物、竹文房、竹工具、竹乐器、竹园林、竹盆景等，不仅荟萃了诸多文化艺术精品，而且有力地推动了山区经济发展和农民增收。

（二）花文化

花是美的象征，是人类在大自然中最早和最常见的审美对象。它不仅集形、色、香于一体，更以其通灵人性、依附人格、充满无限生机获得人们的喜爱。从古到今，从东方到西方，花已经成为人类亲密无间的伴侣，融入了生活，融入了文化，在自然科学与人文科学中占有重要的位置和空间。中国最早的文字——甲骨文中就有花叶倒垂的象形文字，与后来的"花"字有直接的关联。据古文字学家解读，这个象形文字是商代人以花木祭祀的见证。这个传统历经数千年，一直延续至今。人类对花木最早的价值取向是观赏性，逐步发展到以花拟人、以花喻事、以花寄情。在中国最早的文学经典著作《诗经》《离骚》中可见一斑，到后来的唐诗、宋词、元曲中，将花木人格化的名篇佳句更是不胜枚举。可以说，中华民族在对花卉的赞赏、比拟、审美、关照之中，赋予花卉以活的灵魂和无限的生命力，它所体现出来的感悟方式，构成了世界文化视野中别具一格的极具东方色彩的文化景观。中华花文化植根于森林文化之中，源于自然，美在自然，它与人文精神结合的集中体现，就是人格与花格的完美融合。将人格寄托于花格，以花格依附于人格。人生的盛衰荣辱，人情的喜怒哀乐，无不可寄寓于花，象征于花，移情于花。千百年来，人们栽花、赏花、爱花、咏花、绘花、写花，孕育出万紫千红、丰富多彩的花文化。因此，中华花文化的核心精神就是花的人格化，赋花以人格，赋人以花格，乃至我们对于花文化基本内涵的理解，已经超出了花自身所固有的观赏价值，而是追求人花相融、心物相通的境界。

弘扬花文化传统，赋予花文化以时代精神，是代表新时期先进文化的重要内容，也是我们这一代人共同的责任。花卉在森林中无论是对空气的清洁还是对于人体健康的调节都有着重要作用，如紫罗兰、柠檬花、郁金香、牡丹、芍药、茉莉、桃花、梅花、栀子花、兰花、桂花、迎春花等具有舒缓精神，缓解压抑的作用；合欢花、水仙、百合、菊花、荷花、兰花、茉莉花可安定心神，缓解烦躁；荷花、菊花、茉莉具有醒脑益智功效；桂花香可消除疲劳。通过不同种类花卉的合理配置，在达到理想保健效果的同时，还能营造出良好的景观效果。在实际操作中，森林康养基地可通过花疗馆、花食馆、花卉主题酒店、花卉养生馆等多种方式，让人们沐浴在花香鸟语中，体验生命本真的美好。花疗可以通过花浴、精油SPA、香花香草瑜伽等方式，让人们亲近自然花香，平复城市生活的焦虑与疲累。花食馆可以开发出多种花朵运用，如花茶、花露、花朵甜品、花卉菜品等。花卉主题酒店可用玫瑰的婀娜带来浪漫、梦幻、绮丽的空间享受，居其屋，芳自来。

（三）茶文化

中国是茶的故乡，是世界上最早种植茶、利用茶的国家。相传神农氏尝百草，就发现了茶的功用。然而，真正让茶文化流光溢彩的始祖，要数被世人誉为茶圣的唐人陆羽。他一生嗜茶，精于茶道，工于诗词，呕心沥血30年，完成了世界上第一部茶叶专著《茶经》。据历史考证，茶源于晋，而盛于唐，至今有1700多年的历史。茶文化的特点集中表现为雅俗共赏，其雅，可与琴棋书画相伴；其俗，可进茶馆饭庄和寻常百姓之家。茶文化一般是指人类所创造的以茶为物质媒介的精神财富。其内涵包括：茶史、茶诗、茶词、茶道、茶艺、茶树栽培学、茶叶制作学等，其中最核心的是茶道和茶艺。中国茶道汲取儒、佛、道三教文化中的精华，讲究"和、静、怡、真"四真谛。其中"和"是中国茶道的哲学思想核心，是茶道的灵魂；"静"是中国茶道修习的不二法门；"怡"是中国茶道实践中的心灵感受；"真"是中国茶道的终极追求。如果在茶事活动中融入哲理、伦理、道德，通过品茗饮茶修身养性、陶冶情操、品味人生、参禅悟道，得到精神上的享受和人格上的洗礼，这就是中国饮茶的最高境界——茶道。茶艺是在茶道精神指导下的茶事实践，它包括茶艺的技能、品茶的艺术，以及茶人在茶事过程中，以茶为物质媒介去沟通自然、内省自性、完善自我的心理体验。茶艺讲究人、茶、水、器、境、艺6个要素。这6个要素齐头并进，才能使茶艺在种茶、制茶、赏茶、泡茶、敬茶、品茶等一系列茶事活动中"以艺示道"，弘扬茶德，表达茶理，揭示茶文化的深刻内涵，达到尽善尽美的境界。中国茶艺以人为主体，大致可分为宫廷茶艺、文士茶艺、民俗茶艺、宗教茶艺四大类型。以茶为主体，大致可分为绿茶茶艺、乌龙茶茶艺、红茶茶艺、花茶茶艺等。以表现形式为主体，大致可分为表演型茶艺和待客型茶艺两种。每一种形式都有其独特的茶艺形式和内容。我国许多著名的茶叶产区，又往往集中在国家级森林公园和风景名胜区。随着改革开放与森林旅游事业的快速发展，21世纪的中国茶文化将以令人陶醉的淡雅清香走出大山、走出国门，成为中国先进文化中的一朵奇葩。

（四）中医药文化

森林与养生密不可分，把森林的养生功能和中医药养生文化相结合，能为森林康养项目的开发提供更科学有效的方式方法，进而加强森林康养体验效果。具体操作来看，森林康养企业在开发康养产品时可引入中医药养生文化中的针灸、刮痧、脐针、竹罐疗法等，帮消费者调气、解毒、补虚、祛瘀，让消费者在森林中获得更良好的疗养体验。同时也可以结合中医药文化开展养生性的仪式活动、节庆活动、森林寻药活动等，让消费者在参与体验中更进一步地了解养生、体验养生，把养生带到日常生活当中。森林养生产品若具有质优化、特色化、差异化，将成为具有吸引力的品牌，"中国药王谷"便是一个成功的案例，它把森林康养和中医药养生文化结合起来，在竞争激烈的市场中成功破局，打造了独树一帜的品牌。

> **案例研究：药王谷**
>
> 药王谷是中国乃至全球第一个以中医药健康调理为主题的AAAA级山地旅游度假景区、国家森林公园、国家地质公园，也是中国文化创意产业最佳园区、四川十大最美花卉观赏地，位于雪域高原净土的东大门——北川国家森林公园内的药王山上。景区分布万亩林海，存有地球上最大的千年辛夷古树森林，因其巨大药用价值历来被尊为"神树"，树龄高达500年。每年3~4月，千年辛夷古树盛开的辛夷花堪称世界奇观，花枝蔽空、花瓣覆地，是世界上最神奇的古树药花，也是药王谷最壮观的景观之一。药王谷的森林覆盖率为96%，每平方千米范围内植物种类多达300余种，每立方厘米空气中负氧离子含量超过2.5万个，自然生态环境非常优越。独特的生态环境孕育出数百种道地珍稀中药材，或聚生成林，或散生于森林之中，每年3~11月，各种药花次第绽放，万花成海，依山成势，形成壮观的高山四季万药花海奇景。原始中药材森林与中药植物芳香馥郁，湿润空气中含有百余种芳香性中药材分子，由此构成了神秘的健康能量场。
>
> 药王谷依托中医药文化及良好的生态资源，融合独有的绿色生态文化、中医药养生文化、时尚低碳运动于一体，构筑了一个世外桃源般神秘的健康能量场和草本生活图景。通过林下采药、药膳食疗、药草汤浴、保健商品等门类，深度挖掘森林康养消费市场，取得良好效果；同时引入专业度假生活服务物业配套公共设施，从业人员培训完善，吸引人们重游，提升重游率。药王谷的森林康养设计思路、景点特色，都是值得借鉴的亮点。

(五) 膳食文化

药食同源，是东方食养的一大特色，因此美食养生可以说是康养中至关重要的一项内容。森林是食物的最重要取材地，森林中有着众多食材和药材，龙眼、八角、桂树、罗汉果等，以及药膳中的民族医药资源，在森林中都能寻到。森林康养中的饮食疗法，便是以"森林产品健康食谱"为治疗原理，合理利用森林中的植物资源，根据不同植物特有的药用价值，按照健康饮食规律配制食物，生成养生食谱，从而达到保健养生需求。深入挖掘森林潜质，在森林康养产业中融入膳食文化，可以提升森林康养体验的品质，促进森林康养项目的吸引力。一是在森林康养园区推出不同种类的民族特色养生食品，如火麻仁汤、五色糯米饭、油茶、特色粉类、特色凉茶等，把食品的具体功效详细说明，还可以与森林疗养结合，针对不同体质的消费者推荐相应的食品用于调理身体；二是开发与民族饮食文化相关的互动体验项目，如带领消费者参与到民族饮食的制作中，如打油茶、做糍粑、做五色糯米饭等，让消费者不仅能品尝美食，还能在体验中愉悦身心。

(六) 民族工艺文化

民族工艺的原料很多都来自于森林，如毛南族的木雕，在森林中便可以发现民族工艺之美。木雕的原材料来自森林，许多民族工艺品的原料也来源于大自然，与森林有着密不可分的联系。康养包括身体层面的康养，也包括精神层面的康养，民族工艺文化根植于各民族人民的日常生活，是实践的提炼和升华，给人带来美的感受、精神的寄托。森林康养产业与民族工艺文化相链接，可以提升森林康养的产业品质，促进森林康养项目的纵深发展。把森林康养与民族工艺文化链接起来，在森林中呈现独有的民族风情，有山有树、有建筑有艺术，使民族工艺文化与森林融为一体。一方面，森林康养项目展示民族工艺文化，对民族工艺的传播、推广、传承有帮助，可进一步促进民族文化的发展；另一方面，在康养产业中专门开发民族工艺相关的体验项目，如织壮锦、塑陶器、观傩舞等，让消费者在绿色森林的康养生活中，欣赏和感受到更丰富的文化和艺术，强健身体、愉悦心情、增添乐趣。

(七)体育文化

森林康养以森林体验、森林健体、森林疗养为主要活动类型，追求身体、心理健康，这与体育活动的特点契合度很高，在森林康养产业中引进体育文化，可拓展森林康养产业的健体项目，使森林康养产业更多元化和特色化。一方面，森林康养可与传统体育运动结合打造运动健康：依托山地、峡谷、水体等地形地貌及资源，发展山地运动、水上运动、户外拓展、户外露营、户外体育运动、定向运动、养生运动、极限运动、传统体育运动、徒步旅行、探险等户外康体养生产品，推动体育、旅游、度假、健身、赛事等业态的深度融合发展；另一方面，森林康养可与民族体育文化结合，打破传统森林康养项目的限制，在森林康养活动中融入投绣球、背篓球、射弩等体验型的项目，加入春牛舞、跳芦笙、舞草龙等观赏性的项目，开发、开展有差异性和独特性的康养项目。让消费者在森林中欣赏及参与民族体育活动，增强体质、提高自信心、获得愉悦感，全面促进身体及心理的健康发展。

案例研究：就地取材，丰富森林康养企业文化

我国历史文化、民族习俗和自然地域的多样性，决定了森林与生态文化发展背景、资源积累、表现形式和内在含义的五彩纷呈与博大精深。在人与人、人与自然、人与社会长期共存、演进的过程中，各地形成了丰富而独具特色的森林生态文化，为森林康养企业文化建设提供了丰富多样的素材。

以山西省为例。该省至今保留数以千计的古树名木，仅入选《山西古稀树木》一书的就有109种1149株。享有盛誉的洪洞老槐树，如今已演绎成百姓"寻根问祖"的祭祀文化形式。太原晋祠的周代侧柏、解州关帝庙的古柏群等，堪称树木文化中的瑰宝。在木质建筑文化方面，世界最高、最古老的应县辽代木塔不仅建筑雄伟，而且木雕工艺精美绝伦；平遥古城诸多商号钱庄与祁县乔家大院、灵石王家大院等，既是晋商文化的象征，又是我国北方私家园林造园艺术与木雕艺术的结晶。在园林文化方面，有太原晋祠、解州关帝庙、永济普救寺等。森林公园和风景名胜区方面，则有四大佛教圣地之首的五台山以及北岳恒山、永济五老峰、方山北武当等。

再看新疆。新疆拥有独特的天山文化、荒漠文化和林果文化(如吐鲁番的葡萄、库尔勒的香梨、阿克苏的大枣、石河子的蟠桃等)。新疆森林以其雄伟、宽广、险峻、奇丽的自然美征服世人，不仅为社会提供精神产品，同时吸引文学家、艺术家以其为题材创作无数脍炙人口的文艺作品。新疆各族人民长期生活在森林、草原与绿洲之中，对绿色情有独钟，祖祖辈辈养成了植绿、护绿、爱绿的良好习俗和自觉的生态意识、生态道德。在新疆，许多反映古老文明兴衰存亡与沧桑变迁的文化遗迹，显现出人与自然共存的历史进程。生态旅游资源方面，新疆拥有乔戈里山、喀纳斯湖、塔克拉玛干沙漠、古尔班通古特沙漠、乌尔禾雅丹地貌、天山库车大峡谷、天山托木尔冰川、天山雪岭云杉林、轮台胡杨林、巴音布鲁克湿地、喀纳斯湖畔的图瓦村、伊犁草原等，它们以其独特的文化底蕴与绮丽的自然魅力，吸引和征服着国内外游客。

此外，云南的普洱文化、花文化、蝴蝶文化；江南山水文化、园林文化；四川省青神县"竹编艺术"；海南椰树文化、槟榔文化；福建水仙文化；浙江竹文化；西部和东北的动物文化(大熊猫、东北虎、金丝猴、野骆驼、野驴、野马、马鹿、藏羚羊等)等，同样在国内独树一帜。

在广袤的中华大地上，到处都可以如数家珍般列举反映人类与森林、草原、湿地、沙漠的朝夕相处、共生共荣的实例，这些特殊的、珍贵的、不可再生的自然垄断性资源，不仅有着独特的、极其重要的自然生态、历史文化和科教审美价值，而且蕴藏着丰厚的精神财富和潜在的物质财富，为森林康养企业文化建设奠定了良好的基础。

四、森林康养企业文化建设的驱动力

(一)森林康养企业文化建设的内部驱动力

1. 明确企业文化风格

无论组织的类型、规模、行业和地域如何，企业文化都有两大基本维度：人际互动和应对变化。理解一家企业的文化，需要先分析它在这两个维度上的表现。①人际互动。企业在人际互动和协作方面的偏好，主要分为独立和互助两类。偏好前者的企业重视自主权、个体行动和竞争。偏好后者的企业重视团队融合、关系管理和协调配合，员工习惯协作，并从团队视角评价工作的成败。②应对变化。有些企业文化强调稳定，重视连贯性和可预测性，优先考虑维持现状。有些则看重灵活性、适应性和对变化的嗅觉。前者习惯于遵守规则，采用论资排辈等控制性组织原则，强调层级，追求效率。后者则重视创新、开放性和多元性，并采取长期视角。金·卡梅隆(Kim Cameron)、罗伯特·奎因(Robert Quinn)和罗伯特·厄尼斯特(Robert Ernest)等学者在他们提出的企业文化框架中也归纳了类似维度。

在对人际互动和应对变化这两大维度进行分析归纳的基础上，可以定义出8种企业文化风格(图12-1)。

①关怀型文化风格　这种文化风格强调关系和相互信任，工作环境温暖、重视协作、包容开放，组织成员相互帮助支持。员工的凝聚力来自忠诚，领导者强调真诚、团队协作和积极的人际关系。

②愿景型文化风格　这种文化风格的代表是理想主义和利他主义，工作环境包容、鼓励同情心，组织成员致力于为世界的未来创造长期价值。员工的凝聚力来自对可持续性和全球社区的关注，领导者强调共同理想，以及为全人类作贡献。

③学习型文化风格　这种文化风格的特征是探索、外向性和创造性，工作环境创新、开

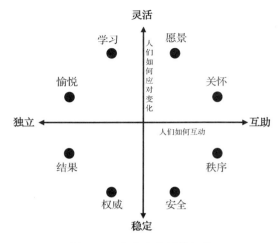

图 12-1　企业文化风格矩阵

资料来源：《哈佛商业评论》2018 年第 1 期

明，组织成员积极寻找创意灵感，探索不同可能性。员工的凝聚力来自好奇心，领导者强调创新、知识和冒险。

④愉悦型文化风格　这种文化风格表现为乐趣和兴奋，工作环境轻松愉快，组织成员倾向于做让自己快乐的事。员工的凝聚力来自玩乐和刺激，领导者强调自发性和幽默感。

⑤结果型文化风格　这种文化风格的特征是成就和取胜，工作环境重视结果和能力，组织成员追求卓越表现。员工的凝聚力来自对能力和成功的渴望，领导者强调目标达成。

⑥权威型文化风格　这种文化风格的特征是强势、果决和大胆，工作环境竞争激烈，组织成员努力争取个人优势。员工的凝聚力来自强有力的控制，领导者强调自信和主导权。

⑦安全型文化风格　这种文化风格强调计划、谨慎和充分准备，工作环境稳定、可预见性强，组织成员风险偏好低，遇事深思熟虑。员工的凝聚力来自被保护和预知变化的需求，领导者强调脚踏实地和预先计划。

⑧秩序型文化风格　这种文化风格强调尊重、结构和集体守则，工作环境有条不紊，组织成员遵守规则，努力融入。员工的凝聚力来自协作，领导者强调遵循规章制度和传统习惯。

每种文化风格都有优势和劣势，表 12-2 对其进行了归纳。

表 12-2　每种文化风格优劣势对比

文化风格	优势	劣势
关怀 温暖、真诚、注重关系	团队协作、员工敬业度、沟通、信任、归属感	过于强调共识，不利于充分探讨多种可能性，压制竞争，限制决策速度
愿景 探寻意义、理想主义、宽容	注重多元性、可持续性和社会责任	过于强调长期目标和理想，可能导致对当下现实问题处理不力
学习 开放、创新、探索	创新、敏捷性、组织学习	过于强调探索，可能导致缺少重点，难以利用现有优势

续表

文化风格	优势	劣势
愉悦 玩乐、直觉、乐趣	员工士气、敬业度、创造力	过于强调自主性和敬业度，可能导致缺乏纪律性，引发合规或治理问题
结果 结果导向、聚焦目标	执行力、外部导向、能力构建、目标达成	过于强调结果，可能导致沟通和协作失效，增加压力和焦虑
权威 大胆、果断、强势	决策速度、应对威胁或危机的能力	过于强调权威和大胆决策，可能导致玩弄权术和人际冲突，工作环境心理安全感低
安全 现实、谨慎、准备充分	风险管理、稳定性、业务延续性	过于强调标准化和形式化，可能导致官僚主义，缺乏灵活性，工作环境不人性化
秩序 遵守规则、尊重、协作	运行效率、和谐度、公民意识	过于强调规则和传统，可能压制个人主义和创造性，限制组织的灵活性

根据人际互动（独立或互助）和应对变化（灵活或稳定）方面的属性，我们将上述 8 种企业文化风格整理为整体文化框架。这个框架中，距离较近的文化风格（如"秩序"和"安全"）经常在组织中和员工身上同时体现。相反，在图表对角线两端的文化风格（如"安全"和"学习"）就不太会同时出现，组织若想兼得就必须付出很大能量。每种文化风格各有利弊，没有哪种风格本质上更胜一筹。一个组织的文化可以由占绝对和相对优势的风格决定，也可以由员工对特定风格的认同决定。此外，我们提出的这个框架具备其他分析模型欠缺的一个功能：评估组织成员个体的风格类型，衡量领导者和员工的价值。

这个框架必然包含基本的权衡取舍。尽管每种文化风格都有其优势，但受限于客观条件和需求冲突，企业不得不对核心价值观和行为规范做出艰难取舍。很多组织既强调"结果"也重视"关怀"，但这两种文化风格并存可能会让员工困惑：应当尽最大努力达成个人目标、不惜代价完成任务，还是通过团队协作分享成功？工作性质、商业战略或组织架构，都可能让员工难以在二者之间取得平衡。

与此相对，兼具"关怀"和"秩序"两种文化风格的企业，着力打造重视团队协作、信任和彼此尊重的工作环境。这两种文化风格相互强化，同样有利有弊：益处是员工忠诚度、敬业度和保留率高，内部冲突较少；不利的是，组织容易陷入群体思维，决策过于依赖共识，回避困难问题，持有僵化的对抗心态。重视"学习"和"结果"的领导者寻求创业精神和变革，可能会觉得"关怀"和"秩序"这一组合让人窒息。经验丰富的领导者能运用现有文化优势，同时掌握推动变革的微妙技巧。他们可能会利用"关怀"和"秩序"型文化的参与特质调动员工的积极性，同时找到一个侧重"学习"风格且得到同僚信任的"内部人"，通过人际关系网络传播变革理念。

整体文化框架可以用于诊断和描述企业文化中非常复杂和多样的行为模式，并评估领导者适应和塑造所处文化环境的能力。利用这个框架进行多层次分析，领导者可以达到以下目的：

- 了解本组织的文化，评估这种文化带来的结果（包括预料中的和意外的）。
- 评估员工对文化观点的一致性。
- 发现可能提升或损害团队表现的次级文化。
- 在并购过程中找出双方文化传统的差异。

- 帮助新入职高管快速适应企业文化，找到最有效的领导方式。
- 评估个人领导风格与组织文化的契合度，分析领导者可能具备的影响力。
- 设计理想的企业文化，明确达成目标所需的变革措施。

2. 转变企业文化

与商业计划的制定和实施不同，企业文化变革与组织成员的情感和人际状况密不可分。金·卡梅隆（Kim Cameron）、罗伯特·奎因（Robert Quinn）和罗伯特·厄尼斯特（Robert Ernest）的研究发现，四种做法尤其能推动文化变革取得成功：

首先，清晰传达目标。与制定新战略很像，打造新的企业文化应从分析当前文化风格开始，并确保使用的框架可以在组织上下公开讨论。领导者必须了解当前企业文化造成的结果，以及它是否与目前和未来的市场及业务情况相匹配。例如，某家公司的主导文化风格是"结果"和"权威"，但身处快速变化的行业，因此向"学习"和"愉悦"转变（同时保持对"结果"的强调）可能是合适的。打造理想的企业文化，组织需要能指导整体行动的大原则。变革需求可以通过现实的业务挑战和机遇提出，也可以表述为未来目标和趋势。由于企业文化具有模糊和隐含的特点，将文化与市场份额承压或增长遇到瓶颈等具体问题联系起来，有助于员工理解和认同变革需求。

其次，选择与文化变革目标相契合的领导者。领导者应在组织各个层级推动文化变革，创造出安全的氛围，以及埃德加·夏恩所说的"实践场域"（practice fields），从而发挥催化作用。在选择潜在领导者时，应评估其与文化目标的契合度。为此，企业需要一个评估组织文化和个人领导风格的明确模型。组织可以提供培训和教育，帮助不支持文化变革的管理者认识到组织文化与战略方向的重要关联，从而促使他们主动参与。通常，如果了解到文化变革的价值和潜在益处，以及他们自身能对组织实现目标发挥的影响力，管理者会支持变革。不过，文化变革确实可能造成人员流失：有些人因为感到自己与组织不再合拍而离开，组织也会劝退阻碍变革的人。

第三，在组织中开展有关文化的讨论，强调变革的重要性。要改变组织中的共同准则、信念和隐含观点，员工可以在变革过程中对其逐一讨论。利用我们的整体文化框架，组织可以讨论现有和理想的文化风格，以及高管工作风格的差异。当员工逐渐发现领导者开始谈论新的业务表现（如创新而非季度盈利），他们也会改变自身行为，形成一个良性反馈循环。组织可以通过多种讨论方式支持文化变革，如路演、座谈会、结构化小组讨论等。内部社交平台能增进高管与一线员工的沟通。具有影响力的变革推动者可以用他们的语言和行动宣传文化变革。

第四，通过制度设计强化变革效果。当公司的架构、体系和流程协调一致，并支持理想的文化和战略，催生新的文化风格和行为方式就会容易得多。例如，组织可以通过绩效管理，促使员工做出理想文化风格所鼓励的表现。随着组织规模增长、新人加入，培训能够强化目标文化风格。组织还可调整架构的中心化程度和层级数量，以强化能够体现目标文化的行为方式。亨利·明茨伯格（Henry Mintzberg）等主流学者的研究显示，组织结构等制度设计，可对员工的思考和行为方式产生深远影响。

3. 塑造企业文化

首先，你必须明确定义理想的组织文化。最好的企业文化有一些共同特征：与公司的战略方向一致；在执行上有足够优先级；反映外部商业环境的要求。合理的文化转型目标应当具体可行。例如，"重视客户"可能不够清晰，导致公司在招聘、领导力发展和运营上决策不统一；更好的表述可能是"与客户建立真诚和积极的关系，以谦卑的态度服务客户，作为丰富品牌文化积淀的使者投入服务"。

其次，考察战略和外部环境。评估当前和未来的外部状况和本公司的战略选择，并据此分析哪些文化风格需要加强，哪些需要弱化。根据能够支持未来变革的文化风格，定义文化目标。

最后，基于业务现状描述文化目标，将文化目标与组织的变革重点结合起来。不要将其表达为文化变革议题，而应着眼于待解决的现实问题和通过解决问题创造的价值。重点利用领导力协同、组织对话和制度设计，引导组织文化转型。

(二) 森林康养企业文化建设的外部驱动力

森林康养企业文化建设除了企业自身的努力之外，基于森林所具有的外部性，当地政府、社区等利益相关者也应成为森林康养企业文化形成的辅助性力量。

1. 政府推动，社会参与

森林生态文化体系形成是一项基础性、政策性、技术性和公众参与性很强的社会公益事业。各级政府积极倡导和组织生态文化体系建设，把生态文化体系建设纳入当地国民经济和社会发展中长期规划，充分发挥政府在统筹规划、宏观指导、政策引导、资源保护与开发中的主体地位和主导作用，通过有效地基础投入和政策扶持，促进市场配置资源，鼓励多元化投入，实现有序开发和实体运作。这既是经验积累，也是发展方向。

建立以政府投入为主，全社会共同参与的多元化投入机制。在国家林业和草原局的统一领导下，启动一批生态文化载体建设工程。改造整合现有的生态文化基础设施，完善其功能。切实抓好自然保护区、森林公园、森林植物园、野生动物园、湿地公园等生态文化基础设施建设。充分利用现有的公共文化基础设施，根植生态文化内容，丰富和完善生态文化教育功能。广泛吸引社会投资，在典型森林康养基地内建设一批规模适当、独具特色的生态文化博物馆、文化馆、科技馆、标本馆和生态文化教育示范基地，为人们了解森林、认识生态、探索自然、休闲保健提供场所和条件。通过在康养基地内推行义务植树、树木认养等活动，培育公众的生态意识和保护生态的行为规范，激励公众保护生态的积极性和自觉性，在全社会形成爱护生态的社会价值观念、提倡绿色生活和消费行为。

2. 宣传教育，注重普及

森林生态文化重在传承弘扬，贵在普及提高，各地可通过各种渠道开展群众喜闻乐见的生态文化宣传普及和教育活动。一是深入挖掘森林文化的丰富内涵。例如，云南、贵州省林业厅经常组织著名文学艺术家、画家、摄影家等到林区采风，通过新闻媒体和精美的影视戏剧、诗歌散文等作品，宣传普及富有当地特色的生态文化，让广大民众和游客更加热爱祖国、热爱家乡、热爱自然。二是以各种纪念与创建活动为契机开展森林文化宣教普及。各地以参与性、兴趣性、知识性较强的植树节、爱鸟周、世界地球日、荒漠化日等纪念日和创建"国家森林城市"活动为契机,开展森林文化和生态文化的宣传,潜移默化,寓教于乐。三是结合旅游景点开展森林文化、生态文化宣传教育活动。例如,云南省丽江市东巴谷生态民族村,在景区中设置大量与生态文化有关的景点,向游客传播生态知识和生态文化理念。四是建立森林文化科普教育示范基地。各地林草部门与科协、教育、文化部门联合,依托当地的自然保护区、森林公园、植物园,举办知识竞赛,兴办绿色学校,开办生态夏令营,开展青年环保志愿行动和绿色家园创建活动。

  3. 丰富载体,创新模式

  森林与生态文化基础设施是开展全民生态文化教育的重要载体,也是衡量一个地方生态文明程度的重要标志。截至2017年年底,全国森林公园总数达3505处,其中国家级森林公园881处,全国各类森林旅游地总数超11 000处;截至2019年年底,我国已有12条国家森林步道,沿线串联起140余处国家自然保护地,全国森林步道总长超22 000千米。福建省已建成31个省级以上自然保护区,有25个自然保护区在开展科普教育活动,普遍建了森林博物馆、观鸟屋、宣教中心等。福州国家森林公园利用自身优势,建成了目前全国唯一规模最大的森林博物馆,已成为生态文化传播基地。地处海口市的海南热带森林博览园,是一个集旅游观光、系统展示与科普教育等多功能于一体的热带滨海城市森林公园。海南省霸王岭自然保护区挖掘树文化的内涵,开辟出多条栈道,为树木挂牌。各地生态文化培育和传播的模式得到不断创新。例如,海南儋州市自2002年创立以来创办的生态文化论坛和文明生态村,以及福州旗山国家森林公园推出的"森林人家"已成为闻名全国的森林生态文化旅游品牌。

思考题

1. 结合文化的内容与载体,分别谈谈如何理解企业文化的"无形性"与"有形性"。
2. 结合工作、生活经历,有哪些具有特殊意象的事、物可以作为森林康养企业文化建设的素材?
3. 你认为森林康养企业适宜在初创时便明确企业文化,还是随着企业成长逐步形成企业文化?

参考文献

爱德加·H. 沙因, 1989. 企业文化与领导[M]. 朱明伟, 罗丽萍, 译. 北京:中国友谊出版公司.
鲍兰平, 谢岚琳, 2019. 关于打造海南康养旅游文化名省的相关探讨[J]. 旅游纵览(下半月)(3):92-93.
陈超, 2019. "中国长寿文化之乡"品牌转化利用的思考[J]. 西部大开发(11):88-91.
陈伟, 2020. 企业文化持久性发展策略[J]. 企业文明(5):78-79.
陈新颖, 金玉双, 彭杰伟, 2019. 广西民族文化与森林康养产业融合发展路径探讨[J]. 大众科技, 21(11):120-122.
陈新颖, 彭杰伟, 2019. 广西长寿文化与森林康养产业融合发展探讨[J]. 企业科技与发展(7):25-26.
代凯军, 2000. 管理案例博士评点[M]. 北京:中华工商联合出版社.
何建朝, 2019. 宗教文化在康养旅游开发中的应用研究[J]. 美与时代(城市版)(11):83-84.

江泽慧，2008. 中国现代林业[M]. 北京：中国林业出版社.

金红莲，肖瑶，2019. 旅游与文化交融助力"康养"产业发展[J]. 科技风(36)：242-245.

旷野，2018. 中国花文化是中国花卉产业发展的灵魂[J]. 中国花卉园艺(19)：7.

黎永泰，黎伟，2003. 企业管理的文化阶梯[M]. 成都：四川人民出版社，56.

李凯，陈珂，2020. 产业融合视域下森林康养产业发展研究——以皇藏峪国家森林公园为例[J]. 林业科技，45(3)：57-62.

刘光明，2002. 企业文化[M]. 3版. 北京：经济管理出版社.

刘伟，王敏彪，杨艺薇，2019. 丽水市森林康养产业发展现状及对策浅析[J]. 华东森林经理，33(4)：58-60，64.

罗长海，1999. 企业文化学[M]. 北京：中国人民大学出版社.

庞博，李哲明，2019. 森林康养产业的文化建设[J]. 大众文艺(21)：273-274.

水谷内彻，1992. 日本企业的经营理念[M]. 东京：日本同文馆.

特雷斯 E 迪尔，阿伦 A 肯尼迪，1989. 企业文化——现代企业的精神支柱[M]. 唐铁军，等译. 上海：上海科学技术文献出版社，13-14.

威廉·大内，1984. Z理论[M]. 孙耀君，等译. 北京：中国社会科学出版社，169.

佚名，2018. 解码企业文化[J]. 哈佛商业评论(1).